ECOLOGICAL ENVIRONMENT
MONITORING

# STYLE RECORD

# 生态环境监测 2022 年度
# 风采录

中国环境监测总站　编

中国环境出版集团 · 北京

**图书在版编目（CIP）数据**

生态环境监测 2022 年度风采录 / 中国环境监测总站编．—北京：中国环境出版集团，2023.8

ISBN 978-7-5111-5594-8

Ⅰ．①生…　Ⅱ．①中…　Ⅲ．①生态环境—环境监测—成就—中国—2022　Ⅳ．① X835

中国国家版本馆 CIP 数据核字（2023）第 156236 号

**出 版 人**　武德凯
**责任编辑**　曲　婷
**封面设计**　彭　杉

---

**出版发行**　中国环境出版集团
（100062　北京市东城区广渠门内大街 16 号）
网　　址：http://www.cesp.com.cn
电子邮箱：bjgl@cesp.com.cn
联系电话：010-67112765（编辑管理部）
010-67112736（第五分社）
发行热线：010-67125803，010-67113405（传真）

**印　　刷**　玖龙（天津）印刷有限公司
**经　　销**　各地新华书店
**版　　次**　2023 年 8 月第 1 版
**印　　次**　2023 年 8 月第 1 次印刷
**开　　本**　787 × 1092　1/16
**印　　张**　23.75
**字　　数**　450 千字
**定　　价**　160.00 元

---

## 本书编写指导委员会

**主　任**　张大伟

**副主任**　陈金融　肖建军　王锷一　毛玉如　郭从容　李健军　付　强　温香彩　阿里玛斯

## 本书编写委员会

**主　编**　李俊龙

**副主编**　何逍遥　刘建珍　张守斌　李铭煊

**编　委**（中国环境监测总站　以姓氏笔画为序）

于　洋　马广文　王　光　王　强　王军霞
左　航　吕怡兵　朱　擎　刘　冰　刘海江
李文攀　李名升　何立环　汪太明　张殷俊
陈传忠　陈远航　范晓楠　罗海江　郑皓皓
孟晓艳　姚志鹏　贺　鹏　袁　懋　唐桂刚
康晓风　敬　红　魏峻山

[ 地方（生态）环境监测中心 / 站　以行政区划代码为序 ]

李文俊　　北京市生态环境监测中心

陈　魁　　天津市生态环境监测中心

许　政　　河北省生态环境监测中心

孙鹏程　　山西省生态环境监测和应急保障中心

（山西省生态环境科学研究院）

田永莉　　内蒙古自治区环境监测总站

任长顺　　辽宁省生态环境监测中心

陈学伟　　吉林省生态环境监测中心

孙柏峰　　吉林省长春生态环境监测中心

常　伟　　黑龙江省生态环境监测中心

李　嵘　　上海市环境监测中心

单　阳　　江苏省环境监测中心

蔡文祥　　浙江省生态环境监测中心

陈健松　　浙江省杭州生态环境监测中心

刘晓锋　　安徽省生态环境监测中心

胡清华　　福建省环境监测中心站

杨国华　　江西省生态环境监测中心

王琳琳　　山东省生态环境监测中心

唐厚全　　山东省济南生态环境监测中心

张　韬　　山东省青岛生态环境监测中心

郭丽君　　河南省生态环境监测和安全中心

许克学　　湖北省生态环境监测中心站

余　涛　　湖南省生态环境监测中心

刘宝华　　广东省生态环境监测中心

熊向陨　　广东省深圳生态环境监测中心站

陈　蓓　　广西壮族自治区生态环境监测中心

郭梅修　　广西壮族自治区海洋环境监测中心站

陈表娟　　海南省生态环境监测中心

刘　强　　重庆市生态环境监测中心

周　淼　　四川省生态环境监测总站

王　萍　　四川省成都生态环境监测中心站

石凌燕　　贵州省生态环境监测中心

杨逢乐　　云南省生态环境监测中心

贾小华　　西藏自治区生态环境监测中心

杨　震　　陕西省环境监测中心站

刘文君　　甘肃省环境监测中心站

朱志国　　青海省生态环境监测中心

张玉龙　　宁夏回族自治区生态环境监测中心

陈　静　　新疆维吾尔自治区生态环境监测总站

孙宇颖　　新疆生产建设兵团生态环境第一监测站

**编　辑**（中国环境监测总站　以姓氏笔画为序）

尤　洋　　田志仁　　吕　卓　　刘　丽　　刘沄畅

孙　康　　李胜玲　　李宪同　　吴晓凤　　汪　巍

陈亚男　　陈乾坤　　周　冏　　胡天洋　　解　鑫

解淑艳　　薛　瑞　　薛荔栋　　霍晓芹

**［地方（生态）环境监测中心 / 站　以行政区划代码为序］**

程　琳　　北京市生态环境监测中心

祁　芳　　天津市生态环境监测中心

杜可宁　　河北省生态环境监测中心

张　鑫　　山西省生态环境监测和应急保障中心

（山西省生态环境科学研究院）

董　杰　　内蒙古自治区环境监测总站

代新年　　辽宁省生态环境监测中心

王　璐　　吉林省生态环境监测中心

林　琳　　吉林省长春生态环境监测中心

蒋智伟　　黑龙江省生态环境监测中心

万敏华　　上海市环境监测中心

陈　萱　　江苏省环境监测中心

周琳琳　　浙江省生态环境监测中心

俞雅雲　　浙江省杭州生态环境监测中心

陈品涛　　安徽省生态环境监测中心

张　燕　　福建省环境监测中心站

陈姝洁　　江西省生态环境监测中心

孙　瑞　　山东省生态环境监测中心

杨　青　　山东省济南生态环境监测中心

孙义峰　　山东省青岛生态环境监测中心

王　洋　　河南省生态环境监测和安全中心

张思伟　　湖北省生态环境监测中心站

刘荔彬　　湖南省生态环境监测中心

陈　耿　　广东省生态环境监测中心

沈雯君　　广东省深圳生态环境监测中心站

凌　玲　　广西壮族自治区生态环境监测中心

岑国林　　广西壮族自治区海洋环境监测中心站

姜　佳　　海南省生态环境监测中心

田　隽　　重庆市生态环境监测中心

范文武　　四川省生态环境监测总站

梁维淑　　四川省成都生态环境监测中心站

杨　霖　　贵州省生态环境监测中心

邱　飞　　云南省生态环境监测中心

赵　矿、巫鹏飞　　西藏自治区生态环境监测中心

蔡　欢、赵荣娜　　陕西省环境监测中心站

包新荣　　甘肃省环境监测中心站

华青卓玛　青海省生态环境监测中心

马　娟　　宁夏回族自治区生态环境监测中心

刘　蕾　　新疆维吾尔自治区生态环境监测总站

马志英　　新疆生产建设兵团生态环境第一监测站

**统　稿**　何逍遥　　刘建珍

# 序

生态环境监测是生态环境保护工作的基础，是生态文明建设的重要支撑。2016 年，习近平总书记在青海调研时指出，保护生态环境首先要摸清家底、掌握动态，要把建好用好生态环境监测网络这项基础工作做好。党的十八大以来，生态环境监测系统在围绕中心、服务大局中忠诚履职，努力担当作为，切实推动党中央、国务院、生态环境部的生态环境监测改革部署落地见效，基本搭建形成了生态环境监测管理和制度体系的“四梁八柱”。

2022 年是党的二十大召开之年，是全面实施“十四五”规划的重要之年，也是深入打好污染防治攻坚战的关键之年，在生态环境监测系统的历史坐标系中，这一年注定将留下极其特殊而重要的印记。这一年，生态环境监测系统同仁用强烈的责任意识、严谨的工作作风、精湛的专业技能交出了亮丽的“成绩单”。由中国环境监测总站组织编写的《生态环境监测 2022 年度风采录》，图文并茂地记录了生态环境监测系统这一特殊之年的卓越成就，是了解 2022 年度全国生态环境监测工作的重要途径，也为生态环境监测人留下了珍贵史料。

这一年，监测系统坚持以政治建设为统领，深入学习贯彻党的二十大精神，全面贯彻落实习近平生态文明思想，围绕锻造生态环境保护铁军先锋队，强化监督、锤炼作风，在党建和业务相互促进中实现事业高质量发展。坚持突出精准治污、科学治污、依法治污，加快建设现代化监测体系和监测能力，靶向发力、整体推进，为深入打好污染防治攻坚战提供高质量战略支撑。坚持全面贯彻新发展理念，聚焦“实现减污降碳协同增效”总要求，锚定目标、稳中求进，为推进经济社会发展全面绿色转型奠定监测基础。坚持问题导向、目标导向和结果导向，着力“抓重点”“疏堵点”“攻难点”，在构建生态环境保护新格局中加快重塑监测技术综合优势。坚持改革创新激发活力，致力建设一流研究型监测机构，奋勇争先、务实创新，推动业务能力和科技成果实现双丰收。坚守廉洁纪律和数据质量两条底线，坚持稳字当头、稳中求进，监测数据质量实现新提升。

这一年，生态环境监测能力和水平不断提高，全国生态环境监测人深入践行“监测先行、监测灵敏、监测准确”，为打赢打好污染防治攻坚战提供了坚强有力支撑，也为“十四五”时期生态环境监测实现提升突破，助推生态文明建设实现新进步奠定了坚实基础。

凡是过往，皆为序章。当前，我国生态文明建设进入了以降碳为重点战略方向、推动减污降碳协同增效、促进经济社会发展全面绿色转型、实现生态环境质量改善由量变到质变的关键时期，生态环境监测事业也进入深化改革、高速发展的战略机遇期和关键期。潮涌千帆竞，奋楫正当时。2023 年，是全面贯彻落实党的二十大精神的开局之年，是实施“十四五”规划承上启下的关键一年，生态环境监测人将继续以习近平新时代中国特色社会主义思想为指导，全面落实党中央、国务院重大决策部署，紧紧围绕生态环境保护中心工作，坚持稳态势、强弱项、重质量、提效能，加快推进生态环境监测体系和监测能力现代化，为深入打好污染防治攻坚战做出新贡献，推动党的二十大作出的决策部署落地见效。

# 目录

CONTENTS

# 2022

# 中国环境监测总站这一年

2022年是党的二十大召开之年，是全面实施“十四五”规划的重要之年，也是深入打好污染防治攻坚战的关键之年，生态环境部党组和部领导班子对生态环境监测作出一系列重要指示批示。中国环境监测总站（以下简称总站）党委和领导班子深入学习贯彻党的二十大精神，全面贯彻落实习近平生态文明思想，始终把贯彻落实习近平总书记关于生态环境监测重要指示批示精神和中央生态环境监测改革部署作为政治任务，围绕“三个治污”总要求，落实“三个监测”总目标，把握“稳字当头、稳中求进”总基调，紧紧围绕生态环境保护中心工作，扎实推进各项监测任务取得新成效，圆满完成深入打好污染防治攻坚战年度目标任务。

生态环境部党组书记孙金龙到总站调研指导

生态环境部部长黄润秋到总站走访慰问

中央和国家机关党外代表人士到总站开展“同心筑梦”月月谈活动，生态环境部副部长、党组成员、机关党委书记翟青陪同

中央纪委国家监委驻生态环境部纪检监察组组长、生态环境部党组成员廖西元到总站调研指导

生态环境部副部长、党组成员董保同到总站调研指导

# 党建工作

## ●坚持以政治建设为统领，在党建和业务相互促进中实现事业高质量发展

发挥党委理论学习中心组领学促学作用，开展19次集中学习讨论，认真学习党的二十大报告、二十大系列决议文件和党章修正案等，提出五方面落实思路；组织全站党员干部职工聆听孙金龙书记宣讲报告；邀请专家、代表宣讲党的二十大精神、解读习近平生态文明思想；党政主要负责同志在全国监测系统站长培训班上宣讲党的二十大精神，认真总结监测支撑服务生态环境保护取得的优秀实绩。制作“喜迎二十大、奋进新时代”主题成就展生态文明建设专题互动平台，在中央综合展区生态文明单元展出，获中央领导同志检阅，超17万人次参观展览，引发对生态文明建设成效的强烈共鸣。在《中国环境报》刊发理论文章，大力宣讲落实习近平生态文明思想，建立统一高效权威的生态环境监测体系，支撑生态环境质量改善和生态文明建设取得伟大成就。在总站App

•• 市民参观“奋进新时代”主题成就展总站实物展品

中国环境报

观点 03

生态环境监测发展这十年

深化改革 建立统一权威高效的生态环境监测体系

强化支撑 保障生态环境质量明显改善

•• 《中国环境报》整版刊发《生态环境监测发展这十年——学习〈习近平生态文明思想学习纲要〉体会》

•• 联合生态环境部土壤司开展主题党日活动

•• 联合生态环境部监测司开展“学查改”主题党日活动

开辟“监测这十年”和“奋进新征程”专栏，形成浓厚的学习氛围。按照打造模范政治机关的要求，深化总站处室—部机关司局对口支撑保障机制，深化与监测司的合作，加强与大气司、水司的紧密联系，带队赴综合司、生态司汇报对接业务支撑工作，与监测司、土壤司开展联合党日活动，加强与办公厅、人事司、监测司等人员交流挂职，将总站创建模范政治机关与支撑部机关重大政治任务紧密结合起来。

# 业务工作

## ●坚持突出“三个治污”，为深入打好污染防治攻坚战提供高质量战略支撑

围绕大气、水、土壤攻坚战年度目标任务，科学监测、系统评估，政务信息质量名列前茅，16 份监测专报信息获中共中央办公厅、国务院办公厅采用，121 份监测要情 43 次获部领导批示肯定。精准支撑空气质量提升行动，在重要活动和会议中，创造性地形成精准支撑“六管齐下”模式，即“中长期—短临—小时”多时效精准预报系统、“城市—区县—乡镇”的高值热点分析系统、“颗粒物组分—VOCs 组分—地基雷达”成因分析系统、跨区域组网联动的“激光雷达—六参数—光化学”走航监测系统、“污染源—机动车流量—发电量”融合的综合

分析系统、“央地会商—实时联动—快速反馈”的问题解决协同机制，有力支持了非现场监管模式，圆满完成空气质量监测预报技术支撑。科学支撑水污染防治行动，黄润秋部长对“南四湖”治理引入检察监督机制等工作、张波总工对太湖湖体总磷浓度分析等工作做肯定性批示。应急监测能力持续增强，黄润秋部长、翟青副部长对总站在突发疫情和环境事故中发挥的应对响应能力给予高度肯定和表扬。全面从严治党持续深入，廖西元组长调研总站时对总站保障监测网络数据稳定的监督体系给予肯定。董保同副部长来站调研，对总站工作和精神面貌给予充分肯定。

## ●坚持全面贯彻新发展理念，为推进经济社会发展全面绿色转型奠定监测基础

每月联合开展生态环境质量形势会商，全面支撑生态环境部形势分析。黄润秋部长对开展“十四五”省级空气和地表水监测网络备案、经济形势对生态环境保护影响分析等工作给予肯定性批示。赵英民副部长充分肯定总站的 ODS 和 HFCs 监测工作。$PM_{2.5}$ 和 $O_3$ 协同控制监测实现新跨越，建成 147 个颗粒物组分站点、172 个挥发性有机物站点和 273 个非甲烷总烃站点，覆盖“十四五”大气污染重点防治区域和城市。交通监测网络建设扩展至 12 个省级行政区，首次发现区域臭氧与颗粒有机物、硫酸盐组分污染关联性规律。温室气体监测迈出重大步伐，试点工作全面推进，监测网络基本建成，方法标准和质控体系初步构建，火电行业监测取得阶段性成果。水生态监测取得重要突破，全国水生态监测技术体系基本建立，顺利实施长江流域水生态考核试点监测，首次开展长江全流域鱼类环境 DNA 调查。声环境自动监测取得新进展，统一“十四五”噪声监测工作思路，指导加快提升功能区声环境质量自动监测能力。生态质量监测评价取得新突破，牵头完成 2020—2021 年全国省域、县域生态质量指数及分指数现状、动态评价和部分指标优化研究，推动生态质量指数首次纳入深入打好污染防治攻坚战考核指标体系。新污染物监测也取得新的进展。

•• 采集鱼类环境 DNA 样品

•• 研究新污染物监测分析方法

## ●坚持问题导向、目标导向和结果导向，在构建生态环境保护新格局中加快重塑监测技术综合优势

部门协同开创新局面，与自然资源部、市场监管总局、航天集团等深化合作，推进统一网络规划、地下水数据共享及量值溯源和监测预警基础研究等。社会合作取得新成果，与江苏、新疆、鹤壁、中节能等打造现代化体系先进示范、建设应急监测支援分中心平台、共建国家智能治理实验基地、打造智慧创新研究引擎。“一总多专、央地贯通”形成新合力，完善与省级环境监测机构的协同机制，建成国家生态环境质量会商平台，推动解决一批重点、难点问题，为国家和试点地区污染防治管理决策提供技术支撑。智慧监测迈出新步伐，探索监测与管理业务联动机制，监测数据智能交汇与智慧运用能力全面提升。国际合作展现新面貌，与 8 个国家单位交流合作，为应对全球多边环境问题提供中国方案。

•• 组织召开生态环境质量会商会议

•• 与鹤壁市人民政府签订战略合作框架协议

## ●坚持克服新冠疫情、异常气候和质量风险等叠加压力，监测数据质量实现新提升

面对“三重”考验迎难而上，创新精准防控、调度推进、专班协调工作机制，凝聚起疫情防控不放松、铆足干劲抓发展的最强合力，确保疫情防控、工作推进、安全生产“三不误”。推动国家网“八四三”运维管理体系向纵深发展，梳理权力运行监控风险点并完善防控措施，21 个项目 1.87 亿元招标实现零质疑、零投诉。克服多重压力实现国控网稳定运行，空气站、水站、采测分离数据有效率保持 97% 以上。严厉打击人为干扰监测行为，司站领导带队对 14 个省城市站、水站进行全面“体检”；对 3 685 个城市点位、1 507 个水站、1 854 个断面进行常态化检查，保证监测数据真实、准确、全面。

•• 参加“南四湖专案公正听证会”

•• 开展“生态环境监测创新发展大讨论”

•• 开展碳监测试点调研

•• 参加 2022 年中俄跨界水体水质联合监测方法和实验技术研讨会

•• 山东长岛背景站升级

•• 研判污染形势，深入开展污染成因分析

•• 在总站三河电厂 CEMS 检测基地启动首批废气 $CO_2$-CEMS 仪器适用性检测工作

•• 环境空气温室气体高精度标气制备现场

# 获得荣誉

## ●坚持改革创新激发活力，推动业务能力和科技成果实现双丰收

人才队伍建设呈现新气象，配合人事司完成 1 名副司级干部选拔推荐，2 名副站长赴基层挂职，完成 4 名处级干部选拔任用。

大气和水两个运管中心正式运行，开放式组建 3 个三级机构、1 个工作专班，着力夯实国家网考核数据质量，有力支撑碳监测评估、水生态考核监测、质量控制和创新应用。

基础能力建设再上新台阶，国家水生态环境智慧监测业务与实验平台项目报发展改革委审批立项，南京平台被评为“优质结构工程”“标准化文明示范工地”，在深圳形成新技术联合研究、智慧监测平台研发、监测学术交流和技术展览能力。

科研水平实现历史性新突破，4 个项目通过了环境技术进步奖专家评审，成立固定污染源排气 ISO 标准工作组，实现我国主导的生态环境监测标准在国际标准化组织（ISO）成功立项，实现“零突破”，《中国环境监测》期刊学术影响力不断提升。

4 个党支部分别获中央和国家机关“四强”党支部、部“先进党组织”、部直属机关“三八红旗集体”、部直属机关“优秀青年集体”称号；1 人获中国环境科学学会生态环境领域“最美科技工作者”称号；8 名同志获省部级个人荣誉称号或通报表扬……

•• 总站获部属单位领导班子 2022 年年度考核“优秀”

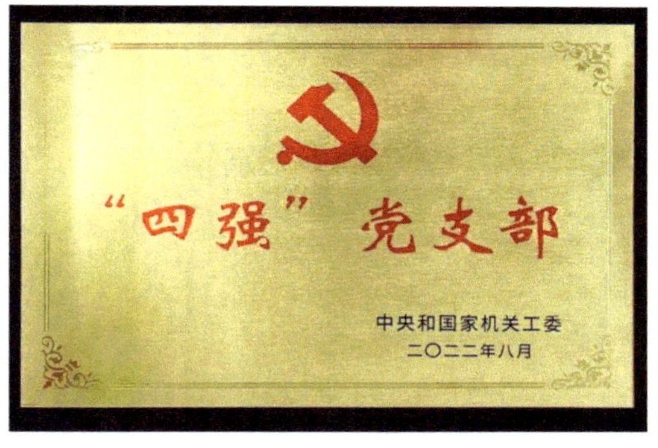


•• 总站大气室党支部荣获中央和国家机关工委“四强”党支部称号

•• 总站监测管理室党支部荣获“2022 年生态环境部先进党组织”称号

•• 总站人事处荣获“2020—2021 年度生态环境部直属机关三八红旗集体”称号

•• 总站大气监测室荣获“2020—2021 年度生态环境部直属机关优秀青年集体”称号

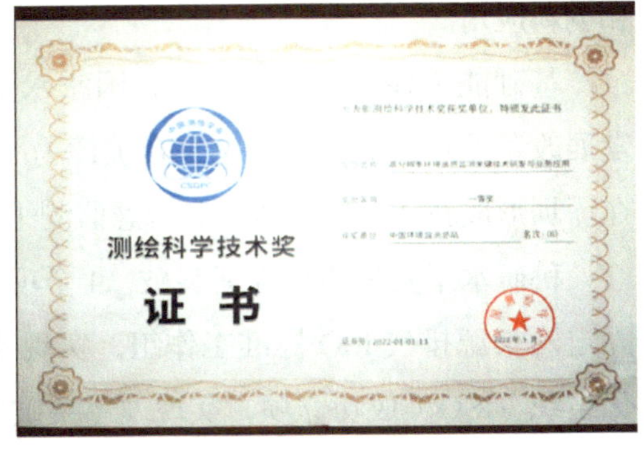


•• 总站荣获中国测绘学会“测绘科学技术奖”一等奖

•• 南京平台被评为“优质结构工程”“标准化文明示范工地”

北京篇

2022

# 北京市生态环境监测中心这一年

2022 年，北京市生态环境监测中心[*]坚持以习近平新时代中国特色社会主义思想为指导，深入学习贯彻党的二十大、党的十九大和十九届历次全会精神，坚决落实市委、市政府和市生态环境局党组决策部署，积极履职、主动推进，聚焦冬奥会、冬残奥会和党的二十大空气质量监测预报工作，拓展优化生态环境监测网络，系统提升生态环境监测现代化能力，以高度的责任感和强烈的使命感，扎实推进年度任务高效完成。

---

* 本篇简称监测中心。

# 党建工作

构建一套标准体系，守好“党建主阵地”。监测中心党委依托量化对标管理，参考环境监测质量体系，健全了党建标准、制度、任务、评价一体化闭环管理体系，为支部落实党建工作责任制提供了平台和抓手。一是深化“标准化”制度体系。根据上级最新文件精神，区分中央、市委、市直机关工委和局党组、机关党委等层次，对近年来党建制度、党建规范进行全方位梳理，编印《监测中心党建制度汇编》《监测中心党建工作手册》，细化任务、规范流程、界定标准，及时印发各支部、各党员，使党建工作有依据、可遵循。二是创新“项目化”管理体系。依据党委、支部工作条例等党内制度法规，统筹党建、党风廉政建设和意识形态工作，全面梳理监测中心党建工作要点，区分党委、支部建立一张项目表，按照每月、每半年、每年等时间节点，将明确的工作任务细化形成时间表、任务书，确保各项工作有目标、有方向、有抓手。三是打造“可量化”评价体系。坚持抓在平时、严在日常，按照标准体系制定《监测中心党建工作考核评价指标》，采取内审与外审相结合的方式，每半年进行拉网式全覆盖交叉内审，每年邀请一次专家进行专项审查，开展量化打分排名，结合支部书记述职评议考核，实现“干的”和“讲的”相互印证，实现党建工作平时考核全覆盖。

创新一个方法机制，种好“支部责任田”。注重用“清单”抓支部责任落实，确保监测中心党建工作落实落地。一是签订“责任清单”，明晰责任主体。结合监测中心党建标准化体系，对领导班子成员、党支部书记等责任主体，分别制定全面从严治党（党建）任务清单，涵盖落实主体责任、加强队伍建设、加强意识形态建设工作内容，并与监测中心党委签订党建责任清单，督促各级党务干部做到守土有责、守土负责、守土尽责。二是细化“任务清单”，推动责任落实。每月月末，党委办公室根据标准体系要求以及上级通知，及时编制下月党建工作任务清单，细化思想建设、组织建设、党风廉政建设等内容，区分党委、支部、党委办公室 3 个层次，明确工作要求及完成时限，让各级都能找准定位，各司其职，使各级工作目标

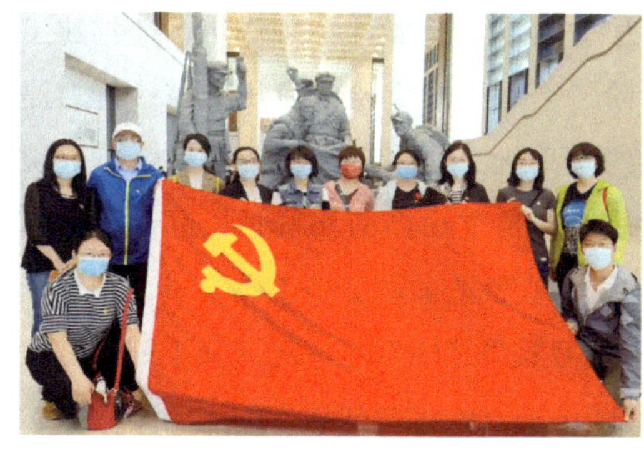

•• 监测中心党支部组织主题党日活动

化、具体化。三是查摆“问题清单”，强化督导检查。建立月汇报、季检查、年考核“三位一体”的工作机制，强势推进重点任务有效落实。各支部指定专人对本支部当月党建工作进行汇总，每月月末按时填报《监测中心党建工作月报表》，党委办公室每月月初编制上月党建工作月报，逐一梳理问题清单，及时做好问题反馈。同时，加强考核结果运用，把党建考核情况作为年度干部考核的重要参考，推动党建工作责任落地生根。

•• 监测中心开展年度党支部书记述职评选考核会

•• 监测中心开展廉政教育警示大会

打造一支铁军队伍，提升“核心竞争力”。注重发挥党建引领作用，把党建工作作为推动业务工作，干部队伍建设上台阶、上水平的重要保障和支撑，着力提高干部职工的政治能力、业务能力，把党的政治优势、组织优势转化为生态环境监测系统能力。一是在跟班学习培训中锻炼。坚持立足当前和着眼长远、优化局部和整体推进相结合的原则，每两个月选取两个支部的兼职党务工作人员，到专职机构跟班见学，通过参与日常工作，让跟班学习人员能够真正学会活动策划、方案制定、组织实施等要点方法，帮助他们从实践中提高做好党建工作的能力素质。二是在急难险重任务中锻炼。面对新冠疫情严峻形势，重视发挥党员先锋模范作用，组织党员干部深入新发地等疫情防控一线，开展废水监测，每日报送监测数据，有力支撑了疫情防控；组织 5 个批次 38 名党员下沉社区，积极参与社区抗疫，展现了生态环保铁军先锋队风采。三是在重大活动保障中锻炼。以冬奥会、冬残奥会、服贸会等重大活动、重要会议期间空气质量保障重点任务为契机，积极发挥空气质量预测预报、监测监控技术优势，组织党员干部参与驻点值守、24 小时值班、凌晨审核数据等工作，积极研发预测预报体系，创新建立大数据平台，科学支撑决策会商，精准指导污染监控，在实现“冬奥蓝”“北京蓝”中锤炼党员干部过硬本领。

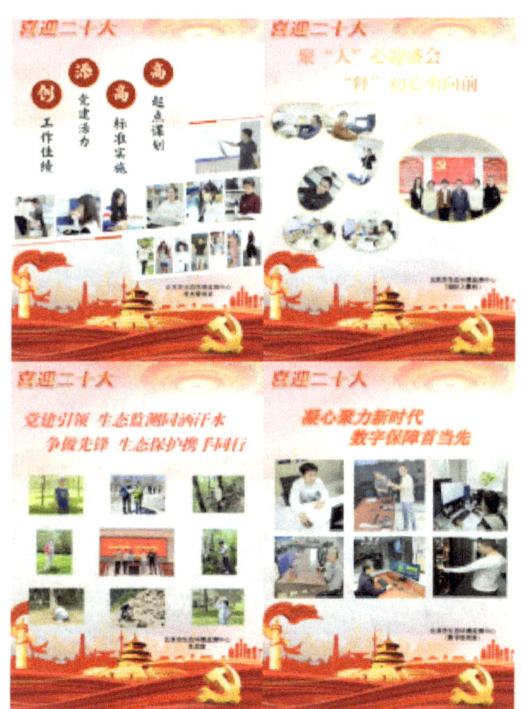

# 业务工作

•• 生态环境部副部长赵英民调研北京冬奥会、冬残奥会空气质量

•• 北京市副市长谈绪祥调研北京冬奥会、冬残奥会空气质量

2022年，监测中心高质量完成年度任务，自动监测系统稳定运行，遥感、走航持续开展，温室气体、水生态、生态质量探索突破；数据综合分析、线索挖掘价值凸显，产出效能发挥明显，“顶梁柱”作用支撑有为。

聚焦活动保障，圆满完成“两大活动”空气质量监测任务。一是开展冬奥会空气质量全方位监测和精细化预报，实现赛区监测全覆盖，在中长期预测预报基础上，开展逐日逐小时预报，准确预测赛期两次污染过程，精准预报开幕式最低浓度“4微克”。二是充分发挥监测原始发动力，首次实现大气精准溯源调度支撑，支撑市级调度17次，精准推送问题线索。三是建立区域24小时污染线索查找、分析、督办、落实的工作机制，全力支撑区域八省市协同精准治污。四是开展党的二十大期间空气质量评估溯源，创新构建污染源动态评估体系，首次实现逐日分区的多类源的动态评估，评估报告得到了市领导、局领导的充分认可；进一步优化精准溯源业务体系，实现市级监测、执法平台无缝对接，“三监联动”调度机制逐步构建。

•• 生态环境部部长黄润秋听取北京冬奥会、冬残奥会空气质量预测预报工作汇报

•• 时任生态环境部大气司司长刘炳江组织空气质量形势会商

•• 时任生态环境部监测司司长柏仇勇出席北京冬奥会、冬残奥会空气质量形势会商

•• 时任生态环境部执法局局长曹立平出席北京冬奥会、冬残奥会空气质量形势会商

•• 北京市生态环境局局长陈添出席北京冬奥会、冬残奥会空气质量形势会商

•• 时任生态环境部大气司副司长张大伟主持北京冬奥会、冬残奥会空气质量形势会商

•• 北京市生态环境局副局长于建华出席北京冬奥会、冬残奥会空气质量会商

聚焦深入打好污染防治攻坚战，不断提升辅政能力。一是支撑打好蓝天保卫战，持续开展 $PM_{2.5}$ 综合来源解析，探索应用动态在线源解析技术；联网重柴油车辆突破 14 万辆，首次实现国家平台非道路移动机械监测数据接入；持续开展施工扬尘视频监控和裸地遥感监测，支撑扬尘源精准监管。二是支撑打好碧水保卫战，组织开展黑臭水体等水质监测和多个点位水生态监测；组织市区两级开展“双源”地下水监测。三是支撑打好净土保卫战，完成国控土壤和市级土壤监控点监测评价；完成重点建设用地遥感监测，有效监控建设用地开发风险。

监测中心开展空气质量监测站维护

•• 监测中心开展土壤监测工作

•• 监测中心开展水库样本采集工作

聚焦监测网络完善，补短板提能力。一是进一步优化完善大气“天空地一体化”监测网络，建成覆盖各行政区的 VOCs 组分监测网，支撑 $PM_{2.5}$ 和 $O_3$ 协同监测。二是实现了水生态监测业务化，水生态监测评价网络初步建成；初步构建地下水背景值监测网络。三是完成核心区标准站和小型站噪声站点建设。四是开展松山、百花山保护区地面生态监测。五是初步构建温室气体遥感监测技术体系，积极推进高精度温室气体监测站点建设。六是构建污染源监测“一张网”，基本实现手工、在线、宏观用电、移动源远程监测等融合。

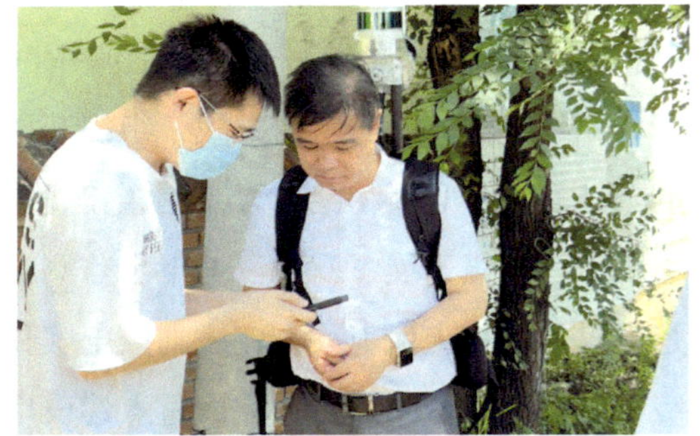

•• 时任总站站长陈善荣调研北京生态地面站建设情况

聚焦协同治理，持续加强 VOCs 监测能力。一是完善 $O_3$ 综合观测体系，拓展光解速率、PAN、紫外辐射等监测因子，实现城区、边界、背景点光化学多因子监测。二是深入开展 VOCs 走航监测，首次完成定点监测和移动走航平行比对实验。三是创新开展 VOCs 热点网格卫星遥感监测。四是建立了 $O_3$ 污染跟踪及成因分析机制，整合全站资源、打通环境和污染源，组织国家、市级汇报 11 次，“一区一策”成果得到了市领导批示表扬。

•• 监测中心日常业务交流

聚焦精准治污，积极探索大数据“采存管算用”。一是以数据资产盘点为基础，谋划布局生态环境监测大数据资源中心，开展大气、水、土壤和生态 4 类环境要素 27 类监测数据盘点，初步构建区级空气质量监测站点、餐饮在线监控企业、工地视频监控台账及裸地台账。二是以核心算法与平台开发为基础，逐步形成“天上看、地上巡、数据联、电量核”的精准溯源支撑体系，形成 7 类问题线索总计 15 种智能挖掘算法，构建精准调度指挥平台，实现“预测预报—评价分析—精准溯源—闭环调度—动态评估”的可视化展示。三是以精准溯源业务体系为基础，支撑应急模式下“监测—监察—监管”三监联动的创新管理机制，初步探索了“智能感知—溯源监测—三监联动—市区协同”的新型治理体系，有效支撑了空气质量保障和污染应对指挥调度。

•• 监测中心组织开展生物量监测

•• 监测中心空气质量监测精准调度指挥平台上线试运行

聚焦质量管理，严守数据质量“生命线”。一是加强监测中心内部质量管理，开展环境监测全要素监管，首次将遥感监测手段纳入质量体系规范化管理。二是全面加强执法类环境监测业务采样、分析、产出等环节的全流程规范提升和全过程的监督检查，强化监测数据的会商研判，进一步提升监测数据的科学性和准确性。三是持续开展持证上岗考核和扩项评审，69 人 706 项次通过考核，达到省级最好水平，新增 10 项方法监测能力。四是加强内外部质控考核和监督，组织监督检查 60 余次，质控率均达到 40%，连续 5 年被国家评为能力考核优秀单位。

•• 监测中心 2022 年资质认定扩项评审暨持证上岗考核会

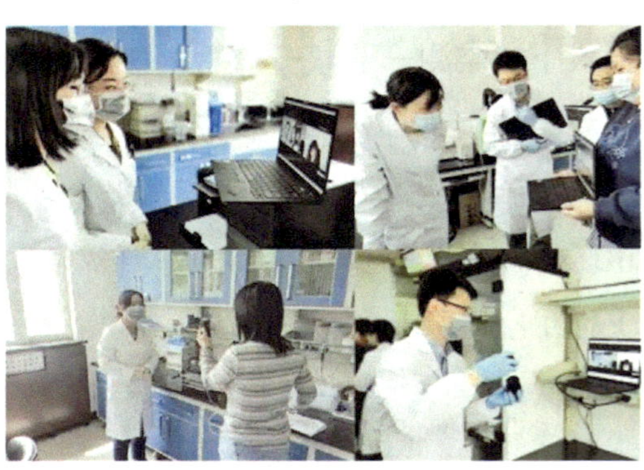

•• 监测中心 2022 年持证上岗线上考核

•• 监测中心嗅辨员持证上岗考核

•• 监测中心环境统计现场核查，确保数据“真、准、全”

# 获得荣誉

2022 年，监测中心先后获得多个集体荣誉：

连续 5 年被总站评为能力考核优秀单位；

荣获冬奥会、冬残奥会北京市先进集体；

荣获最美城市运行及环境保障团队；

荣获环境技术进步奖二等奖；

荣获环境保护科学技术奖二等奖。

中国环境监测总站

关于 2022 年国家环境监测网实验室能力考核的结果通报

•• 被总站评为 2022 年能力考核优秀单位

环境技术进步奖

获奖证书

获奖项目：大气粗颗粒物智能感知立体监控关键技术及应用

获奖等级：二等奖

获 奖 者：北京市生态环境监测中心

•• 环境技术进步奖二等奖

环境保护科学技术奖

获奖证书

获奖项目：大气细颗粒物网格化监测体系关键技术与应用

获奖等级：二等奖

获 奖 者：北京市生态环境监测中心

（第一完成单位）

二〇二二年一月

证书号：KJ2021-2-13-D01

•• 环境保护科学技术奖二等奖

•• 2022 年冬奥会、冬残奥会北京市先进集体

个人荣誉方面，监测中心党委书记、主任刘保献同志作为党代表，出席中国共产党第二十次全国代表大会。全年获奖中，中国生态文明奖先进个人 1 人，1 人荣获首都劳动奖章，冬奥会城市运行及环境保障之星 1 人，首都绿化美化先进个人 1 人，2022 年北京冬奥会和冬残奥会空气质量保障预报工作表现突出个人 3 人，2022 年北京冬奥会和冬残奥会联防联控区域环境空气质量自动监测站数据联网工作表现突出个人 2 人，2022 年北京冬奥会和冬残奥会空气质量监测预报工作表现突出人员 2 人等。

•• 监测中心主任刘保献，参加中国共产党第二十次全国代表大会

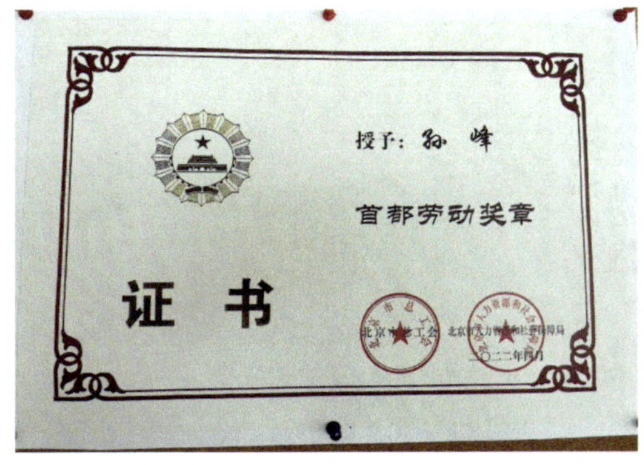


•• 监测中心孙峰荣获首都劳动奖章

•• 监测中心赵爽、李磊参加第二十三届北京青年学术演讲比赛

2023年，是党的二十大的开局之年，也是“十四五”承上启下的一年，监测中心将把学习贯彻党的二十大精神作为首要政治任务，坚持以习近平新时代中国特色社会主义思想为指导，以持续改善首都生态环境质量为核心，以打造“世界一流的环境监测机构”为目标，立足新时代、新任务、新要求，全面推进年度任务高质量完成。

2022

# 天津市生态环境监测中心这一年

2022 年，天津市生态环境监测中心坚持以习近平生态文明思想为指导，深入学习贯彻党的二十大精神，完整、准确、全面贯彻新发展理念，以实现减污降碳协同增效为总抓手，以改善生态环境质量为核心，切实发挥“支撑、服务、引领”作用，为建设人与自然和谐共生的美丽天津添砖加瓦。

# 党建工作

加强政治引领。坚持把党的领导落实到工作全过程各方面，坚持把学习贯彻党的二十大精神作为首要政治任务，坚定捍卫“两个确立”、坚决做到“两个维护”，坚持领导带头学，推动全面覆盖学，持续推动党的创新理论入脑入心。

强化政治担当。坚持以学促行，结合“迎盛会、铸忠诚、强担当、创业绩”主题学习宣传教育实践活动，统筹推进党建与业务融合发展，深入推进“我为群众办实事”实践活动，完成 71 项群众诉求清单任务，挺膺担当，助企纾困。

涵养政治生态。培树严实作风，开展“能力作风提升年”系列活动，严格落实意识形态工作责任制，加强廉洁文化建设及教育监督管理，持之以恒推进全面从严治党向纵深发展，基层党组织组织力和战斗力进一步提升。

•• 落实党的二十大精神，开展主题党日活动

•• “迎盛会、铸忠诚、强担当、创业绩”主题学习宣传教育实践活动

•• 落实全面从严治党，开展“能力作风提升年”活动

•• 培树严实作风，加强能力建设

•• 开展主题宣讲，弘扬女排精神，激发奋进力量

# 业务工作

## ●深化监测创新，高水平支撑污染防治攻坚

助力深入打好蓝天保卫战。增强预报研判，开展空气质量趋势预测，推进区域重污染天气预警预报、会商及应急响应联动。支撑污染减排，推动涉气企业大气污染物精准减排试点，完成绩效分级差异化管控体系升级，配合开展挥发性有机物、臭氧专项监督检查，支撑秋冬季大气污染综合治理攻坚行动。强化监测分析，完成颗粒物与臭氧协同监测网络建设联网，24小时数据值守，编制环境空气、工况用电监测日报等各类报告2 000余期，协同编制大气污染源排放清单与温室气体清单，技术支撑空气质量改善。

•• 加强运维巡检，支撑打好蓝天保卫战

•• 开展水生态监测，助力碧水保卫战

助力深入打好碧水保卫战。率先实现地方水站与国家联网，联网率和审核率均

居全国前列。每月开展全市 117 个市控断面监测，配合修订地表水环境月排名办法及区域补偿办法。完善“手工 + 自动 + 遥感”相结合的网格化监测预警体系，支撑于桥水库藻华防控和饮用水水源水质安全保障。对全市入河排污口进行监督性监测并进行超标溯源。完成近岸海域及全年入海排污口、直排海污染源水质监测及分析，支撑美丽海湾建设。

助力深入打好净土保卫战。推动建立 102 家企业的地下水重点污染源监测井信息库信息清单，对国家及市控土壤环境监测网点位进行监测。加强土壤污染风险管控，对土壤重点监管企业周边及垃圾填埋场进行监测，有效防范污染外溢风险。顺利完成国家地下水环境质量考核监测样品采集，圆满完成天津市土壤和地下水背景值调查与污染来源解析。完成天津市典型行业企业与名特优农产品设施农业用地土壤污染状况调查，为土壤环境分类管理提供重要支撑。

助力生态保护监管。初步建立天津市生态质量监测体系，建成包括 58 个生态质量监测样地的生态质量监测网络。开展全市范围的生物多样性调查监测，初步摸清生物多样性状况底数，实现生态质量可监测、可评价。组织完成全年国家重点生态功能区县域环境质量监测及京津冀县域生态环境保护管理技术评价。全年核查点位 300 余个，提交现状数据 25 410 个图斑，动态数据 416 个图斑。

•• 开展近岸海域监测，助力美丽海湾建设

•• 开展生物多样性调查监测

助力声环境改善及风险防范。协助修订发布《天津市声环境功能区划》，支撑调整声环境监测网络，配合落实《中华人民共和国噪声污染防治法》职责分配，制订天津市噪声污染防治行动计划。完成 90 个声功能区噪声季监测，开展敏感建筑集中区夜间施工噪声监测，技术支持安静小区创建及工业园区噪声排放达标。完成 29 个辐射环境质量监测点位的样品采集，保障 10 个国控辐射环境自动监测站平稳运行，安全收贮废旧放射源 64 枚。

## ●加强基础保障，高效能服务生态环境管理

完善监管体系。牢牢把握监测质量“生命线”，全面审查体系文件，开展业务培训，进行资质认定扩项评审暨持证上岗考核，监测能力范围涵盖新污染物等 17 大类 465 项。构建“大内控”工作格局，制（修）订采购、预算等 9 项制度。

强化基础研究。开展土壤环境质量建设用地土壤污染风险管控标准研究，填补天津市土壤环境保护标准体系空白。建成新污染物监测技术体系，方法体系覆盖国家首批重点管控新污染物清单项目 90% 以上，监测能力达到国内先进水平。完成水生态监测实验室改造提升，水生态监测技术达到国内领先。推进战略合作，研制成功土壤多环芳烃和石油烃系列标准物质，持续攻关 $PM_{2.5}$ 和 $O_3$ 污染协同控制等项目，全年在研科研课题 21 项，授权专利 37 项。

加强科普宣传。自主拍摄《科学监测，助力水环境减污降碳》等微视频，获市生态环境科普微视频大赛二等奖。开展“云参观”“线上游”，推进科普基地及环保设施向公众开放。开展典型宣传，营造科技创新氛围，《天津市生态环境不断向好，千只东方白鹳飞入“歇脚”》等稿件被 20 余家中央及市级媒体刊发转载，《天津日报》专版报道监测中心的科研成绩，45 篇稿件被《中国环境报》、生态环境部《工作动态》、总站公众号等平台采用。

•• 强化基础研究，开展新污染物监测分析

•• 天津市生态环境不断向好，千只东方白鹳飞入“歇脚”

统筹发展安全。统筹做好疫情防控、经济社会发展和生态环境保护，坚决守好疫情防控最后一道防线。压牢压实安全生产责任，守牢网络安全及舆论阵地。提升应急响应智能化水平，进一步加强核与辐射、突发环境事件两支应急监测队伍建设，圆满完成突发环境事件应急监测演练、京津冀突发水环境事件联合应急演练。

•• 以查促改排隐患，保障一方核安全

•• 2022 年天津市应急监测演练

# 获得荣誉

邓小文同志荣获天津市优秀科技工作者；

卞少伟同志荣获第九届全国科普讲解大赛三等奖；

杨宁、肖致美、刘彩霞、李源、孔君、白宇、李立伟荣获 2022 年北京冬奥会和冬残奥会空气质量保障预报工作表现突出个人；

邓小文、戢运峰、杨宁、肖致美、李源、白宇荣获 2022 年北京冬奥会和冬残奥会空气质量监测预报工作表现突出人员；

刘佳泓、易晓娟收到 2022 年度排污单位自行监测帮扶指导工作感谢信。

•• 邓小文同志荣获天津市优秀科技工作者

•• 卞少伟同志荣获第九届全国科普讲解大赛三等奖

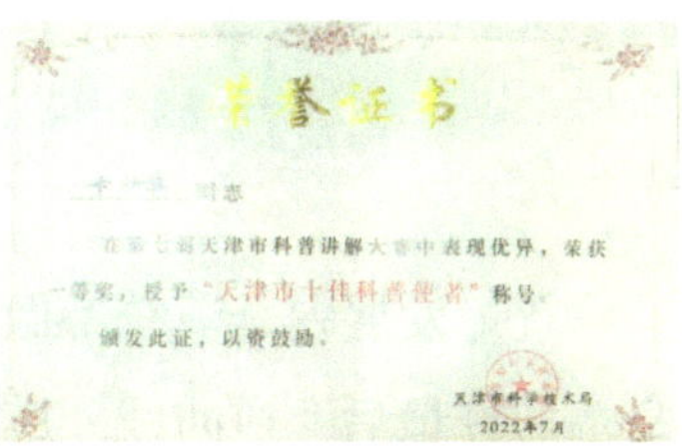

•• 卞少伟同志荣获天津市十佳科普使者称号

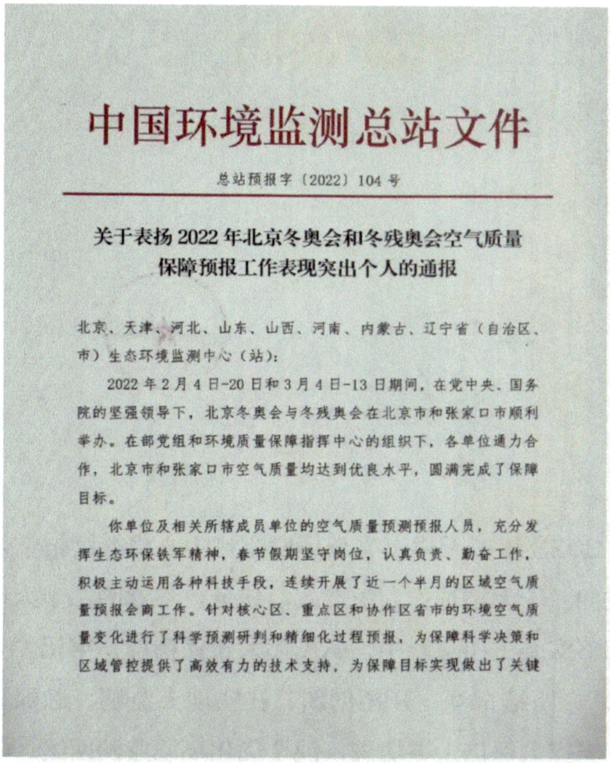

中国环境监测总站文件

总站预报字〔2022〕104号

关于表扬2022年北京冬奥会和冬残奥会空气质量保障预报工作表现突出个人的通报

北京、天津、河北、山东、山西、河南、内蒙古、辽宁省（自治区、市）生态环境监测中心（站）：

2022年2月4日-20日和3月4日-13日期间，在党中央、国务院的坚强领导下，北京冬奥会与冬残奥会在北京市和张家口市顺利举办。在部党组和环境质量保障指挥中心的组织下，各单位通力合作，北京市和张家口市空气质量均达到优良水平，圆满完成了保障目标。

你单位及相关所辖成员单位的空气质量预测预报人员，充分发挥生态环保铁军精神，春节假期坚守岗位，认真负责、勤奋工作，积极主动运用各种科技手段，连续开展了近一个半月的区域空气质量预报会商工作。针对核心区、重点区和协作区省市的环境空气质量变化进行了科学预测研判和精细化过程预报，为保障科学决策和区域管控提供了高效有力的技术支持，为保障目标实现做出了关键

•• 2022年北京冬奥会和冬残奥会空气质量保障预报工作表现突出个人

2023 年，天津市生态环境监测中心将继续把学习贯彻党的二十大精神作为重要政治任务，将党的二十大精神贯彻落实到工作实践中，弘扬伟大建党精神，牢记“三个务必”，团结奋斗，开拓创新，在实现大监测、确保真准全、支撑大保护上下功夫，健全优化环境监测网络，完善监测技术体系，提高数据准确性和分辨率，强化对监测数据的深度挖掘、综合分析和创新应用，提升服务效能和工作水平，实现对生态环境精准管理、科学决策、高效服务的支撑，推动生态环境监测事业再上新台阶。

2022

# 河北省生态环境监测中心这一年

2022年，河北省生态环境监测中心坚持以习近平新时代中国特色社会主义思想为指导，全面贯彻落实党的二十大精神，严格落实省委、省政府和厅党组工作部署，忠诚履行生态环境监测职责使命，坚定不移推进全面从严治党，不断提升环境质量监测技术支撑服务水平，圆满完成各项监测任务。

# 党建工作

深化思想政治教育。积极制订全年和各季度学习计划，发放多领域学习书籍千余册，深入组织开展思想政治理论学习。以党的二十大精神为引领，开展“三提升三促进”、“讲党性顾大局、讲团结守纪律”、强化“六个观念”解放思想 奋发进取大讨论等活动，并积极谋划监测工作在中国式现代化建设河北篇章中的定位目标和任务，坚定自觉用党的创新理论武装头脑、指导实践。

夯实基层党组织建设根基。积极开展基层党组织品牌建设，完成“碧水清源”“技术强站 质量先行”等支部品牌创建，按期完成 10 个党总支和 38 个党支部换届选举工作。按照党员发展程序，监测系统全年共确定积极分子 5 名，列为发展对象 4 名，接收预备党员 7 名，转为正式党员 12 名，切实强化党的组织建设基础。

党委（扩大）会议学习党的二十大精神

推进全面从严治党。将每月 20 日作为全面从严治党“四个责任”监督日，全面总结当月基层党组织、党组织书记、班子成员、纪检干部“四个责任”落实情况。全面深化制度建设，制定完善公务用车管理、重点工作督办等多项制度，扎紧扎实制度笼子。持续深化纠治“四风”和作风纪律整治，开展重大节日期间廉政提醒，落实“四查六报”相关要求，在各重点领域和关键环节开展常态化监督，将一体推进“三不腐”要求贯穿监测工作全过程。

全面从严治党暨警示教育大会

•• 预备党员集体入党宣誓仪式

•• 河北省生态环境监测专家技术委员会成立大会

•• 公文写作竞赛

•• “迎六五 绿色未来你我并肩同行”环保设施公众开放活动

# 业务工作

冬奥会保障监测。扎实开展冬奥会室内监测工作，历时 199 天，完成冬奥村、冬奥场馆、签约酒店和国宾山庄室内空气质量监测，确保冬奥会配套项目全覆盖监测。同时全力做好冬奥会空气质量保障，其间共计审核数据 1 200 万余条，积极编写各类分析报告，组织开展空气自动站质控检查，配合总站开展传输通道与污染源排查走航 234 次，为赛区及周边地区空气质量分析、预测、研判提供了有力技术支撑。

重点城市大气“退后十”保障监测。坚持推送精准日报 365 期，全年汇总监测数据 3 200 余万条。不断加强重点区域环境质量状况变化趋势分析，在重大活动保障、扬尘污染治理、秋冬季污染过程期间，对主城区、周边区县以及国控站点持续开展走航监测，深入开展走航监测数据分析和精准溯源。

白洋淀水质保障监测。开展白洋淀流域强化监测，落实水站数据实时报告制度，及时报告淀区及主要入淀河流水质状况，并认真分析白洋淀逐月水质状况。开展白洋淀污染态势大会战，对白洋淀水域的重要节点、主要航道、重点区域及全部淀泊进行 4 次全覆盖监测。持续开展白洋淀生态清淤三期工程监测工作，坚持“日巡查、日报告”，手工监测和自动监测相结合，有力保障施工期间水质安全和工程进度。

北戴河旅游旺季生态环境保障监测。会同监测处制定监测工作方案，指导监测单位制定全流程质量管理措施。选派技术骨干实地参与海水浴场水质、赤潮生物监测，组织开展外控检查。紧盯管理需求，调用大气自动监测车对秦皇岛市重点区域进行走航监测，为区域臭氧防控工作提供技术支持。编制报送各类报告 29 期，对河北省旅游旺季生态环境保障工作提供有力支撑。

有序推进各项常规监测工作。

大气环境质量监测。做好 76 个国控大气监测网络基础运行保障以及 319 个省控大气监测网络的运行管理，不断加强对 1 960 个市控乡镇大气监测网络运行的技术指导。组织开展全省环境空气挥发性有机物手工监测工作，按照计划完成非甲烷总烃、醛酮类和 VOCs 的采样、分析，并将监测数据、月度质控报告按时上报，有效支撑全省 $PM_{2.5}$ 和 $O_3$ 协同控制。

水环境质量监测。稳步推进 1 386 条河流全覆盖监测，共完成 1 064 个新增断面设置和 4 个季度监测工作。每月组织对省级地表水、重点流域、省界出入境、水功能区以及集中式饮用水水源地、入海河流断面、近岸海域水质开展手工监测。加强水质自动监测站运行管理，定期开展对 105 个省控水站运维及周边环境的巡检以及 88 个国控水站周边环境的巡查工作。

土壤与地下水监测。组织石家庄地区地下水监测，已完成 12 个国考点每月监测、219 个省级点监测、10 个国考点饮用水水源地平水期监测。组织开展 204 个国家网和 340 个省控网土壤风险监控点位监测，有序推进 544 个土壤样品的采样、

3 000 余个样品的流转、制备和分析测试。

生态与农村监测。启动白洋淀水生态环境监测，完成淀区 8 个点位 8—12 月水生物采样监测，河流 43 个点位和水库 10 个点位水生物采样监测，河流 62 个点位底泥样品采集、制备和监测。开展农村环境监测，完成 113 个监控村庄监测，576 个农村万人千吨饮用水水源地水质、328 个乡镇及农村饮用水水源地水质、48 个 10 万亩及以上规模农田灌区灌溉水质监测。

污染源监测。组织开展全省除白洋淀流域外的入河排污口监测工作，完成全省 71 家生活垃圾焚烧企业 168 个排放口二噁英类污染物执法监测工作，70 家重点行业企业固定污染源监测质量核查与抽测。全力保障省机动车平台高效运行，实现超标车辆信息动态更新和省内共享。完成机动车污染防治各类报告 43 份，为机动车污染精细化管控和“非现场执法”提供技术支撑。

胡启生副省长、李晋宇厅长在监测现场检查工作

环境空气自动监测站巡检工作

土壤采样

开展应急监测演练活动

浮游生物样品采集

新污染物防控方法研究

# 获得荣誉

河北省生态环境监测中心荣获省人力资源和社会保障厅、省生态环境厅授予的全省生态环境系统先进集体；

河北省生态环境监测中心获评 2022 年国家环境监测网实验室能力考核优秀单位；

在总站对全国各地生态环境质量报告进行质量检查和评分的工作中，河北省生态环境监测中心编制的生态环境质量报告居于前列，受到通报表扬；

魏君、韩丽君、李瑞平、王海鹏 4 人荣获生态环境部 2022 年北戴河旅游旺季生态环境监测工作表现突出个人。

河北省人力资源和社会保障厅
河北省生态环境厅
文件

冀人社字〔2022〕259号

**河北省人力资源和社会保障厅
河北省生态环境厅
关于表彰全省生态环境系统先进集体
和先进工作者的决定**

各市（含定州、辛集市）人力资源和社会保障局、生态环境局，雄安新区党工委党群工作部，雄安新区管委会生态环境局，省生态环境厅机关各处室、直属各单位：

近年来，在省委、省政府的坚强领导下，全省生态环境系统坚持以习近平新时代中国特色社会主义思想为指导，深入学习践

•• 荣获省人力资源和社会保障厅、省生态环境厅授予的全省生态环境系统先进集体

中国环境监测总站

**关于2022年国家环境监测网实验室能力考核的结果通报**

各有关单位：

为掌握环境监测实验室的技术能力和质量管理水平，持续监督各实验室质量管理体系的有效性，保证监测数据质量，根据《2022年国家生态环境监测方案》（环办监测函[2022] 58号）和《关于发布2022年国家环境监测网实验室能力考核计划的通知》（总站质管字[2022]73号）的要求，中国环境监测总站2022年组织全国各级各类生态环境检验检测机构开展了水中高锰酸盐指数、氰化物和石油类等4轮次6个项目的实验室能力考核。省级和339地市级环境监测中心（站）为必考对象。

2022年能力考核统一定制考核样品，采用盲样测试的方式，依据《能力验证结果的统计处理和能力评价指南》（CNAS-GL002:2018）、《利用实验室间比对进行能力验证的统计方法》（GB/T 28043-2019）等相关统计方法，对各单位考核样品的测定结果进行评价。全年第一批考核结果中系统内共175家单位表现出色，成绩优异，特予通报，详见附件名单。

附件：2022年能力考核优秀单位名单（第一批）

中国环境监测总站
2022年12月28日

•• 获评2022年国家环境监测网实验室能力考核优秀单位

中国环境监测总站文件

总站综字〔2022〕456号

**关于印发《2022年生态环境质量报告质量检查工作总结》的通知**

各省、自治区、直辖市（生态）环境监测中心（站），山西省生态环境监测和应急保障中心，河南省生态环境监测和安全中心，新疆生产建设兵团生态环境第一监测站：

为进一步提升生态环境综合分析能力，提高生态环境质量报告编制水平，更好发挥综合信息产品对生态环境保护与管理决策的支撑作用，促进生态环境综合分析技术交流，按照《环境监测报告制度》和《2022年国家生态环境监测方案》，中国环境监测总站组织完成了2022年生态环境质量报告质量检查工作。

中国环境监测总站（以下简称总站）共收到各地2021年生态环境质量报告（以下简称报告）465本，组织各地推荐的181位专家完成了全部报告的质量检查和评分工作。从检查结果看，20本省级报告和27本市县级报告质量居于前列，特此提出，以兹鼓励。

•• 在总站对全国各地生态环境质量报告进行质量检查和评分的工作中，监测中心编制的生态环境质量报告居于前列，受到通报表扬

中华人民共和国生态环境部办公厅

环办监测函〔2022〕423号

**关于表扬北戴河旅游旺季
生态环境监测工作表现突出个人的函**

天津市、河北省、辽宁省生态环境厅（局），生态环境部海河流域北海海域生态环境监督管理局，生态环境部华南环境科学研究所、国家海洋环境监测中心：

为准确掌握北戴河旅游旺季生态环境状况，满足北戴河环境健康保障需要，2022年6月1日至8月31日，我部组织开展了北戴河暑期生态环境监测工作。各单位精心组织、周密部署，以高度的责任感、使命感，高标准完成了各项生态环境监测任务。其间，涌现出一批积极进取、事迹突出的先进个人，他们始终坚守在工作一线，勇于担当、履职尽责、埋头苦干，深刻诠释了特别能吃苦、特别能战斗、特别能奉献的生态环保铁军精神。

为进一步激发广大干部职工做好生态环境保护工作的积极性、主动性，增强荣誉感、使命感，现对魏君等参加北戴河暑期生态环境监测工作表现突出的个人予以表扬（名单见附件）。希望受到表扬的同志珍惜荣誉，再接再厉，为我国生态环境保护事业作出新的贡献。

•• 魏君、韩丽君、李瑞平、王海鹏4人荣获生态环境部2022年北戴河旅游旺季生态环境监测工作表现突出个人

2023年，是贯彻党的二十大精神的开局之年，是实施“十四五”规划承前启后的关键一年，是为全面建设社会主义现代化国家奠定基础的重要一年。河北省生态环境监测中心将坚定信心、砥砺前行，积极拓展监测领域，强化监测质量，深挖数据应用，为全面深入打好污染防治攻坚战贡献力量。

2022

# 山西省生态环境监测和应急保障中心（山西省生态环境科学研究院）这一年

2022 年，山西省生态环境监测和应急保障中心（山西省生态环境科学研究院）* 以习近平生态文明思想为指导，学习贯彻党的二十大精神、习近平总书记考察调研山西重要讲话和重要指示精神、省委十二届五次全会精神，按照山西省委、省政府和山西省生态环境厅的决策部署，在总站的支持指导下，持续推进重塑性改革，不断加强党建业务深度融合，以强作风、重落实、提效能为导向，打造生态环保铁军先锋队，朝着“四个一流”目标不断迈出新步伐、取得新成果。

* 本篇简称中心（院）。

# 党建工作

聚焦"两个维护"，强化政治建设。牢固树立"技术单位也是政治机关"意识，坚决拥护党的全面领导，准确把握政治与业务的有机统一。把学习贯彻党的二十大精神、习近平总书记关于生态文明建设和生态环境保护的重要指示批示精神作为首要政治任务，强化跟进落实。在推动单位重塑性改革方面，注重顶层设计，"一把手"亲自挂帅、靠前指挥，凝聚强大改革合力。全年召开党委会 15 次，其中研究党建工作 7 次、党建事项 17 项。

•• 中心（院）荣获省直机关优秀党建品牌

•• 召开党的二十大精神专题学习会

聚焦凝心铸魂，强化思想建设。坚持用习近平新时代中国特色社会主义思想凝心铸魂，筑牢党建工作根基。落实"第一议题"制度，利用党委会前 30 分钟，组织党委理论中心组学习 22 次。将每周四确定为支部政治理论学习日，推动各党支部与党委中心组同步学习。成功举办 13 期《保障大讲堂》，解读生态环境前沿技术和政策。管好用好"学习强国"和"双微"平台，让"指尖上的学习"成为主动和自觉行为。组织完成《来时的路》书稿编撰，回望历史，砥砺前行。

聚焦固本强基，强化组织建设。以党建品牌创建活动为载体，全面加强基层党支部建设。中心（院）"铸牢党建魂 做好保障人"党建品牌被省直工委评为省直机关优秀党建品牌。严格执行民主生活会、组织生活会、"三会一课"制度，党委书记带头讲授专题党课。选优配强基层党组织队伍，组织完成 2 个驻市中心党支部换届、改选工作，7 个部门和 2 个驻市中心党支部的届中调整工作；突出政治标准，培养入党积极分子 22 人，发展对象 20 人，接收预备党员 5 人；树立典型，评选表彰 25 位"党员先锋岗"人物。全面加强精神文明建设，荣获"省直文明单位标兵”称号。组织开展“喜迎二十大 低碳环保行”健步走、青年职工座谈会、第一届“保障杯”职工运动会、唱响“美丽山西我的家”环保主题歌曲等活动，展现干部职工风貌，凝聚干事创业力量。

•• 驻太原中心组织“喜迎二十大 低碳环保行”健步走活动

•• 第一届“保障杯”职工运动会

•• 开展青年职工座谈会

•• 参加“美丽山西我的家”视频展播活动

聚焦严的基调，强化正风肃纪。以警示教育和清廉机关建设为抓手，深入推进全面从严治党。定期召开党风廉政建设和反腐败专题会，坚持管好“关键少数”以上率下。积极组织签订《履行全面从严治党主体责任书》，全面梳理排查廉政风险点，不断深化警示教育成果。开展“领导干部岗位调动带上自己家乡工程队”“十个坚决防止”“为基层减负”“规范党务工作”等问题自查自纠，制定《工作人员廉洁从业“十项禁令”》。坚持以严的基调强化正风肃纪，组建纪律检查专门科室，设立廉政监督热线，开设意见箱、电子邮箱，持续释放监督效能，巩固良好政治生态，助力建设美丽山西。

•• 召开党员先锋岗表彰大会

•• 青年参加学雷锋志愿服务活动

•• 积极参与社区疫情防控志愿服务

# 业务工作

2022 年，山西省环境空气质量综合指数达 4.49，同比下降 2.4%，优良天数比例提高到 74.5%，重污染天数比例降至 0.6%；六项污染物四降两平，取得 2017 年以来最好成绩；全省参与评价的 93 个地表水国考断面中，水质优良断面比例 87.1%，同比提升 14.8 个百分点，汾河流域优良水质断面比例 61.9%……一组组数据交出了全省生态环境治理的优异答卷。

## ●积极推进重大事项，为山西绿水青山提供坚实保障

圆满完成 2022 年冬奥会和冬残奥会期间环境质量监测预报保障。参加总站“冬奥保障”专题会商 27 次，省厅专题会议 19 次，报送环境空气质量潜势预报（专报）97 期、污染源排查走航报告 16 期、西南通道走航报告 10 期，“冬奥保障”汇报 17 次，为空气质量分析、预报、研判提供了有力技术支撑。

•• 冬奥会和冬残奥会预报会商

全力保障重大活动环境空气质量。报送《重污染天气应对工作简报》21 期，编写《重污染天气应对效果评估及空气质量预测》，参加省厅会商研判 18 次。

成功承办 2022 年太原能源低碳发

展论坛分论坛活动。该活动由清华大学教授和中心（院）孙鹏程主任共同主持，孙洪山副省长发表致辞，2 名国外嘉宾、4 名院士以及 7 名知名专家学者发表演讲。线上直播约 4 700 人参与观看，20 多家省内外媒体全方位展开宣传报道。会后收到太原论坛组委会发来感谢信，同时受到省厅领导的高度认可。

开展汾河流域水生态环境试点监测工作。按照国家《汾河流域水生态监测方案》要求，开展山西省汾河流域试点水生态监测研究工作。印发《汾河流域水生态监测工作实施方案》，成立专班。

全力配合推进首届黄河峰会的举办。从前期黄河流域生态保护和高质量发展重要实验区峰会方案编制、院士嘉宾邀请，到后期会场布置，助力首届黄河峰会圆满闭幕。

顺利完成专项监测保障任务。在习近平总书记考察调研临汾、晋中期间的专项监测保障任务受到省公安厅特勤局的肯定与表扬。

积极推进污染源监测监控综合分析（一期）项目落地。将污染源自动监控、执法监测、入河排污口监测等数据归集综合，全面分析排污单位的污染源排放情况，快速精准锁定超标异常排污单位，为环境管理工作有效开展提供数据支撑。

开发山西水生态环境监测综合平台。通过构架全省各类型手工监测体系和自动监测体系，实现水生态环境监测数据“一个平台、一本台账、一张网络、一个窗口”。深度结合水环境管理需求，实现联网联通、水质状况实时掌握、水质异常快速预警、水质评价达标考核。同时开发了山西地表水 App，实现全省地表水环境质量掌上智慧管理。

## ●多措并举，为深入打赢打好污染防治攻坚战提供强力支撑

**开展舆论宣传，做好生态文明理念的宣讲者**

•• 公众开放日

举办六五环境日山西主场宣传活动，向全社会传递生态文明和绿色低碳理念；与山西日报社等主办“美丽山西生态行（黄河篇）”大型采访报道活动，刊发报道 68 篇 17 余万字；开展全省环保设施向公众开放线下活动 70 余次，参观总人数 400 多人，线上活动 20 余

次，总参与人数约 5 万人次；微信公众号发布信息 2 817 条，微博发布信息 1 341 条，头条号发布信息 216 条，保障中心微信发布信息 142 条；在中央、省级主流媒体发布新闻稿件 600 余篇，在《中国环境报》等媒体平台共刊发稿件 257 余篇，主流媒体影响力进一步扩大。

**强化保障支撑，做好生态环境质量监测的守望者**

环境空气质量方面：完成全省未来一周环境空气质量潜势预报 365 期；组织开展省级城市站现场运维质量检查，全年共检查站点 499 个（例行检查 397 个，应急检查 102 个），审核监测数据 1 725 720 条，数据有效率达 98.61%。水环境质量方面：编制《全省地表水环境质量调度通报周研判报告》51 期；累计报送自动监测数据日报 365 期、周报 53 期、月报 12 期；热点分析数据专报 300 余次。土壤生态、农村环境质量方面：开展土壤重点风险监控点位、国家地下水环境质量考核饮用水水源点位平水期监测；完成了 269 个省控地下水点位水质、97 个县 117 个监控村庄的农村环境质量、229 个万人千吨饮用水水源地水质、28 个灌区的农田灌溉水质、1 004 个农村生活污水处理设施出水水质和 30 个农村黑臭水体水质监测数据的审核。应急方面：配合完成交城污水处理厂外排废水监测工作；完成清徐县美锦桥断面水质监测采样分析、数据上报工作；开展“太榆退水渠、南白石河督察问题整改攻坚”，上报 35 个点位，500 余个数据；在“山西应用科技学院多名学生身体不适”事件中，测定氰化物、挥发性有机物等 24 项共 48 个样品；完成驻村帮扶宁武县乡镇水源地水质监测实验室分析工作，共报出 270 余个数据。重点排污单位监控方面：推动重点单位自动监控设施安装联网工作，基本形成覆盖重点行业主要排放口的自动监控网络，共监控重点单位 1 540 家，点位 3 446 个，其中废气企业 1 065 家，废气点位 2 719 个；废水企业 598 家，废水点位 727 个。生态功能区县、生态遥感等方面：编制《山西省生态质量评价报告（2021 年）》；开展林草地斑块人工标注并完成 375 个生态质量遥感监测斑块地面校验工作，编制《2022 年山西省生态质量监测—遥感监测地面校验报告》；检查和预处理高分影像 300 余景；人工解译 2 万余个遥感监测动态斑块；56 名技术人员、历时 4 个月、行程 4.4 万千米，完成各市县全覆盖、生态系统类型全涵盖的 602 个生态质量样地点位现场核实和布设工作。核与辐射安全方面：全年共计收贮了 38 家核技术利用单位 269 枚废旧放射源，行程 2 万多千米，安全高效，有力地保障了全省辐射环境安全。截至目前，废物库共暂存废旧放射源 543 枚，已安全运行 32 年无事故。

**加强质量管理，做好监测数据生命线的守护者**

组织建立健全中心（院）质量管理体系；参加总站、国家市场监管总局组织的能力验证、能力考核项目，取得“满意”结果；顺利通过了总站组织的监测技术人员持证上岗考核，通过率 99.6%；组织开展阳泉、临汾等 6 个监测站（中心）的持证上岗考核工作。

**开拓科研创新，做好科技战略工作的先行者**

起草《山西省生态环境厅　太原理工大学战略合作协议》；签订《山西省生态环境监测和应急保障中心（山西省生态环境科学研究院）山西低碳环保产业集团有限公司战略合作框架协议书》；高标准推进 2 项国家重点研发计划课题“涉煤产业集聚区典型污染场地污染过程与耦合生态环境效应”（2020YFC1806501）和子课题“污染场地治理决策系统与再利用方式评估”，课题组出版论著 1 部，授权软著 1 项，发表论文 3 篇，其中 SCI 1 篇；编制完成山西省智慧监测创新应用试点工作实施方案，并通过了总站审查。

•• 省级城市站运维例会

•• 汾河流域水生态监测工作启动会

•• 地表水流量监测

•• 土壤现场采样驻市中心线上培训

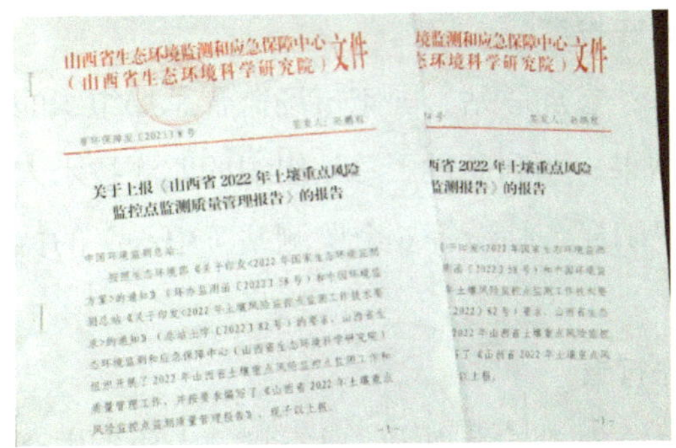


•• 土壤重点风险点监测报告

•• 驻晋中中心突发环境事件应急桌面演练

•• 生态质量监测森林样地核实

•• 城市放射性废物库值班监控室

# 获得荣誉

中心（院）“铸牢党建魂 做好保障人”党建品牌被省直工委评为省直机关优秀党建品牌；

中心（院）驻太原、朔州、阳泉中心荣获“2021 年度省直文明单位标兵”称号，驻晋城中心荣获“2021 年度省直文明单位”称号；

生态环境监测宣传教育工作收到总站感谢信；

参加市场监管总局组织的国家级检验检测机构能力验证，取得空气中二氧化碳、水中氟化物 2 项“满意”结果；

中心（院）参加总站组织的国家环境监测网实验室能力考核，取得高锰酸盐指数、氰化物等 7 项“满意”结果，并被总站授予“能力考核优秀单位”，驻太原、长治、运城中心也荣获“能力考核优秀单位”称号；

范晓周、侯涛等 7 人在高锰酸盐指数、化学需氧量比对验证中受到总站表扬；

牛建军、兰杰等 7 人参加北京冬奥会和冬残奥会空气质量监测预报工作，表现突出，受到生态环境部生态环境监测司、总站通报表扬感谢；

保障地下水枯水期监测工作收到生态环境部黄河流域生态环境监督管理局感谢信；

国家水环境质量监测网工作收到总站感谢信；

李焕峰、邱文参加排污单位自行监测帮扶指导工作收到总站感谢信。

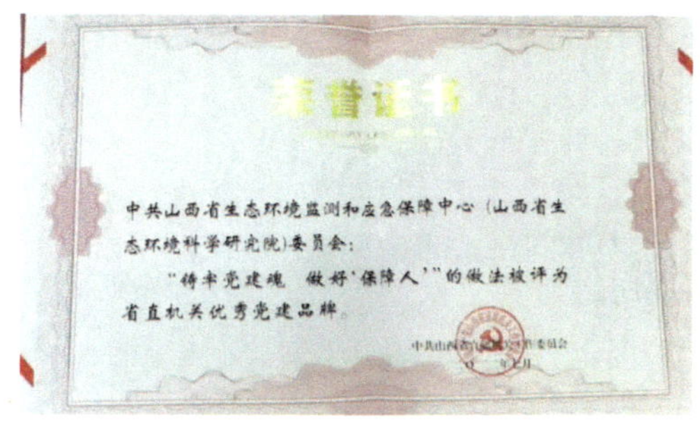


•• 中心（院）党建品牌被省直工委评为省直机关优秀党建品牌

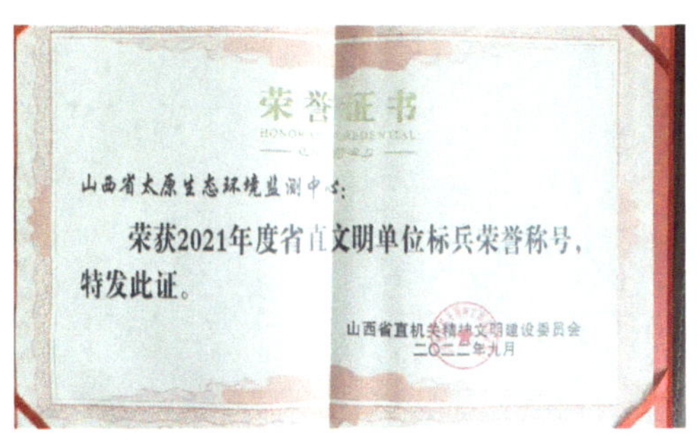


•• 驻太原中心荣获“2021 年度省直文明单位标兵”荣誉称号

2022 年国家市场监管总局能力验证
合格证书

编号：CNCA-22-07-0583

山西省生态环境科学研究院/山西省生态环境监测和应急保障中心：

贵机构参加 2022 年国家级检验检测机构能力验证计划 CNCA-22-07 水中氟化物的测定 项目，提交的检测结果为 合格（满意）结果，特发此证。

水利部水环境监测评价研究中心
2022 年 12 月 16 日

•• 水中氟化物能力验证取得“满意”结果

中国环境监测总站

感谢信

天津市生态环境监测中心、山西省生态环境监测和应急保障中心（山西省生态环境科学研究院）、内蒙古自治区环境监测总站、江苏省南京环境监测中心、江西省生态环境监测中心、江西省新余生态环境监测中心、江西省宜春生态环境监测中心、河南省生态环境监测中心、河南省郑州生态环境监测中心、湖南省生态环境监测中心、湖南省衡阳生态环境监测中心、湖南省永州生态环境监测中心、广东省生态环境监测中心、广东省佛山生态环境监测站、宁夏回族自治区生态环境监测中心：

为规范排污单位自行监测，压实企业主体责任，提高自行监测数据质量，更好的服务生态环境管理，受生态环境部委托，我站承担了 2022 年度排污单位自行监测帮扶指导工作。你单位积极选派技术骨干助力我站，赴帮扶省开展排污单位自行监测帮扶。工作期间，派出同志严格执行地方疫情防控要求，恪尽职守、不辞辛劳，充分发扬生态环境铁军先锋精神，从排污许可管理、自行监测、信息公开等方面对基层生态环境管理部门、排污单位、社会化检测机构、自动监测设施运维服务单位进行了专业、规范、具体的指导并答疑解惑，圆满地完成了帮扶省排污单位自行监测帮扶指导工作，有力地支撑了排污许可的有效实施。

在此，对派出同志（名单附后）提出表扬，并衷心感谢你单位对我站工作的支持，希望今后能够继续支持我站工作。

附件：2022 年排污单位自行监测帮扶指导选派技术骨干名单

2022 年 11 月 23 日

帮扶指导收到总站感谢信

中国环境监测总站

感谢信

山西省生态环境监测和应急保障中心（山西省生态环境科学研究院）：

当前，地表水环境质量日益受到各级政府与社会公众的重视，水环境质量状况已成为考核地方政府履职情况的一项重要指标。水环境质量监测是地表水环境质量评价、考核与排名工作的重要基础。贵单位长期以来，高度重视生态环境监测工作，对国家水环境质量监测网工作给予了大力支持。

2022 年，面对汛情、旱情、疫情“三情”叠加的严峻考验，贵单位积极配合我站落实生态环境部工作部署，与我站水环境质量监测运维管理中心（以下称水运管中心）协同联动、共克时艰，以高标准和严要求认真组织和开展国控水站运维基础条件保障、采测分离工作协调，以及数据审核等工作。

2022 年，国家水网 3646 个国考断面实现“应采尽采、应测尽测”，1837 个国控水站整体稳定运行，数据有效率保持在 99%以上高水平，为深入打好水污染防治攻坚战、推动水环境质量持续改善提供了重要的技术支持。国家水网稳定、

国家水环境质量监测网工作收到总站感谢信

2023 年，中心（院）将紧紧围绕山西生态环境质量持续改善，统筹全省监测能力建设，全力打造具有山西特色的“大监测”格局，以深化生态环境监测体制改革为契机，由业务驱动为主的技术型单位向创新驱动为主的研究型单位转变，不断提升战略思维能力、科学决策能力、科研攻关能力，为科学精准助力山西生态环境保护、山西高质量发展提供有力支撑和保障。

2022

# 内蒙古自治区环境监测总站这一年

2022 年，内蒙古自治区环境监测总站坚持以习近平生态文明思想为指引，将学习贯彻党的二十大精神和习近平总书记对内蒙古自治区重要讲话和重要指示批示精神为首要政治任务，在内蒙古自治区生态环境厅党组的坚强领导和总站的悉心指导下，以“质量提升年”活动贯彻全年工作，夯实专业基础、坚持守正创新，圆满完成年度生态环境监测各项工作任务，为建设我国北方重要生态安全屏障贡献力量。

# 党建工作

## ●一体推进党委、支部政治建设，筑牢队伍思想之“基”

制定党建工作要点及学习计划，党委（扩大）会安排党建议题 25 次；全年集体学习 446 次，专题研讨 57 次，理论知识测试 29 次，书记讲党课 31 人次。理论学习中心组编印学习资料 7 期，进行集体学习 10 次，开展交流研讨 4 次。落实意识形态工作责任制，制定印发意识形态工作要点，研究意识形态工作 2 次，积极掌握舆论主动权。

## ●夯实组织基础，筑牢党建工作之“堤”

2022 年初，选举产生中共内蒙古自治区环境监测总站党委第一届委员会与第一届纪律检查委员会。综合考虑机构改革后站本级各处室党员和工作情况，新成立 6 个党支部并选举产生新一届支部委员会。2022 年末，12 个分站党组织关系上划申请正式获得自治区党委组织部的批准，标志着组织、人事、财务、资产、业务的全面上划完成。党委始终坚持把党的政治建设摆在首位，强化责任担当，切实贯彻落实各项决策部署，各支部继续坚持以高质量党建引领业务工作。站本级第一党支部、包头分站党支部、巴彦淖尔分站党支部分别被评为 2021 年度“最强党支部”。

## ●注重党建引领，提升监测工作之“效”

持续加强作风建设，实现“一年双创”。2022 年初被授予“自治区直属机关文明单位标兵”以来，着力深化精神文明建设，弘扬文明风尚，紧扣实际多措并举，继续创建自治区级文明单位。严格落实“我为群众办实事”活动，完成面向基层技术帮扶 14 项。142 名党员同志参与当地疫情防控志愿服务工作，服务时长共计 4 337 小时。

## ●坚持正风肃纪，守牢廉洁自律之“坝”

充分发挥纪检委员“前沿哨兵”作用，通过严明各项纪律要求，及时廉政提醒，抓好日常监督，压实工作责任。召开“坚持全面从严治党 持续净化政治生态”全体职工大会，全系统549名干部职工参加会议，推动系统政治生态不断净化、持续向好。全年共处置完成问题线索8件，下发纪检建议书3份，批评教育党员干部1人，诫勉谈话1人；开展全体警示教育2次，廉政谈话16人次；建立科级以上党员干部廉政档案49份；打造走廊廉政文化宣传专栏。

•• 中共内蒙古自治区环境监测总站党委选举产生第一届委员会与第一届纪律检查委员会

•• 召开内蒙古站系统“坚持全面从严治党 持续净化政治生态”全体职工大会

•• 开展“监测先锋勇担当，蓝天哨兵戍北疆”主题党日活动

•• 44名党员干部获得疫情防控志愿服务荣誉证书

# 业务工作

## ●全面完成年度日常工作

组织完成全区生态环境质量监测网的 1 326 个水环境点位，105 个区控空气自动站和 20 个沙尘站，68 个地下水考核点位和 16 个饮用水水源地下水考核点位，252 个土壤基础点和 10 个重点风险监控点的监测与运维管理。深入开展生物多样性基础调查。加强自然保护地等重要生态空间监管技术服务。按时完成 2022 年生态环境质量状况公报、报告书的编制及“十三五”环境统计年鉴和 2021 年环境统计年鉴编制工作。组织完成 3 次执法监测、5 次环保督查监测、4 个巡视交办事件的环境监测和 2 次应急监测。

## ●完成冬奥会的空气质量监测预报预警

冬奥会赛事期间，每日组织 5 个保障分站进行会商，参加国家区域空气质量预报会商，共报送《空气质量状况专报》《空气质量预报会商专报》各 54 期；开展区内、外走航监测 210 余次，报送数据分析结果 60 余份。对空气自动站实时监控，共计值班 1 638 人次，审核数据 36 万条。站点平均数据获取率为 99.9%、审核有效率为 99.2%。及时更新大气污染源排放清单，将空气质量预报能力由过去的提前 7 天提升至提前 10 天，72 小时预报准确率由 50% 提高至 70%。

## ●稳步推进监测科研与国家试点工作

承担呼伦湖水生态、火电行业碳排放及鄂尔多斯市城市碳监测评估的国家碳试点监测。“内蒙古自治区生态保护红线监管平台应用”被列为国家智慧监测创新应用试点并作为优秀案例在全国分享。承担的自治区科技重大专项：“呼包鄂区域大气重大关键技术研究”已经进入结题总结阶段，期间支撑冬奥会预报能力提升。依托重大专项研究，建立内蒙古自治区生物多样性地面监测指标体系和多层次评估指标体系，完成了首轮生物多样性监测。

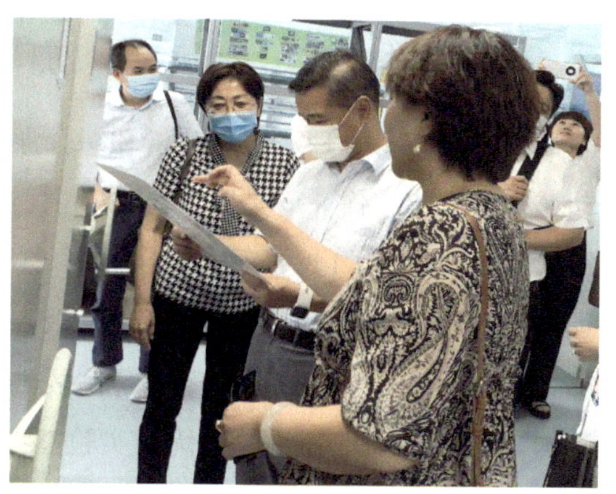

时任总站站长陈善荣一行调研内蒙古自治区生态环境监测工作

## 首创运行“一站多点”生态监测网络

2021 年在全国生态环境系统首创研究建立“一站多点”生态监测机制，推动建立多部门、多角度合作共享机制。2022 年正式开展“一站多点”生态监测试运行，共完成 12 个站点 230 个点位植被、气象、生境、土壤、水文、动物和碳汇等指标和原有 159 个植被点位监测。

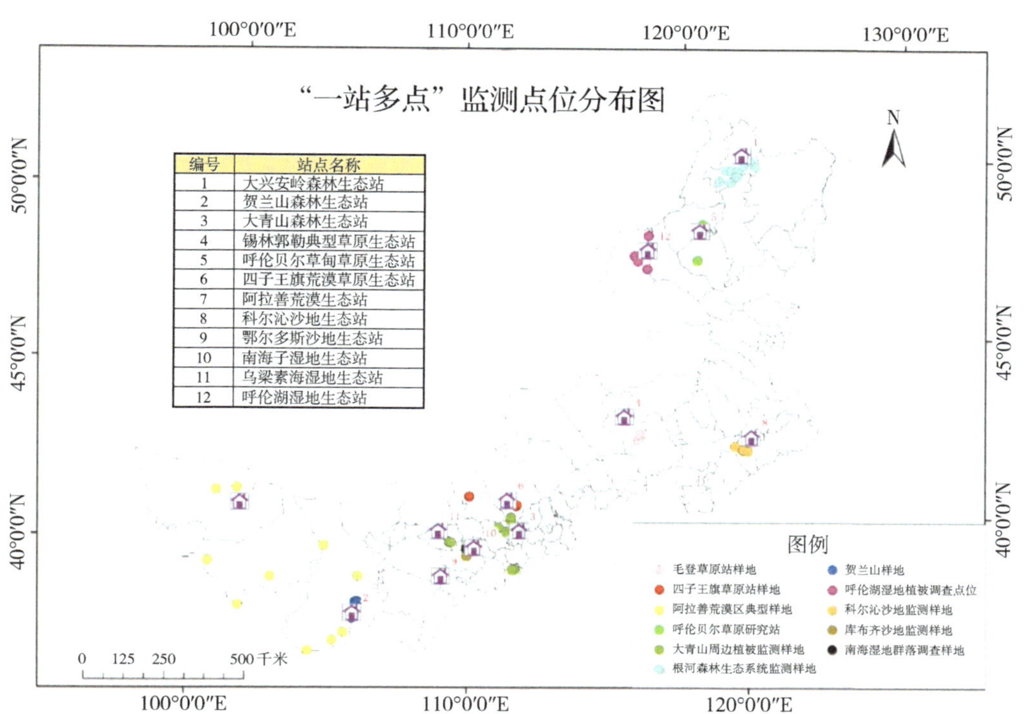


| 编号 | 站点名称 |
|---|---|
| 1 | 大兴安岭森林生态站 |
| 2 | 贺兰山森林生态站 |
| 3 | 大青山森林生态站 |
| 4 | 锡林郭勒典型草原生态站 |
| 5 | 呼伦贝尔草甸草原生态站 |
| 6 | 四子王旗荒漠草原生态站 |
| 7 | 阿拉善荒漠生态站 |
| 8 | 科尔沁沙地生态站 |
| 9 | 鄂尔多斯沙地生态站 |
| 10 | 南海子湿地生态站 |
| 11 | 乌梁素海湿地生态站 |
| 12 | 呼伦湖湿地生态站 |

“一站多点”生态监测网络布点图

## ●练“内功”，谋划“质量提升年”活动

为推动质量管理、检测分析和综合评价三大能力提升，开展“质量提升年”活动，贯穿全年工作。一是以“1+12”主、分场所的形式，通过了国家级资质认定评审，取得 12 大类 1 828 项次、2 312 个监测方法的监测能力，构建了统一的质量管理体系框架；二是通过生态环境质量报告书编制质量提升活动，推动环境质量报告书编制水平进一步提高，内蒙古自治区生态环境质量报告书在国家评比中，再次受到国家通报表扬；三是通过优质实验室考评活动，对 12 个分站实验室的基础设施配备、人员能力和监测技能等进行了全面考评。对此次活动中表现突出的 5 个集体和 12 名个人给予了表扬和奖励。

•• “1+12”国家级资质认定现场评审

## ●严监管，确保监测数据“真、准、全”

制定印发《内蒙古自治区环境监测总站地表水水质自动监测站运行维护管理技术规定（试行）》《内蒙古自治区环境监测总站环境空气质量自动监测站运行管理技术规定（试行）》。对自动站运维第三方进行按月考核，对违反技术规定的行为进行处罚，共扣减运行经费 44.15 万元，进一步提升了自动站运行质量。

“一湖两海”水生态监测

大气环境质量监测

光明日報

GUANGMING RIBAO

2022年10月30日 星期日 农历壬寅年十月初六 今日12版

弘扬伟大建党精神 不断夺取全面建设社会主义现代化国家新胜利

——论深入学习贯彻党的二十大精神

在这片辽阔的土地上

八桂有了新乡风

谢志磊：

绿水青山守护人

奋斗者·正青春

谢志磊相关事迹登上《光明日报》头版

# 获得荣誉

**（一）集体获奖情况**

荣获“自治区直属机关文明单位标兵”；

荣获“地理信息科技进步奖”二等奖；

《2021年内蒙古自治区生态环境质量报告书》受到国家通报表扬。

**（二）个人获奖情况**

田永莉、布仁图雅、白力军、陶赛喜雅拉图、王玉华同志荣获“地理信息科技进步奖”二等奖；

周兴军入选“2021 年度新世纪 321 人才工程”第二层次；

谢志磊入选“2021 年度新世纪 321 人才工程”人选。

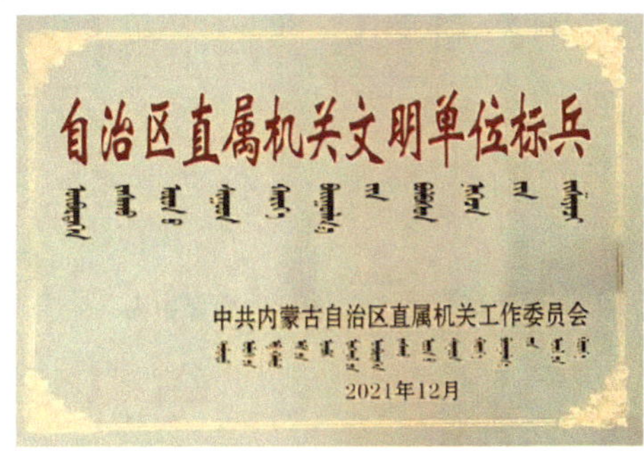


•• 荣获“自治区直属机关文明单位标兵”

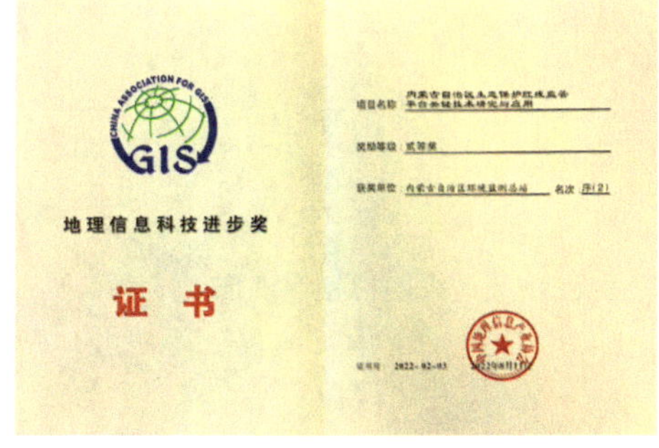


•• 荣获“地理信息科技进步奖”二等奖

••《内蒙古自治区生态环境质量报告书》获全国优秀

•• 周兴军、谢志磊入选内蒙古自治区新世纪“321 人才工程”人选

“功崇惟志，业广惟勤”，2023 年，内蒙古自治区环境监测总站将继续围绕生态环境保护中心工作，做好以下七方面工作：一是组织落实年度日常监测任务；二是提升科研支撑服务能力；三是深入推进生态监测网络“一站多点”式运行；四是开展碳监测与研究性监测；五是立足传统监测发展智慧监测；六是谋划“应急监测强化年”活动；七是实施“一个团队、十个带头、百个能手”人才培养计划。

2022

# 辽宁省生态环境监测中心站这一年

2022 年，在总站的悉心指导和辽宁省生态环境厅的正确领导下，辽宁省生态环境监测中心*始终以习近平生态文明思想为指引，切实把思想和行动统一到党的二十大精神上来，不断开创生态环境监测事业发展新局面，用更高标准持续深入打好蓝天、碧水、净土保卫战，全面完成年度各项监测任务，以实际行动为推进美丽中国建设贡献力量。

* 本篇简称省中心。

# 党建工作

一是扎实履行全面从严治党主体责任。充分发挥党建引领作用，为生态环境监测工作提供政治保障，坚持把党的政治建设摆在首位；严格落实民主集中制，制定中心党委“三重一大”责任清单；每半年召开专题党委会研究全面从严治党和意识形态工作，制定党的工作要点并推动实施；组织召开有 14 个分支机构参加的全面从严治党大会。

二是不断加强思想建设和组织建设。强化省中心党委理论学习中心组领学作用，严格落实“三会一课”制度，创新党支部、青年理论学习小组学习方式；完成中心党委、纪委的补选工作，在重点工作和重大活动保障任务中充分发挥党员先锋模范作用和基层党组织战斗堡垒作用；疫情期间全体党员到社区报到，26 名党员下沉到社区参与疫情防控工作。

三是探索新思路，开展群团工作创新发展研究。充分认识新形势下群团工作的重大意义，在总站 2022 年组织开展的生态环境监测系统群团工作创新发展研究中，省中心承担研究总体方案、总报告、对策建议专报、青年志愿服务倡议书等起草工作，紧密联系工作实际提出“4+5+7”创新发展工作法，对发挥群团组织作用，助力打造生态环保铁军先锋队具有重要意义。

四是纵深推进党风廉政建设。推动完善权责体系和运行秩序，建立完善党风廉政提醒、廉政风险点管控、党风廉政档案管理等制度；紧盯重要时间节点，开展廉政提醒，营造风清气正政治氛围。

开展学雷锋志愿服务活动

开展学雷锋志愿服务活动

•• 全面从严治党暨营商环境建设工作会议

•• 荣获辽宁省直机关“五四红旗团委”

•• 迎接六五环境日合唱《环保人之歌》

•• 支部党员二十大理论学习

# 业务工作

一是高质量完成例行监测工作。根据管理需求，科学制定年度生态环境监测方案；结合各分支机构能力水平，统筹分配监测任务，全省一体化推进实施；克服疫情等不利影响，严格实行“实施—调度—报送—整改”的闭环工作机制，圆满完成50项监测任务，涉及空气、地表水、土壤、地下水、海洋、生态、污染源、辐射、应急9大类任务、监测点位1.2万余个，出具手工监测数据68万余个、审核自动监测数据突破3 310万个，出具各类监测报告840余份，全面掌握环境质量变化趋势，为环境管理提供基础数据支持。

二是主动服务污染防治攻坚战。强化日常地表水水质监测预警作用，聚焦重点环境问题，强化综合分析研判，开展水质断面汛期污染强度、水库富营养化预测预警、陆海氮污染形势统筹分析与重污染区域溯源分析，为地表水、海洋环境管理和污染防治出谋划策；持续做好空气质量预测预报，全年 365 天无休，全面服务重污染天气预警。每日编制并报送环境空气质量日报，全力支撑市、县、区空气质量考核排名；积极开展臭氧污染状况分析，编制专题报告，为精细化污染防控提供技术支撑。

三是圆满完成重点时段空气质量保障监测预报。提前谋划，整合资源，成立工作专班，制定专项工作方案，并强化同省气象台、沈阳区域气象中心会商研判，24 小时值班，准确预测冬奥会和冬残奥会赛期空气质量变化情况，并对每日空气质量状况及高值点位进行分析，共报送各类专报、日报和提示信息 147 期；经过提前预警管控，污染过程污染程度和范围明显低于预报结果，管控效果明显，圆满完成空气质量保障任务；建立了重大活动空气质量预测预报运行机制，积累了发挥垂改优势、锤炼了队伍，省领导专程莅临省中心听取相关工作汇报，并给予了肯定。

•• 党的二十大期间空气质量保障协调会议

•• 2022 年北京冬奥会和冬残奥会空气质量监测预报团队

四是强化环境安全应急监测技术支撑。在系统研究国家、省级应急法律法规和应急预案的基础上，从机构、人员、仪器设备、车辆、工作机制等方面认真梳理了辽宁省应急监测工作现状，修订完善了省、区、市三级应急监测预案，以省中心及 5 个区应急监测中心为依托，初步建立了三级联动、区域互补的应急监测体系，配合各级生态环境部门做好应急监测工作，全力守护环境安全。组织相关区域中心及区域内 4 个分支机构圆满完成了盘锦饶阳河溃坝水质监测工作，收到盘锦市委致函感谢；充分发挥区域间协作机制，组织沈阳、大连等 6 个分支机构赴葫芦岛连续工作 20 余天，配合大气处圆满完成葫芦岛异味舆情调查工作，全面做好监测技术支撑。

•• 饶阳河监测现场样品采集

•• 2022 年辐射环境应急拉练

五是多举措促进监测能力水平提升。提升空气质量预测预报能力，预测时效从未来 7 天延长至 15 天，具备中长期 45 天远期预测能力；完成地表水考核预警水质自动监测、固定污染源监测能力提升建设，完善环境质量监测网络；不断完善“3+5”监测体系建设，推动沈阳有机污染物、大连海洋、丹东核与辐射监测中心建设；制定并组织实施《“十四五”生态环境监测规划》，科学谋划重大能力提升项目；组建完成空气质量预测预报、环境质量综合分析等 6 个专家团队，开展各类专业技术培训和大讲堂 28 期，持续推动全省生态环境监测能力水平整体提升。

•• 贯彻 2022 年全国水生态环境保护工作部署会

•• 国家地下水环境质量考核点位丰水期监测

# 获得荣誉

国家网土壤环境监测采样质量核查和质控样品发放工作如期保质完成，受到总站表扬；

在重点时段空气质量监测预报工作中表现突出，共计 8 人受到总站表扬；

在监测系统群团工作创新发展研究工作中，8 人受到总站表扬；

在国家地表水环境质量监测网采测分离工作中，受到总站表扬；

国控辐射环境自动监测站日监控工作运行稳定、监测数据真实、准确，受到生态环境部辐射环境监测技术中心表扬；

省中心大气部被省直机关工委授予“青年文明号”荣誉称号；

省中心团委获得“五四红旗团委”“青年五四奖章”“优秀共青团干部”“优秀共青团员”荣誉，受到省直机关工委表彰；

1 人被省直机关工委授予“五一劳动奖章”；

在协助做好饮用水水源监管有关工作中，1 人受到省厅表扬；

在盘锦抗洪抢险中，省监测中心实地会商指导辽河及饶阳河环境监测和环境风险防控工作，4 人及分支机构受到盘锦市委感谢致函。

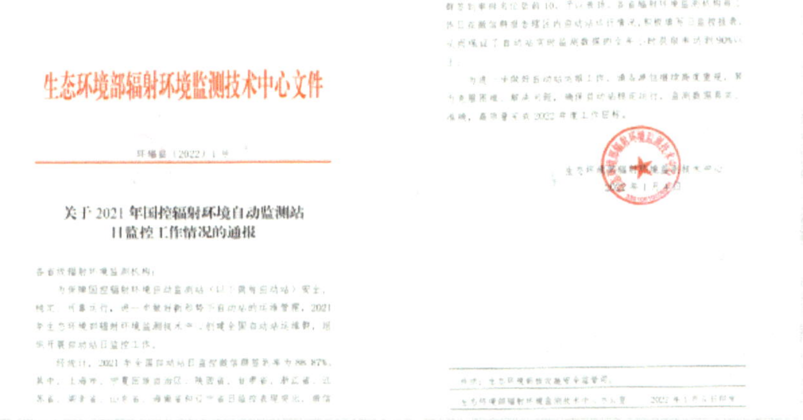

生态环境部辐射环境监测技术中心文件

关于 2021 年国控辐射环境自动监测站日监控工作情况的通报

•• 关于 2021 年国控辐射环境自动监测站日监控工作情况的通报

中国环境监测总站

**感谢信**

辽宁省生态环境监测中心：

贵单位作为区域土壤样品制备与流转中心，在2021年国家土壤环境监测中协助总站完成了国家网土壤环境监测采样质量核查和质控样品分样发放工作。在经费紧张、任务繁重的不利条件下，以科学严谨、求真务实的工作态度，高质量地完成了工作任务，确保2021年国家土壤环境监测网监测工作如期保质完成。

在此，谨向贵单位一直以来对国家土壤环境监测网监测工作的大力支持表示衷心的感谢！

中国环境监测总站

2022年1月12日

总站感谢信

辽宁省生态环境厅

**表扬信**

省生态环境监测中心：

根据工作需要，你单位廖楠同志于2021年5月至今抽调到省生态环境厅水源监管处帮助工作。

在此期间，廖楠同志协助做好饮用水水源监管有关工作，梳理完成省直有关部门和地方政府水源保护的法定职责，定期督促各市开展水源地例行监测，协调推进乡镇级集中式饮用水源地保护区划定工作，及时汇总和报送厅领导分管处室的周工作总结，协助完善饮用水源综合管理系统建设等，帮助我处圆满完成了各项工作任务。2021年，我省县级以上在用集中式饮用水水源水质全部达标，取得了历史最好成绩。

廖楠同志自觉服从安排，认真学习业务知识，注重总结实践，工作积极主动，思路清晰，尊重领导，团结同志，待人诚恳，上下沟通协调高效顺畅，展现出较好的业务技能和综合素质，受到厅领导和同志们的一致好评。

在此，对你单位的大力支持表示感谢！对廖楠同志提出表扬，建议在职称聘任和评优评先方面给予优先考虑。

辽宁省生态环境厅水源监管处

2022年2月18日

表扬信

2023年，省中心将继续围绕学习贯彻党的二十大精神，深入践行“监测先行、监测灵敏、监测准确”，把科技兴站作为立身之本、把监测数字化作为创新方向、把新领域作为监测突破点，服务深入打好污染防治攻坚战和辽宁高质量发展，以实际行动书写挺进新时代的奋斗华章。

2022

# 吉林省生态环境监测中心这一年

2022 年，吉林省生态环境监测中心在总站的悉心指导和吉林省生态环境厅党组的坚强领导下，坚持以习近平生态文明思想为指引，紧紧围绕学习贯彻党的二十大和省十二次党代会精神为主线，聚焦监测主业，担当作为，拼搏奉献，不断完善生态环境监测网络体系建设，为深入打好污染防治攻坚战和吉林生态强省建设提供有力技术支撑。

# 党建工作

•• 生态环境部党组书记孙金龙莅临吉林省生态环境监测中心调研指导

强化理论修养，把稳思想之舵。全年共计召开党委会 12 次；理论中心组学习 5 次；民主（组织）生活会 4 次；领导干部上党课 5 次；以庆祝六五环境日、吉林生态日等活动为契机，组织开展丰富多彩的主题党日活动 14 次。将习近平生态文明思想、党的二十大会议精神、省十二次党代会精神的学习成果转化为干事创业的不竭动力。

加强政治建设，筑牢党建根基。深刻领悟“两个确立”的决定性意义，增强“四个意识”、坚定“四个自信”、做到“两个维护”。严格落实全面从严治党主体责任，签订各类责任书 73 份，集中教育大会 7 次，2 031 人次参加省纪委全面从严治党答题，定期开展廉政谈话，落实“基层建设年”活动，开展“四个专项整治”及群众反映强烈的突出问题整治工作，以实际工作成效回应群众“急难愁盼”。

深化活动引领，打造头雁效能。开展各类培训 22 次，培训 3 160 人次；115 人次参加“5·22 国际生物多样性日”答题；积极开展庆“七一”“八一”“十一”“9·26 吉林生态日”等重大节日的舆论宣传；在吉林省疫情肆虐的危难时刻，组建 3 支志愿者服务队，827 人次下沉 26 个街道社区，服务总时长 3 023 小时，收到各级机关单位感谢信 42 封、志愿服务证书 98 份。

•• 七一党日活动参观团山社区

•• 长白山抗疫消杀组工作剪影

•• 吉林省生态环境监测中心抗疫志愿者突击队

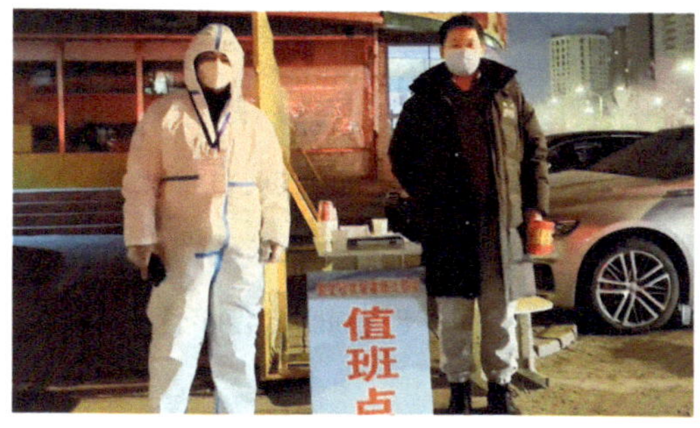


•• 疫情期间党员站岗执勤

•• 最美退役军人

•• 大合唱《我和我的祖国》

•• 水文化生态园党日活动

# 业务工作

## ●完善生态环境监测网络体系建设，全力支撑深入打好污染防治攻坚战和生态强省建设

深入打好蓝天保卫战。深入开展环境空气质量预报预警，发布省域空气质量预

报 371 期，24 小时等级预报准确率达 92.5%，党的二十大会议期间，发布空气质量保障预测专报 20 期；4 次现场帮扶指导秸秆全域禁烧，编写报告 7 期，专题会商 8 次；3 次开展公众开放日活动，回应群众对美好生活的追切期盼；35 次对省控空气环境自动监测站进行质量监督检查，每日对省控环境空气自动站站点数据进行复核，累计审核数据近 560 万个，出具月报、季报、年度报告、专项报告 50 余份。

深入打好碧水保卫战。全年汇总审核自动监测数据约 289 万个、手工监测数据约 6.3 万个；编写水质月报 48 期、水环境质量状况报告 12 期、水环境质量预测报告 6 期。

深入打好净土保卫战。编写《2022 年吉林省国家网土壤重点风险监控点监测报告》和《2022 年吉林省土壤重点风险监控点监测质控报告》；完成 5 个土壤风险监控点监测，获得监测数据约 200 个；完成 10 个饮用水国考井平水期监测；57 个国考井的全面监测，上报数据 1 810 个；移交国家样品库 9 836 瓶土壤详查样品。

•• 土壤详查样品移交国家样品库

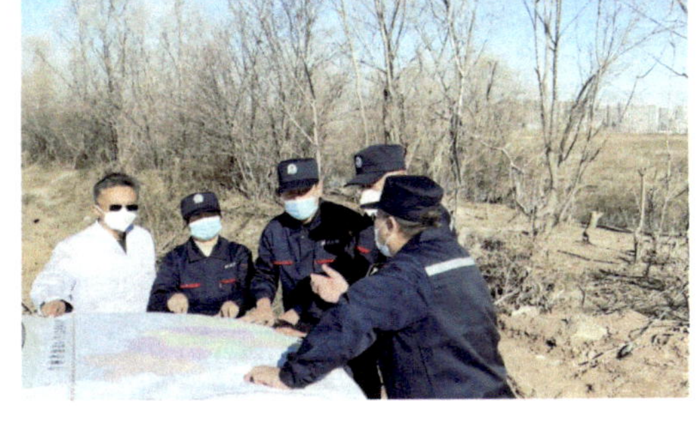

•• 应急现场分析研判

深入推进生态环境和农村环境质量监测工作。完成生态状况监测，检查遥感影像 514 景、筛选图斑 170 余万个；开展监测样地现场核查工作，核查点位 1 500 余个；开展农村环境质量、农村千吨万人饮用水水源地水质、农田灌溉水质、农村生活污水处理设施水质等监测工作，审核上报数据 452 个。完成农业面源 7 个监测区选取及监测方案编写；组织开展 13 个县域生态考核县的环境质量监测，汇总、审核数据 9 000 多个，并完成相关报告编制。

扎实开展污染源监测和噪声监测工作。配合省厅监测处完成吉林省 2022 年排污单位自行监测监督检查；“十四五”噪声点位优化调整审核；全国噪声监测信息管理与共享平台审核、报送，并编制全省噪声监测情况年报、季报。

高质量完成重点领域监测工作。完成吉林省区域补偿断面、松花江和辽河流域跨国（省）界水体、国控省界断面流量、环境健康风险等监测工作，出具监测数据 2 600 余个。

## ●全面加强生态环境监测能力现代化建设，以能力建设促监测事业高质量发展

推动业务技能提升。配合省厅成功举办第三届吉林省生态环境监测专业技术人员大比武，在全省监测系统营造刻苦学习、钻研业务的良好氛围，助推监测技术人员水平不断提升。

积累应急实战经验。按照省厅部署和年度工作安排，根据全省区域特征，组织开展省及驻市州中心模拟同时突发 7 起生态环境事件应急监测演练。锤炼了“召之即来，来之能战，战之必胜”的生态环境监测铁军队伍。

强化监测质控考核。持续改进质量管理体系建设，完成质量体系内审工作；组织全省监测技术人员持证上岗考核，对 16 家监测机构、182 名技术人员考核；接受国家市场监管总局 1 轮能力验证，考核结果均为合格。

•• 2022 年吉林省突发环境事件应急监测演练部署会

•• 地下水考核

•• 第三届吉林省生态环境监测专业技术人员大比武省中心代表队

•• 第三届吉林省生态环境监测专业技术人员大比武开幕仪式

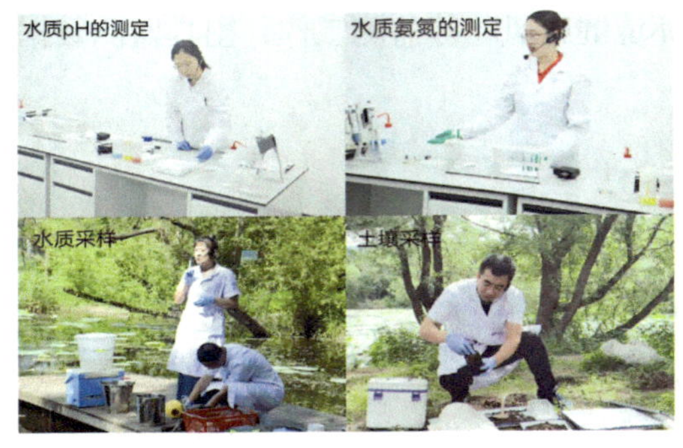

•• 监测测定技能演示

•• 实操环境采样演示

# 获得荣誉

2022 年度吉林省环保歌曲传唱活动中荣获优秀奖；

《2021 年吉林省生态环境质量报告书》在全国生态环境质量报告书评比中居于前列，获得总站通报表扬；

2022 年生态环境监测宣传教育工作成绩优异，受总站通报表彰；

《奋斗"十四五"、建功新时代》主题实践活动获得省直机关优秀成果奖；

连续 4 年在国家环境监测网实验室能力考核中表现出色，成绩优异，受到总站通报表扬；

丰硕、吴可心同志分别获第三届吉林省生态环境监测专业技术人员大比武一等奖，田媛媛获得三等奖；

徐泰森同志在省直机关"党在我心中，喜迎二十大"主题征文活动中获得二等奖；

抗疫期间 140 余人次受到省市各级机关组织单位表彰感谢。

中国环境监测总站文件

关于印发《2022年生态环境质量报告质量检查工作总结》的通知

••《2021年吉林省生态环境质量报告书》在全国生态环境质量报告书评比中居于前列，获总站通报表扬

中共吉林省直属机关工作委员会文件

关于2021年度省直机关“奋斗‘十四五’，建功新时代”主题实践活动评选结果的通报

••《奋斗“十四五”、建功新时代》主题实践活动获得省直机关优秀成果奖

中国环境监测总站

关于2022年国家环境监测网实验室能力考核的结果通报

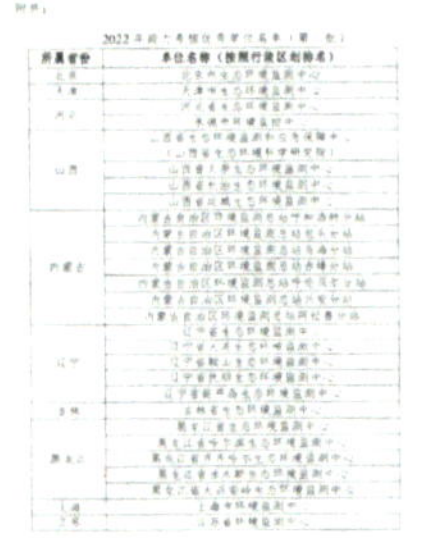

••连续4年在国家环境监测网实验室能力考核中表现出色，成绩优异，受到总站通报表扬

中国环境监测总站

感谢函

感谢单位名单

••2022年生态环境监测宣传教育工作成绩优异，受总站通报表彰

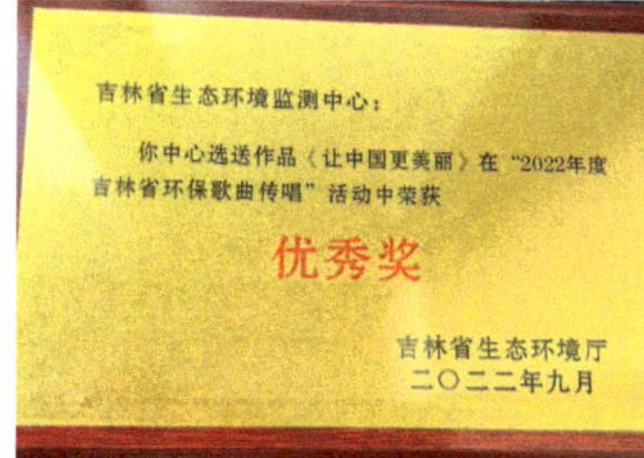


••2022年度吉林省环保歌曲传唱活动中荣获优秀奖

••吉林省生态环境监测中心第三届大比武获奖人员合影

••徐泰森在主题征文活动中荣获二等奖

2023年，吉林省生态环境监测中心持续以习近平新时代中国特色社会主义思想和习近平生态文明思想为指导，深入贯彻学习党的二十大会议精神，以推动生态环境监测高质量发展为目标，以服务环境管理为主线，以提高环境质量为核心，加快构建监测体系和监测能力现代化，牢记使命，锐意进取，埋头苦干，不断推动吉林生态环境监测工作向广度和深度进军，全力描绘“美丽吉林”瑰丽画卷，奋力谱写全面建设吉林生态强省新篇章。

2022

# 吉林省长春
# 生态环境监测中心这一年

2022年，吉林省长春生态环境监测中心坚持以习近平新时代中国特色社会主义思想，特别是习近平生态文明思想为指导，深入学习贯彻党的二十大精神，牢固树立“绿水青山就是金山银山”理念，在吉林省生态环境厅的坚强领导下，在总站和吉林省生态环境监测中心的悉心指导下，埋头苦干、勇毅前行，聚焦重点任务、狠抓工作落实，业务工作多点突破，各项生态环境质量监测工作圆满完成，支撑深入打好污染防治攻坚战能力进一步增强。

# 党建工作

坚持全面从严治党，着力把基层党组织建设成为讲政治、讲担当、有活力、能战斗的坚实堡垒。把基层党员锻造成为特别能吃苦、特别能战斗、特别能奉献的业务尖兵。

强化政治理论引领。坚持把学习习近平新时代中国特色社会主义思想和党的会议精神作为支部学习“第一议题”，重点围绕党的二十大精神、习近平生态文明思想、习近平视察吉林重要讲话重要指示等抓好学习贯彻落实。采取“集中观看直播、阅读指定书目、部门集体学习、手机 e 支部学习，领导深入宣讲、制作宣传展板，开展党的二十大知识竞赛、青年党员学习党的二十大心得交流会”等多种方式，推动党的二十大精神在吉林省长春生态环境监测中心落地生根。

强化基层组织建设。开展党支部换届选举，调整了支委会成员及领导班子分工安排，进一步提高支部的工作效率，不断激发党小组工作活力。围绕基层建设年，开展“我为群众办实事”活动，得到了广大职工的充分认可和拥护。

强化党风廉政建设。制定《党支部议事流程》《党支部党建工作责任制》《“三重一大”事项报告制度》《集体议事决策制度》，规范和监督党支部的决策行为，制定了《意识形态领域风险防范工作预案》和《责任清单》，最大限度地降低和消除负面影响，营造良好的舆论环境，组织全体党员干部观看警示教育片，进一步强化党员干部党性观念和纪律意识，增强筑牢拒腐防变的思想道德防线。

学习习近平总书记在中央政治局常委会会议上的重要讲话精神

喜迎党的二十大健步走

•• 学习党的二十大及组工知识竞赛

•• 党支部换届选举

•• 党员突击队下沉支援社区

•• 工会联欢活动

## 业务工作

开展科学监测，把环保工作成果写在蓝天碧水间，进一步提高人民群众生态环境获得感、幸福感、安全感。

空气质量监测方面。建立东北地区省会城市环境空气质量监测预测联动机制，空气监测预报定期分析机制，秸秆焚烧信息互通机制，每月联合编制《东北省会城市空气质量专报》，提升区域空气质量预警预报分析成效，强化区域空气质量协同治理；实时推送环境空气质量监测数据，每日通报区域内环境空气质量，及时开展预测预报；开展春秋冬季节秸秆禁烧包保帮扶，助力改善环境空气质量。充分发挥大气复合污染监测站作用，为大气污染精准治理和空气质量精细化管理提供长期有效的基础数据和技术支撑。

•• 市生态环境局领导调研国家区域环境空气自动站

•• 秸秆禁烧包保帮扶现场巡查

•• 大气颗粒物组分手工监测

•• 环境空气质量手工监测

•• 冬季地表水水质现场采样

水环境质量监测方面。持续开展重点管控断面水质加密监测，推进水环境质量持续巩固提升。加强集中式饮用水水源地常规监测和疫情应急监测，依托石头口门水质监测自动站、新立城水质监测自动站，加强水源地预警监测，保障市民饮水安全。开展国控、省控地表水水质监测，及时向省（市）主管部门反馈区域水质状况，为地表水污染综合治理和水环境持续改善提供技术支撑。

声环境质量监测方面。积极支持“十四五”长春市区域声环境质量、道路交通声环境质量、功能区声环境质量监测网络布设，确保监测数据的可持续性和点位布设的科学性。圆满完成全市声环境质量800余个点位监测工作。

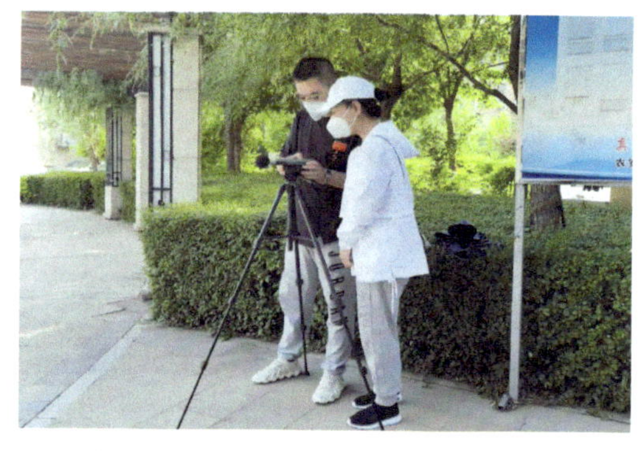
城市区域声环境质量监测

地下水环境质量监测方面。开展“十四五”长春市地下水环境质量考核点位比对测试和地下水环境质量考核点位中饮用水水源点位平水期监测。

生态环境质量监测方面。开展农村环境质量、农村万人千吨饮用水水源地、农田灌溉水等相关要素环境质量监测。组织开展5类85个生态质量监测样地现场核实，3类地貌101个点位生态遥感野外核查。

生态样地现场核实

生态遥感野外核查

生态环境监测能力稳步提升。始终把质量工作放在首位，全年参加总站的能力验证考核三轮5个考核项目，省市场监督管理厅能力验证考核一轮1个考核项目，吉林省生态环境监测中心的质控考核两轮5个考核项目，考核结果全部满意。参加吉林省生态环境监测中心的上岗证考核，53名监测人员，546项次，全员全项目通过。

突发环境事件应急监测演练

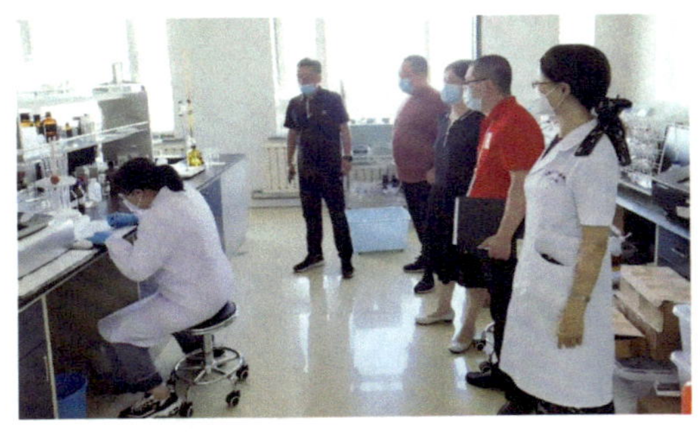

•• 积极承办生态环境监测专业技术人员大比武

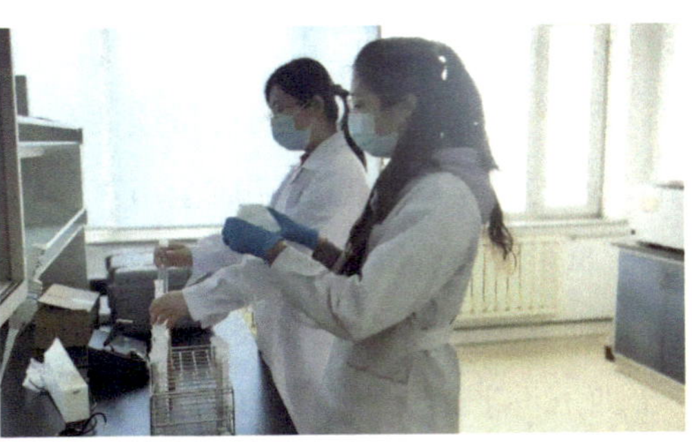

•• 水源地生物毒性监测

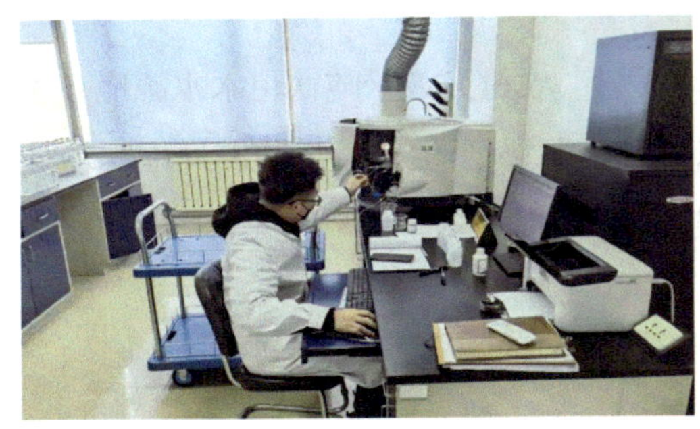

•• ICP 光谱分析重金属项目

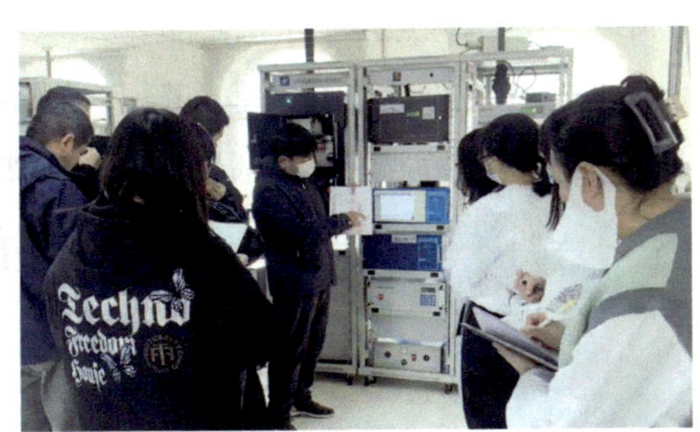


•• 业务技能培训

# 获得荣誉

国控水站运维基础条件保障、采测分离样品分析、环境监测信息宣传分别收到总站的感谢信和感谢函；

吉林省生态环境厅年度考核中获评“优秀直属单位”；

《2021 年长春市生态环境质量报告书》在吉林省生态环境质量报告书评选中获评“一等”；

《吉林省长春生态环境监测中心应急监测预案》在吉林省生态环境监测机构应急监测预案评选中获评“一等”；

在吉林省生态环境监测中心组织开展的实验室能力考核中被评为优秀单位；

在吉林省市场监督管理厅组织开展的能力验证考核中评价结果为“满意”。

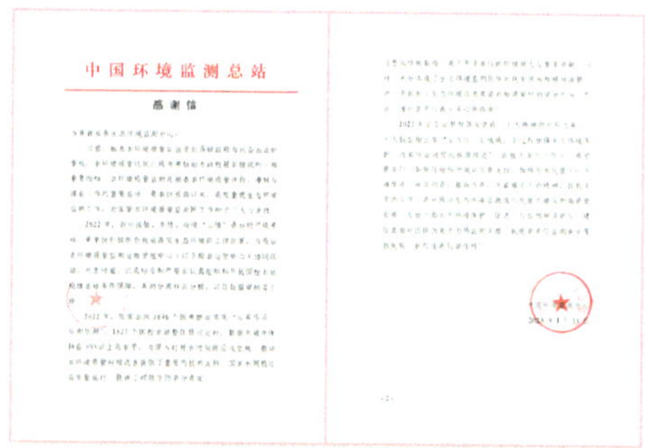
中国环境监测总站

感谢信

•• 国控水站运维基础条件保障和采测分离样品分析工作获得总站肯定

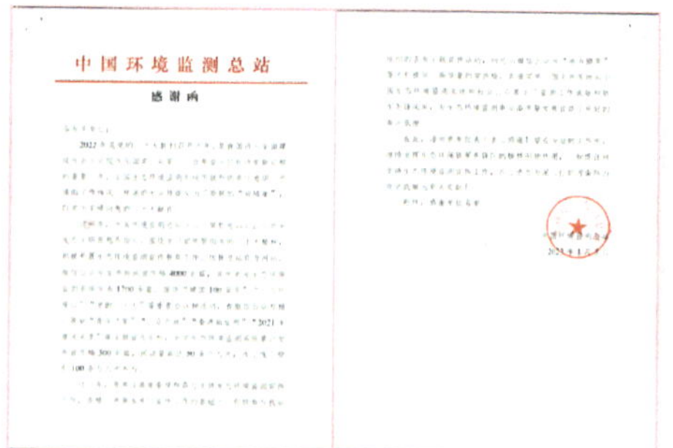
中国环境监测总站

感谢函

•• 环境监测信息宣传工作获得总站肯定

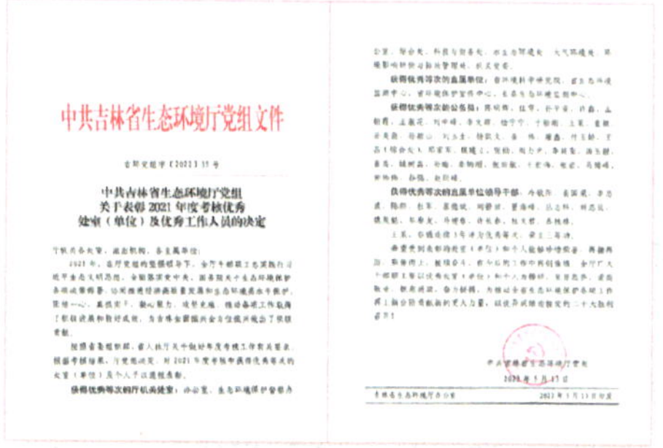
中共吉林省生态环境厅党组文件

中共吉林省生态环境厅党组
关于表彰2021年度考核优秀处室（单位）及优秀工作人员的决定

•• 吉林省生态环境厅年度“优秀直属单位”

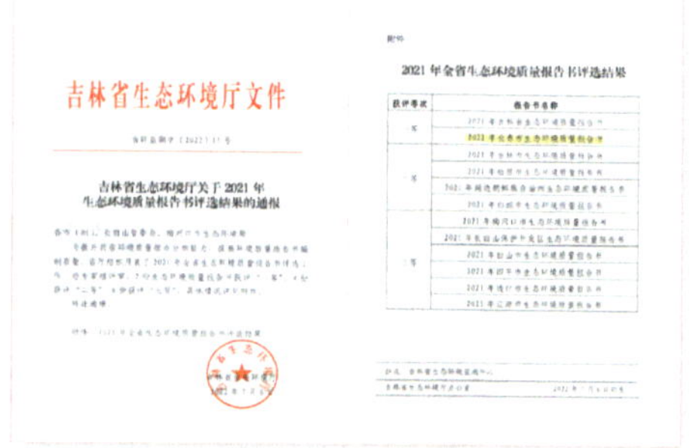
吉林省生态环境厅文件

吉林省生态环境厅关于2021年生态环境质量报告书评选结果的通报

2021年全省生态环境质量报告书评选结果

••《2021年长春市生态环境质量报告书》获评“一等”

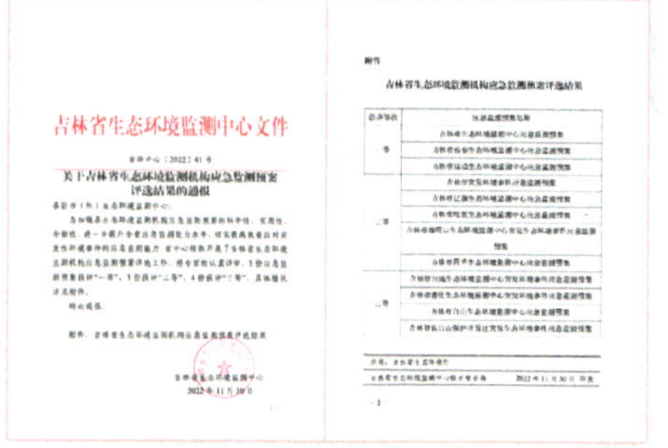
吉林省生态环境监测中心文件

关于吉林省生态环境监测机构应急监测预案评选结果的通报

吉林省生态环境监测机构应急监测预案评选结果

••《吉林省长春生态环境监测中心应急监测预案》获评“一等”

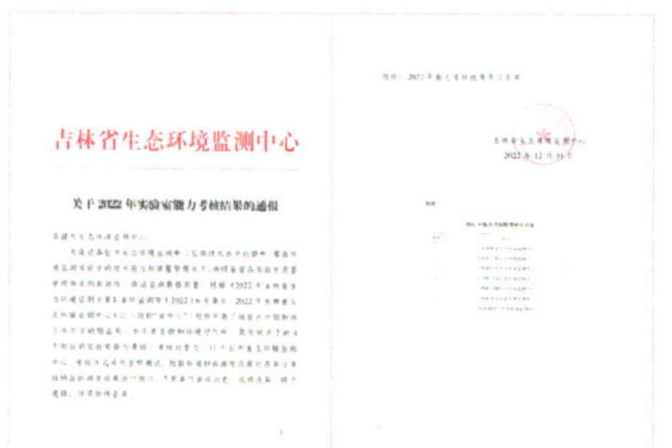
吉林省生态环境监测中心

关于2022年实验室能力考核结果的通报

•• 实验室能力考核优秀单位

JLQI

能力验证结果证书

证书编号：H2022001-038

检验检测机构名称：吉林省长春生态环境监测中心

计划名称：2022年吉林省检验检测机构水质中镉的测定能力验证

检测项目：水质中镉

结果评价：满意

吉林省产品质量监督检验院

核发日期：2022年11月01日

•• 能力验证考核评价“满意”

2023年，是全面贯彻落实党的二十大精神的开局之年，也是实施“十四五”生态环境监测规划承上启下的关键之年。吉林省长春生态环境监测中心将继续以习近平新时代中国特色社会主义思想为指引，紧密围绕生态文明建设，推动党建与业务工作深度融合，确保党建工作有目标、业务工作有方向，不断提高监测能力，完善监测网络，拓展监测领域，为深入打好污染防治攻坚战和持续改善生态环境质量作出积极贡献。

# 黑龙江篇

2022

## 黑龙江省生态环境监测中心这一年

2022 年，在总站的支持帮助下，在省生态环境厅的坚强领导下，黑龙江省生态环境监测中心*认真学习贯彻落实党的二十大及省第十三次党代会作出的重大决策部署，按照厅党组“五讲四心”站位标准、“五个第一”“四个价值”工作理念、“四步走”工作方法及做好“三山三水”文章的工作要求，以切实增强“八种本领”、提高“七种能力”、实现“六个转变”的“876”能力作风建设目标为指引，坚决履行“先行者、导航员、吹哨人”职责使命，全力推进“能力作风建设年”活动与主责主业的深度融合、同频共振、同向发力，各项工作取得积极进展。

---

* 本篇简称中心。

# 党建工作

以全面深化理论武装为统领，打牢思想根基。中心领导班子带头，教育引导全体干部职工毫不动摇把党的政治建设摆在首位，工作实践中认真做到案头学政治、心中想政治、行动有政治。不断完善长效学习机制，将学习习近平总书记系列重要讲话精神和贯彻落实党中央、国务院、生态环境部、省委、省政府及省厅决策部署制度化作为中心党总支会议、领导班子会议和中层干部会议的第一议题，将“修身、崇德、笃信、践行”作为党支部会议、活动，青年理论学习小组、党小组学习、讨论的重要议题，坚持用好理论学习读书班及线上学习平台，广大党员干部政治理论素养不断增强，知行合一实践能力有力提升。

以充分发挥战斗堡垒作用为目标，营造“全员党建”新氛围。严格落实“三会一课”、党务公开、党员民主评议等制度，确保党建工作与业务工作同谋划、同部署、同落实、同检查。大力开展党支部标准化、规范化建设，确保组织生活规范、党员队伍建设及制度保障监督全面到位。认真抓好组织体系建设，及时完成中心党总支及党支部的换届选举，重组青年理论小组，设立党员先锋榜，大力宣传先进典型事迹。严格执行党员发展计划，规范党员发展程序，提高党员发展质量。高质量承办厅党组书记、厅长刘伟同志讲党课活动，着力支撑做好“三山三水”生态文章。坚持突出重点学、结合实际学、融入任务学，积极组织开展“贯彻党的二十大精神，我该怎么做”主题学习活动并迅速掀起学习热潮，引导全体干部职工履行政治责任、夯实工作基础、努力争先创优。此外，由于精神文明创建工作出色，中心被省精神文明办再次评为“省级文明单位标兵”。

以积极开展“四送”活动为主题，打造生态环保铁军先锋队。开展“监测送爱心”活动，主动为南直路街道卫星社区新装修居民提供室内空气检测服务；组织35 岁以下青年全部参加社区疫情防控工作，疫情期间，每日 2 人协助社区开展核酸检测，累计检测 12 000 余人次。开展“服务送温暖”活动，主动组织监测领域专家对社会检测机构帮扶指导，得到省内检测机构高度赞誉。开展“分析送管理”活动，主动将全省水环境质量月报、空气质量状况月报及生态环境质量季报分享至厅机关各处室、各直属单位和 13 个市（地）生态环境局，为全省生态管理工作持续提供及时的技术支撑服务。开展“技术送地市”活动，针对各市（地）生态环境保护工作中遇到的问题和难点主动将相关监测数据和综合评价结果转化为相应对策，助力各市（地）政府补齐短板，提升能力。

以狠抓党风廉政建设为抓手，推进正风肃纪。把党风廉政建设摆在突出的位置，严格遵守廉洁从政各项规定，令行禁止，狠纠“四风”。健全制度，重新修订现有党风廉政建设制度；建立机制，形成各科室互查互督、齐抓共管的工作态势；严抓落实，组织签订党风廉政承诺书、廉政风险点承诺书并层层落实，在元旦、春节、五一、端午等法定假日，通过下发通知文件、廉政短信等方式，对纪律要求进行提醒强调，通过抓党风、促政风、带行风，切实提高了干部队伍关于反腐倡廉的思想意识。

•• 省生态环境厅党组书记、厅长刘伟赴中心讲党课

•• 总支部委员会委员增补大会

•• 领导班子专题读书班

•• 青年理论小组专题学习

“贯彻党的二十大精神，我该怎么做”主题征文活动展板

南直路卫星社区党委赠送锦旗

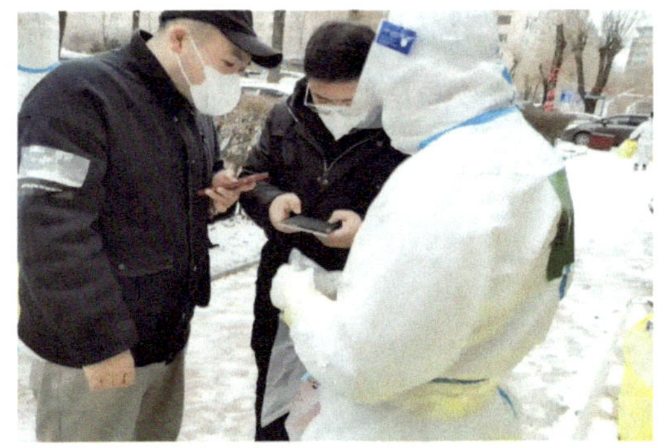

中心党员参与社区疫情防控工作

现场培训污染源监测技术

# 业务工作

以“先行者、导航员、吹哨人”使命担当，助力黑龙江生态环境质量持续改善。一是刚性目标任务如期完成，将环境质量改善作为第一目标和终极目标，落实落细污染防治攻坚战、全国全省生态环境保护工作会议责任分工，生态环境及监测工作要点方案，67 项重点工作 176 项具体任务全部高效完成。二是环境质量报告书再创佳绩，以上率下加强引领、立足实际紧抓快办、跳起摸高从严落实，高质量编制《2021 年黑龙江省生态环境质量报告书》，进入全国前 10% 序列，受到国家通

报表扬，连续 5 年获全国优秀。

以监测铁军第一效率，服务全省生态环境保护工作大局。一是构建“第一时间发现、研究、解决问题”工作模式，充分利用监测方案任务日常调度机制、环境质量定期会商机制及监测技能月度、季度大练兵，第一时间加强工作指导。二是全力做好省第十三次党代会及党的二十大期间环境空气质量保障，严格执行每日 3 期预报、2 期专报和 1 个紧盯的“321”工作制度，研判空气质量变化趋势及成因，完成 54 期重点时段空气质量预测专报和 18 期分析专报。三是认真落实省委主要领导巡查松花江讲话要求，新增布设地表水监测断面 148 个，实现跨县（区）域断面全覆盖布设。全力开展“每日测”“每旬测”，获得监测数据 10 万余个，形成情况专报 23 期，全面支撑入河排污口排查整治。成立工作专班，全力推动重点断面水质自动监测站工程建设及验收。

以发挥龙头中心作用为己任，高效完成各项监测任务。一是全国首创冰雪特色监测，深入践行习近平总书记“绿水青山就是金山银山”理念，编制发布《黑龙江省冰雪监测任务作业指导书》，以哈尔滨、伊春、牡丹江 3 城市为试点开展冰雪监测工作。二是启动“呼兰河流域水质预报预警及决策支持系统”建设，利用数据异常分析引擎“超级眼”，做到水质异常事件“早发现、早诊断”。积极推进环境空气质量中长期预报预警能力建设，有力提升预报能力。三是持续深入开展自然本底研究，深化与国家级优质外脑合作，全面、深入分析全省典型区域，进一步完善研究成果，研究报告通过国家评审。四是全力构建“全省一盘棋”监测工作格局，全面完成大气、地表水、饮用水水源地、土壤及地下水、农村、生态等环境质量监测及污染源执法监测工作。以“十查十看十到位”为手段，组织开展全省生态环境统计数据质量再提升专项行动。

以高标准作为工作总体要求，全力打造环境监测第一品牌。一是以争先创优激发工作内生动力，上报 14 项亮点工作，《全省重点河流水质监测调整优化方案》得到省主要领导口头表扬；“中国环境”以专题介绍呼兰河预报预警项目典型经验做法；全省县（区）空气自动站平均审核数据入库率达 100%，位列全国第一。二是顺利完成国家检验检测机构资质认定复评审和监测技术人员持证上岗考核的现场评审工作，完成 239 名技术人员省级持证上岗考核，通过 2 209 项次。参加四轮国家能力验证考核，荣获全国优秀实验室。三是 1 项国家标准发布实施，1 项国家标准通过审查，4 项地方标准立项批复。

2023 年，黑龙江省生态环境监测系统将以习近平生态文明思想为根本遵循，深入学习贯彻党的二十大和省第十三次党代会精神，坚持“支撑、引领、服务”定位，按照监测先行、监测灵敏、监测准确要求，着眼生态环境管理现实需求、监测工作基础和突出问题短板，聚焦目标任务、强化职能发挥，统筹优化网络布局、大力加强能力建设、持续推动科研创新，系统推进环境质量、生态质量、污染源多区域、新领域、全要素监测工作，精准研判环境质量变化趋势，精准助力全省及各地压紧压实治污责任，推动统筹治理，加强协同作战。

•• 省生态环境厅党组书记、厅长刘伟赴中心调度空气质量监测预测情况

•• 调研水质自动监测站验收技术培训情况

•• 组织召开国家重点生态功能区县域考核培训会议

•• 中俄跨界水体水生态监测

•• 秋冬季重污染天气执法监测

•• 地下水调查评估项目监测井验收

# 获得荣誉

2022 年在总站生态环境质量报告评比中黑龙江省级报告居于前 10%；

中心参加总站组织的 2022 年四轮实验室能力考核，被列为能力考核优秀单位，受到了总站的通报表扬；

中心被黑龙江省人民政府评为“黑龙江省生态环境保护先进集体”称号；

陈威同志被中共黑龙江省委员会和黑龙江省人民政府评为“黑龙江省劳动模范”称号；

孟庆庆同志被黑龙江省人民政府评为“黑龙江省生态环境保护先进个人”称号；

李经纬同志被黑龙江省生态环境厅评为“最美环保人”称号；

魏南同志受到黑龙江省中央生态环境保护督察工作协调联络组表扬。

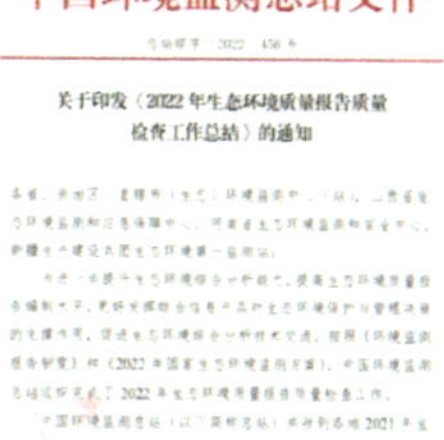

中国环境监测总站文件

关于印发《2022 年生态环境质量报告质量检查工作总结》的通知

2022 年在总站生态环境质量报告评比中黑龙江省级报告居于前 10%

中国环境监测总站

关于 2022 年国家环境监测网实验室能力考核的结果通报

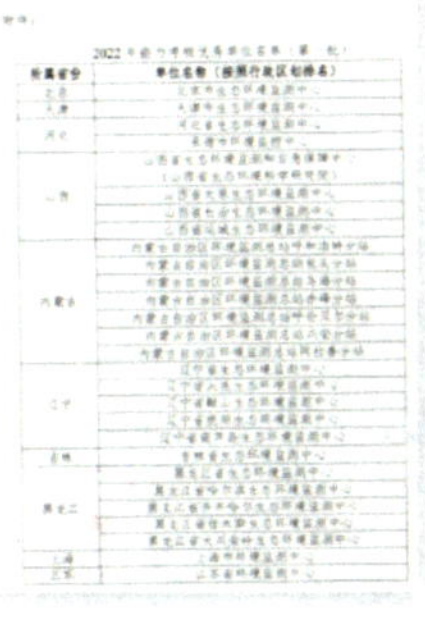

中心参加总站组织的 2022 年四轮实验室能力考核，被列为能力考核优秀单位

中心被黑龙江省人民政府评为“黑龙江省生态环境保护先进集体”称号

•• 陈威同志被中共黑龙江省委员会和黑龙江省人民政府评为"黑龙江省劳动模范"称号

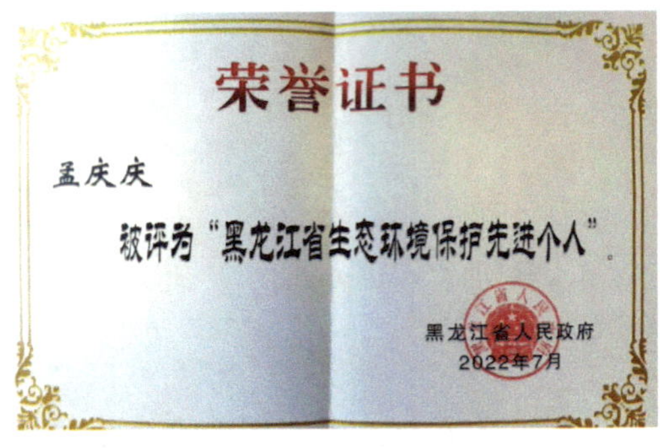


•• 孟庆庆同志被黑龙江省人民政府评为"黑龙江省生态环境保护先进个人"称号

•• 魏南同志受到黑龙江省中央生态环境保护督察工作协调联络组表扬

•• 李经纬同志被黑龙江省生态环境厅评为"最美环保人"称号

2022

# 上海市环境监测中心这一年

2022 年，是党第二个百年奋斗目标新征程的起点。在上海市生态环境局的坚强领导下，在总站指导支持下，上海市环境监测中心始终坚持以习近平新时代中国特色社会主义思想为指导，深入贯彻习近平生态文明思想，学习贯彻党的二十大会议精神和市第十二次党代会精神，强化政治担当，助力打赢大上海保卫战，推动党建业务深度融合，团结带领全体干部职工，围绕全市环保重点任务，推进碳监测评估试点、长三角一体化示范区监测统一、第五届进博会保障、预警监测体系建设、生物多样性监测、社会化检测机构监督等各项工作。

# 党建工作

## ●坚持以党的政治建设为统领，强化政治担当，助力打赢大上海保卫战

坚持把学习贯彻习近平新时代中国特色社会主义思想作为重大政治任务，以党的二十大会议精神为学习重点，推动党员干部学深悟透党的创新理论。在市委、市政府、市局的坚强领导下，积极投身抗疫行动，共同打赢大上海保卫战。成立抗疫先锋队，深入集中隔离点、定点医疗机构等疫情防控一线，监测检查涉疫废水排放情况；加强水源地、污水厂监测，关注水源地安全；加强大气、水质自动站运行维护，确保监测基本工作不停不乱；下发《关于复工复产阶段生态环境应急监测工作要点提示》，指导规范开展监测，推动第三方检测机构复工复产，助力疫后经济恢复。

••上海市环境监测中心党员学习贯彻党的二十大精神

••上海市生态环境局副局长罗海林同志主持召开政府采购供应商座谈会

## ●强化党建引领作用发挥，促进党建业务融合发展

通过开展学习习近平生态文明思想知识竞赛和演讲比赛、“最佳组织生活案例评比”等活动，激发广大党员、干部担当作为。巩固拓展“办实事”成果，为企业办好实事。深化与西藏自治区环境监测中心的“党建＋技术”共建活动，协作开展阿里地区臭氧超标分析专项工作，巩固帮扶成果；依托派出的驻村指导员前哨，与崇明区陈家镇党委共建联建，结对开展助推乡村振兴活动；加强进博会保障等重大

活动中联合党支部建设，共同提升能力水平；通过与区监测站及 SGS 第三方实验室联建活动，助力提升区站和社会化检测机构能力水平。

## 多措并举，推进高素质监测铁军先锋队建设

一是搭建平台锻炼素质。依托“周亚康劳模创新工作室”“五一巾帼创新工作室”，通过参与国家级和市级科技攻关项目，指导青年技术骨干成才。二是在急难险重任务中锤炼技能。在今年的大上海疫情保卫战中，成立疫情防控铁军突击队，守护疫情下的上海生态环境安全，全体党员完成社区“双报到”，主动报名下沉一线支援。应急监测队伍冲锋在重大事故应急监测第一线，在反恐应急演练活动中彰显担当。三是筹划市区两级环境监测系统新发展。开展上海市区级环境监测站“十四五”特色站建设工作，第一批特色站包括青浦站创建“生物多样性监测和饮用水水源地环境预警监测特色站”，金山站创建“有机特色监测和化工园区特征因子预警监控特色站”。面向全市区级监测站征集上海市环境监测系统内设研究课题，推进市区两级科研能力共同发展；继续成功举办“上海市生态环境监测学术论坛”。

打赢大上海保卫战，开展涉疫医疗废水监测监管工作

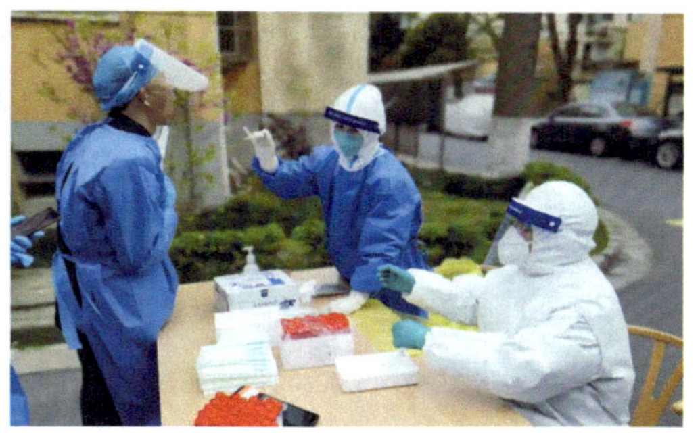
上海市环境监测中心志愿者在社区进行核酸检测取样

举办 2022 年上海市生态环境监测学术论坛

参与上海石化环境应急监测工作

# 业务工作

•• 生态环境部副部长董保同同志在上海市环境监测中心调研

编制《上海市碳监测评估试点工作方案》，大力推进碳监测评估试点工作。初步构建 7 个温室气体监测站和 1 个背景监测站，有序开展大气环境温室气体监测，逐步开展走航监测和柱浓度持续观测。推进碳源碳汇监测，探索构建全市碳排放核算校验体系。

加强长三角一体化示范区生态环境监测统一。搭建一体化示范区空气质量预测预报技术平台，启动示范区空气质量可视化预报会商试行工作。首次开展示范区生态环境质量状况评价，在六五环境日发布 2021 年度示范区生态环境质量状况。完成青浦区境内国控、市控自动监测站点建设和改造项目，市控站 14 座，改建国控站 2 座，新建哨兵站 4 座。编制完成示范区生态质量监测实施方案并于 8 月 23 日印发实施。启动杭州湾“三统一”监测预警工作，编制《环杭州湾地区空气质量监测预报工作方案》《工业园区空气污染自动监测技术指南》。

深入开展本市生态环境预警监测体系建设。推进交通环境空气质量监测网络建设，运用微型站开展 17 个测点的网格化加密监测。完成本市地表水预警监测与评估体系建设，完成 6 个国控站新建和 8 个国控站改建，32 个国考水站上下游污染溯源及预警站新建，51 个市考水站新建，67 个市考水站改建。开展生态监测网络构建，布设涵盖城市、森林、湿地、农田等生态系统的全市生态质量样地，研究遥感与地面相结合的生态监测体系；开展涵盖生物多样性、生境调查等的全市骨干河流及主要湖泊的水生态监测。

开展第五届进博会空气质量保障工作。开展长三角区域和苏皖鲁豫交界地区业务预测预报和可视化会商，实现了国内首次由地方层面共同公开发布跨省级行政区域空气质量预报结果。依托“陆海空天一体化”监测网络，通过长三角区域 1 326 个站点空气质量常规监测数据和 2 000 多家重点源在线监测数据、长三角和京津冀区域63个大气超级站监测数据共享，开展污染热点问题快速诊断、识别和成因研判，拓展中长期预报、污染垂直剖面分析、实时排放清单动态更新校验等技术。

加强污染源监管，强化涉疫废水监测管理。一是对监管对象实施差别化的自行监测技术检查要求，统筹安排自行监测技术检查、实际排放量核查与排污许可证例行检查。二是以比对监测抽测结果为依据，强化对浓度长期无明显波动、浓度发生突变等异常数据的审核，打击数据造假行为。三是针对有问题的固定源及排口、超标概率相对较大和环境风险相对较高的因子开展监测，增强执法监测的指向性，提高监管效能。四是编制《涉疫医疗污水总余氯现场监测指导意见》印发各区，有效指导开展涉疫医疗污水现场监测工作。五是进一步规范开展建设项目事后执法检查工作，加强建设项目环保事后监管职责。

配合推进污染防治攻坚战、生物多样性、新污染物治理行动计划开展。拓展开展全市主要湖泊及10余条主要河道的水生生物监测。参与编制全市生物多样性调查工作方案，计划开展以生物多样性监测为核心的地面监测，推动遥感监测与地面监测相结合的EQI评价。针对新污染物行动计划，探索新污染物监测技术方法，围绕饮用水水源地开展抗生素监测和全氟化合物监测，并针对青草沙和金泽水源地试点开展微塑料监测。

提升实验室和应急监测能力，高效完成应急监测及演练。依托中国长三角地区劳模工匠创新工作室——“周亚康环境监测创新工作室”，承担或参与10余项国家标准、上海市技术规范的编制，完成新污染物领域几十余项新项目分析方法开发。完成资质认定扩项评审和持证上岗考核，共有4大类9个参数10个方法通过评审，3名授权签字人获批准；26人8大类35项目39个方法82项次通过国家持证上岗考核。建立了对大气、水体等突发污染事件现场快速定性半定量检测和实验室准确定量分析能力。全年参与4起突发环境事件应急处置，提供及时、有力的技术支撑。开展“抗咸潮保供水”行动，制定应急（临时）取水口水质监测方案，对4大饮用水水源地和1个备用水源地以及19个应急（临时）取水口所在河道和上游开展水质监测预警。参加“全市反恐应急力量紧急拉动演练”。制定《上海市环境监测中心加强应急监测队伍和能力建设工作计划》，在总站组织的应急能力建设检查考核中，监测中心并列全国第三；中心应急监测处置工作小组获“上海市污染防治攻坚先进集体”。

加强社会化服务机构监督，确保监测数据“真、准、全”。深入开展“双随机”

•• 圆满完成第五届中国国际进口博览会空气质量保障工作

专项监督检查，精准打击环境监测数据弄虚作假行为。联合市环境执法总队和市场监管部门对 30 家社会监测机构开展检查。完善分级分类监管机制，提高发现问题和防范化解风险能力，编制《上海市生态环境监测社会化服务机构监督检查工作指南》。

•• 上海淀山湖科学观测研究站通过生态环境部专家验收

•• “抗咸潮保供水”，监测人员赴长江口北支现场踏勘布点

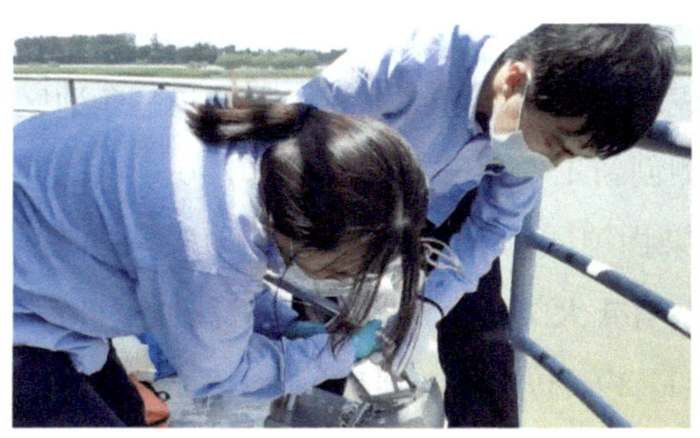

•• 监测人员在东风西沙饮用水水源地开展现场采样工作

•• 监测人员开展金泽水源地异味应急监测

# 获得荣誉

《基于大数据融合的高时空分辨率大气污染物实时排放清单研究及应用》荣获环境保护科学技术奖二等奖；

上海市环境监测中心突发环境事故应急监测处置工作小组荣获上海市污染防治攻坚先进集体；

《锅炉大气污染物排放标准》（DB 31/387—2018）荣获上海市标准创新贡献奖标准项目奖三等奖；

《生态环境监测实验室信息管理系统建设技术指南》荣获 2022 年度上海市团体标准典型案例十佳案例；

《加快环境监测数字化转型，提升监测能力和监管水平》荣获 2022 年度上海市检验检测十大创新案例称号；

周守毅同志荣获上海市“五一劳动奖章”、上海市污染防治攻坚先进个人；

唐爱玲同志荣获“2021 年上海市巾帼建功标兵”；

刘登国同志荣获上海市乡村振兴先进个人；

董励、梁国平、夏晓玲同志荣获上海市污染防治攻坚先进个人。

•• 周守毅同志荣获上海市“五一劳动奖章”

•• 唐爱玲同志荣获“2021 年上海市巾帼建功标兵”

2023年，上海市环境监测中心将持续贯彻习近平生态文明思想，全面贯彻党的二十大精神，落实上海市关于深入打好污染防治攻坚战迈向建设美丽上海新征程的实施意见，建立完善现代化生态环境监测体系，持续推进长三角一体化示范区监测统一，加快提升智慧监测能力水平，推动监测事业高质量发展，为深入打好污染防治攻坚战、推进全市生态文明建设提供坚实保障。

2022

# 江苏省环境监测中心这一年

2022年，以习近平生态文明思想为科学指引，在总站的悉心指导和江苏省生态环境厅党组的坚强领导下，江苏省环境监测中心*学习贯彻落实党的二十大精神，紧紧围绕“减污降碳、源头治理”中心工作，奋进新征程，建功新时代，甘于奉献、务实争先，取得了优异成绩，全程助力江苏省生态环境厅与总站战略合作框架协议签订，积极为谱写现代化美好江苏建设新篇章贡献环境监测力量，方伟副省长在调研时也充分肯定了中心在生态环境治理中发挥的重要作用。

---

* 本篇简称中心。

# 党建工作

正心明理，提高政治站位，发挥表率作用。全年召开 32 次“党委学习早读会”，传达落实中央、省委和省厅重要精神 8 次，班子成员带头上党课，均完成 1 篇读书调研报告。中心全年在“学习强国”平台上发表 1 篇报道，在省厅微信号发布党建业务融合报道 12 篇，在“江苏机关党建”发表宣传通讯 4 篇。获“2019—2021 年度江苏省文明单位”、省级机关模范机关建设标兵单位（全省共 10 家）、全省生态环境系统污染防治攻坚专项行动标兵集体等荣誉。与宿迁市泗洪县魏营镇涧圩居签订结对共建协议；开展 2022 年度“慈善一日捐”和无偿献血活动。

慎身修永，强化组织建设，夯实党建基础。切实发挥中心党委领导作用，完成 1 名党委委员增补和纪委副书记调整工作。处级以上领导干部每人完成一项“办实事”项目。以“求真明鉴、服务为民”为党建品牌，不断推进五个党支部“一支部一特色”建设。全年转正党员 2 名，发展预备党员 2 名，确定党员发展对象 4 名。第二党支部被评为 2021 年度厅系统党支部分类达标定级先进党支部，土壤部被评为污染防治攻坚巾帼标兵岗，杨雪、王骏飞 2 人获评“江苏省五一劳动奖章”，杨雪获共青团中央、人力资源社会保障部联合评选的“全国青年岗位能手”荣誉称号。

濯污扬清，强化监督执纪，防范廉政风险。全面完成厅党组对中心的巡察整改工作，以强化制度建设为抓手，优化出台中心 11 项规章制度文件及 5 项新技术规范，持续推进中心全面从严治党向纵深发展。连续 11 年召开党风廉政建设（全面从严治党）会议，分级签订责任状，班子成员签订家庭助廉承诺书，把反腐倡廉要求层层传导落实。连续第 6 年开展廉政风险隐患排查及防控登记工作，梳理出 106 个廉政风险点，逐一制定风险防控措施，不断提升执纪监督成效。

•• 全面从严治党工作会议

•• 建设“农家书屋”图书捐赠活动

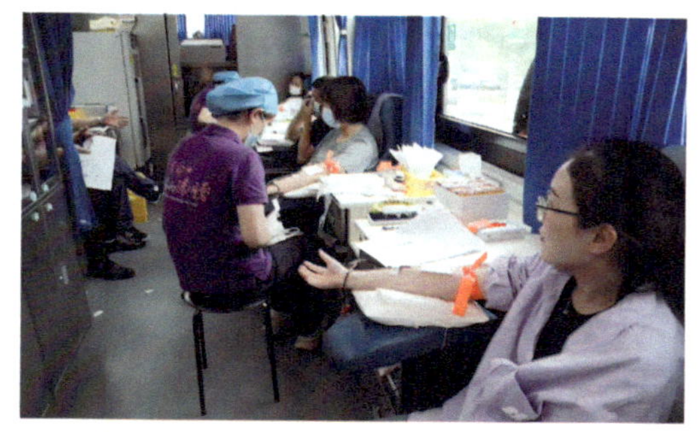
•• 无偿献血活动

•• “城乡结对 文明共建”签约仪式

# 业务工作

穷源竟委，以服务管理为根本，全面支撑精准治污攻坚，保攻坚的力度之大前所未有。2022 年大气环境质量达标形势严峻，中心积极参与臭氧帮扶等专项行动，用 1 亿个数据、160 次预警、3 000 份报告、5 000 余条问题线索、8 000 余处遥感识别，强力支撑大气国家目标如愿完成。加大对太湖水质藻情的监控力度，制定总氮地方控制标准，助力太湖连续 15 年实现“两个确保”。组织开展 4 次环境 DNA 调查，发现并移交长江沿岸、自然保护区等问题线索 1 600 条。首次将土壤溯源监测写入全省监测要点，先于国家时序完成土壤国家网风险监控点监测。保攻坚的成效之大前所未有。“中国环监苏 001”近海生态环境监测执法船顺利下水、入列；持续推进江苏省突发环境事件装备能力提升建设，在全国省级监测机构应急监测能力评估中得分最高；江苏省率先实现了从 EI 到 EQI 的生态评价提档升级，率先完成森林、湿地、农田等生态质量样地核查，并助力生态环境质量达到历史同期最好水平。

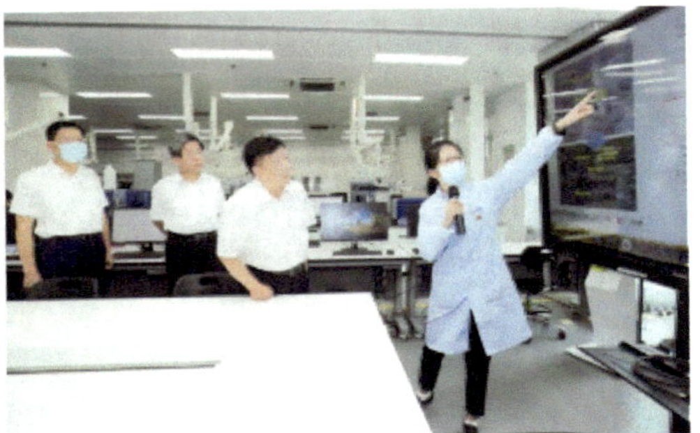

•• 方伟副省长来中心调研

•• 方伟副省长宣布“中国环监苏 001”近海生态环境监测执法船入列

•• 开展国家生态质量监测样地现场核实

•• 开展太湖浮游植物采样

群威群胆，以业务试点为契机，全面探索监测体系现代化道路。维持权威，形成一批管理与应用成果。编制形成省机动车和非道路移动机械排气污染防治条例、工业园区污染物排放限值限量自动监控系统技术规范、省生态环境执法监测工作技术要求等管理文件 23 项，是历年之最，全面规范了江苏省环境监测技术流程。坚持领航，铸造一支监测铁军。连续 4 年主办监测技能竞赛，连续 17 年设立监测科研基金项目，编制省级监测机构仪器配置指南，开展水污染溯源、大气预报预警等联合会商，审核驻市中心报告 238 份，并组织各类培训 2 000 人次，毫无保留地从设备配置、队伍培养、科研支撑、项目实操等多方面推动全省监测铁军的能力提升。突出示范，打造一批全国样板。牵头全省碳监测、智慧监测江苏试点方案，参与国家新污染物试点监测，新建立了水体中 6 大类 300 多种新污染物监测技术方法。联合省疾控中心、南医大，积极申报生态环境部重点实验室。江苏省率先开展的汛期污染强度测试考核工作在全国推广，充分体现了“江苏经验”在全国现代化监测体系建设中的样板作用。

•• 加强汛期水质监测监控

•• 开展废气排气监测、国控站质控检查

•• 开展地下水环境监测

•• 开展生态安全缓冲区监测评估现场调查

•• 开展海洋生态环境监测

•• 进行海水分层采样样品灌装

•• 推进海洋碳汇监测、森林生态系统碳汇监测

•• 中心碳专班首次开展碳排放核算培训交流

•• 开展降尘现场采样

•• 在高空开展废气污染物现场监测

正法直度，以考核监管为抓手，全面守住监测数据质量底线。一是强化监测机构质量考评。对省内 92 家监测机构开展能力调查。制订全省环境监测实验室能力验证计划，组织全省 88 家监测机构参加能力验证。二是组织监测人员上岗证考核。修订《江苏省环境监测人员持证上岗考核管理办法》《江苏省环境监测人员持证上岗考核实施细则》。组织完成全省持证上岗理论考核与上岗操作考核。三是助力企业自测监管。配合排污单位的监督执法与调查监测 27 次，组织开展全省排污单位自行监测质量专项检查，检查企业 132 家。四是开展新生产机动车（机械）环保核查新车查验。全面完成 2021 年度新生产机动车环保核查新车查验及验收，共抽查 165 家生产企业 579 个车（机）型系族。五是配合开展对第三方检验检测机构监督检查。带队开展检验检测机构“双随机”专项监督现场检查，起草检查通报。现场监督检查机动车排放检验机构 69 家，对发现存在检测弄虚作假检验机构，全部通报地方督促立案查处。

•• 开展实验室资质复评审（换证）暨上岗证考核

•• 参加全国生态环境质量会商

•• 首次通过 PEMS 试验对国四阶段非道路移动机械开展监督监测

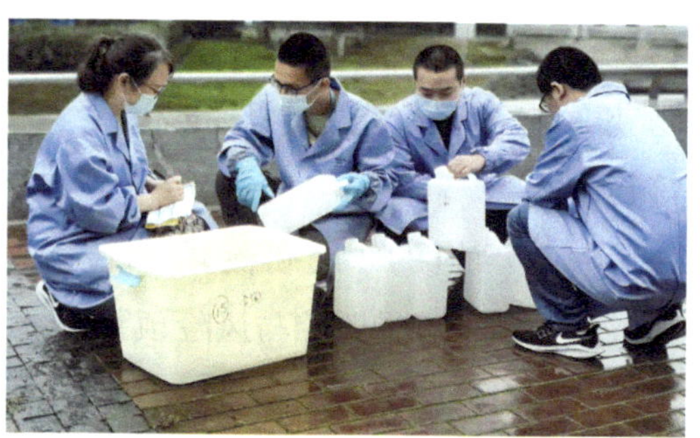

•• 开展饮用水水源地环境安全监测分析

# 获得荣誉

中心获“2019—2021 年度江苏省文明单位”称号；

中心被表彰为“省级机关模范机关建设标兵单位”，报送的案例“以两个劳模工作室为载体 争做绘就美丽生态画卷的排头兵”获评模范机关建设优秀案例；

中心获评“全省生态环境系统 2021 年度综合考核优秀等次”单位；

中心获“2022 年全省生态环境系统污染防治攻坚专项行动标兵集体”称号，张璘、徐政 2 人获标兵个人称号；

中心土壤部获“省生态环境厅污染防治攻坚巾帼标兵岗”，王荟获“污染防治攻坚巾帼建功标兵”称号；

中心成果“江苏省重污染天气监测预报预警系统”获省网信办、省发展改革委、省工信厅、省政务服务管理办、省通信管理局联合发文评为“2022 数字江苏建设优秀实践成果”；

中心主要起草的《江苏省机动车排放检验机构环保信用监管暂行办法》获评“2021 年度省社会信用体系建设工作创新项目（制度建设类）”；

•• 2019—2021 年度江苏省文明单位

中心承担的“环境中新污染物关键技术突破与示范应用”课题获 2021 年度江苏省科学技术二等奖；

中心承担的“太湖流域（江苏）水污染物总量监控与风险预警技术及应用”课题获江苏省环境保护科学技术二等奖；

•• 江苏省海洋学会科学技术二等奖

中心参与的“国家水生态环境质量监测与评价关键技术研究与示范”课题获 2021 年度环境保护科学技术一等奖；

中心参与的“基于遥感的城市水环境管理应用示范”课题获 2022 年度环境保护科学技术二等奖；

中心参与的“南黄海浅海滩涂重要贝类资源可持续利用关键技术研究与示范”课题获 2022 年江苏省海洋学会科学技术二等奖；

中心获 2022 年度江苏省生态环境技能竞赛省级代表队一等奖，梁宵获竞赛个人总成绩第一名，同时获“江苏省五一创新能手”称号。

•• 2021 年度环境保护科学技术一等奖

•• 2021 年度江苏省科学技术二等奖

•• 2022 年全省生态环境系统污染防治攻坚专项行动标兵集体

•• 2022 年省级机关模范机关建设标兵单位

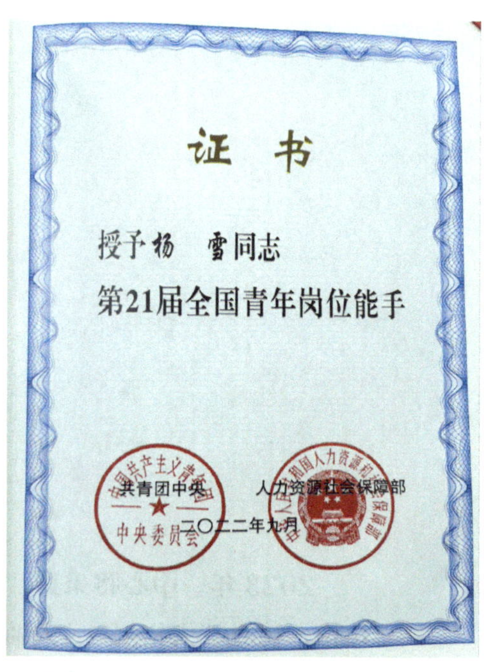


•• 共青团中央、人力资源社会保障部第 21 届“全国青年岗位能手”（杨雪）

•• 全省生态环境监测技能竞赛省级代表队一等奖

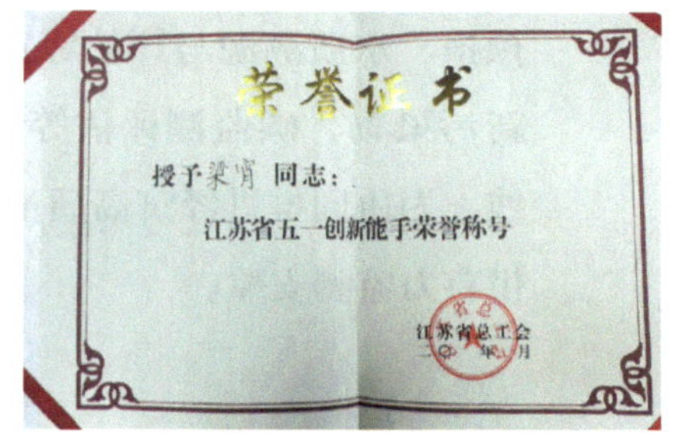


•• 江苏省五一创新能手（梁宵）

江苏省总工会决定授予王骏飞同志

江苏省五一劳动奖章

NO. 2021105

江苏省总工会

2021年12月

•• 江苏省五一劳动奖章（王骏飞）

江苏省总工会决定授予杨 雪同志

江苏省五一劳动奖章

NO. 2022229

江苏省总工会

2022年4月

•• 江苏省五一劳动奖章（杨雪）

2023年，中心将秉持“支撑、引领、服务”的基本定位，树立“大格局”“大监测”“大数据”意识，不断完善生态环境监测网络，全力推进现代化监测体系建设，深化开展生态质量监测评估、生物多样性监测、大气预测预报、水质溯源与评估等重点领域监测，抓牢智慧监测、新污染物、碳监测评估等试点工作，严守数据质量生命线，为协同推进经济高质量发展和生态环境高水平保护提供有力监测支撑。

2022

# 浙江省生态环境监测中心这一年

2022 年，浙江省生态环境监测中心以习近平生态文明思想为指引，在总站大力指导和浙江省生态环境厅党组的正确领导下，聚焦加快打造生态文明高地和美丽中国省域样板，全力支撑生态环境保护中心工作，高效推进各类环境监测任务，稳步提升监测能力和水平，积极配合生态环境领域数字化改革，用监测力量守护浙江碧水蓝天。

# 党建工作

## ●突出政治引领，绝对忠诚的思想根基进一步打牢

严格落实“第一议题制度”，将学习贯彻党的二十大精神作为工作重点，制定2022年浙江省生态环境监测中心党建工作要点、理论学习计划和任务清单。开展“喜迎二十大 共绘同心圆”省、市、县三级结对共建签约仪式暨“七一”主题党日活动，邀请省第十五次党代会代表上党课，赴兰溪开展结对帮扶党日活动。成功举办浙江省生态环境厅系统“环监杯”微党课比赛。

•• 开展“喜迎二十大 共绘同心圆”省、市、县三级结对共建签约仪式暨“七一”主题党日活动

•• 成功举办浙江省生态环境厅系统“环监杯”微党课比赛

•• 浙江省生态环境监测中心党委党史学习教育专题民主生活会

## ●锻造过硬作风，认真负责的担当精神进一步强化

全面加强全省生态环境监测系统党风廉政建设，开展全省调研和廉政风险形势研判，编写分析报告。组织召开2022年度全面从严治党工作会议暨廉政签约仪式，签订全面从严治党主体责任书、廉政责任书。积极开展层层覆盖式谈心谈话，掌握职工思想动态，筑牢思想防线。完成防范利益冲突专项治理和警示教育活动等专项督导工作。

组织召开2022年度全面从严治党工作会议暨廉政签约仪式

## ●发挥绿叶精神，敬业奉献的精神特质进一步树立

关心关爱干部职工，顺利完成浙江省生态环境监测中心工会、团总支换届选举工作，举办“五月花海”活动、职工爬山比赛等活动，丰富职工业余生活。有力支撑扶贫助学工作，为衢江区玳堰村资助款项12万元，助推衢江区环境改善和教育发展。

浙江省生态环境监测中心工会、团总支换届选举工作

# 业务工作

## ●强化支撑，核心业务显成效

高效支撑精准治污。组织全省监测系统认真完成生态环境质量例行监测及各类自动站点运行维护，全年编制各类年度报告、规划文件90余份，监督、比对监测

报告 200 余份，空气质量、水环境常规报告 800 余份。《2021 年度浙江省生态环境质量报告书》全国评比优秀。环境统计工作全国排名第二。

加快提升监测能力。开展“浙江省环境质量自动监测智能化项目”建设，完成新建 40 个省控水质自动站、乌镇超级站等 16 个空气自动站，总投资 1.97 亿元，大大提升精准监测、精准治污水平。在全国率先开展国控地下水监测井规范化建设和国控地下水风险点水质自动监测试点。应急监测能力稳居全国前列，在 2022 年应急监测能力评估中位列全国第二。

有力支撑事权上收。组织实施 2022 年省控地表水采测分离工作，创新采取“省中心组织、驻市监测中心参与、采测分离、信息直传”的工作模式，有力支撑全省水环境质量评价考核和生态环境监测事权上收工作。

全面开展生态监测评价。组织开展全省 100 个主要断面底栖动物、鱼类 DNA 等生物多样性调查和河流水生态健康调查工作。参与《长江流域水生态监测方案（试行）》编制和长江流域水生态考核监测工作。开展为期 68 天的钱塘江藻类应急监测，为全省研判藻类发生发展趋势、制定防控措施提供有力技术支撑。

•• 钱塘江藻类应急监测

•• 开展地表水采测分离技术指导帮扶

全力支撑重大活动保障。全力配合省厅编制完善《第 19 届亚运会 第 4 届亚残运会环境质量监测和会商预报方案》《第 19 届亚运会 第 4 届亚残运会浙江省环境质量保障方案》；圆满完成上海进博会、乌镇互联网大会空气质量监测预报工作，首次开展 30 天空气质量中长期预测，“乌镇蓝”成为常态。

全面规范监测质量管理。在全国率先构建涵盖“人、机、料、法、环、测”监测全过程的定量化监测质量评价体系，进一步深化全省质量管理体系评估考核。2022 年以优异成绩先后顺利通过了国家资质认定扩项评审、国家实验室认可复评审和持证上岗考核 3 项国家级大考。

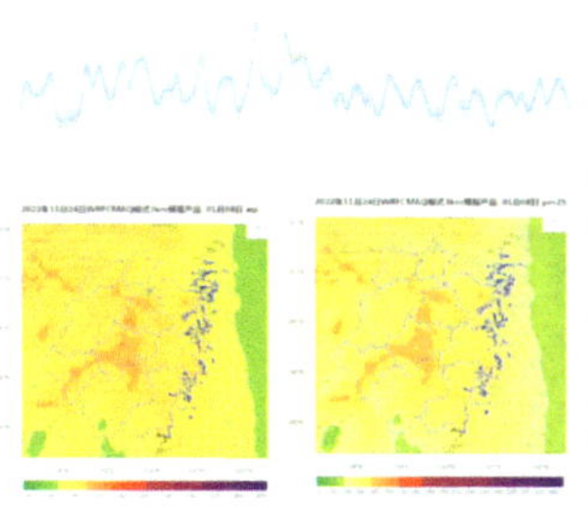

•• 首次开展 30 天空气质量中长期预测　“乌镇蓝”成为常态

•• 顺利通过国家持证上岗考核、国家资质认定扩项评审、国家实验室认可复评审

## ●创新改革，试点先行勇探索

碳监测评估试点上，争取省财政资金 1.57 亿元，推进省级碳监测网络建设，指导杭州、宁波和丽水 3 个国家试点城市建成 17 个城市高精度温室气体监测站、5 个碳汇监测站以及超过 80 个小微站。农业面源监测试点上，统筹协调相关地市确定了 7 个试点县（市、区），浙江省选区布点方案被国家认可。智慧监测创新应用试点上，统筹全省 4 个省本级和 7 个地市级项目，省本级试点方案顺利通过国家评审。遥感监测技术应用上，创新开展黑臭水体遥感试点监测，探索开展卫星遥感臭氧前体物热点筛查 + 地面巡测的“天地一体”联合监测，为环境管控提供及时、有效、精准的技术支撑。

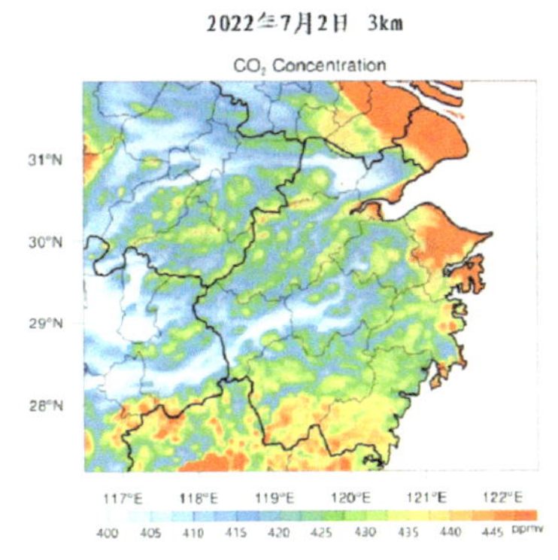

•• 碳浓度模拟

•• 农业面源监测

## ●生态智治，数改工作走前列

主动融入全省生态环境数字化改革大潮，编制生态保护跑道和“大脑”建设方案，开展“美丽浙江”驾驶舱建设，实现列入“大脑”一本账的 3 个智能模块和 13 个省级重点应用上线。在省厅数字化改革总体框架下，推进监测领域的数字化改革，编制《浙江省生态环境监测数字化建设总体方案》，构建“123”整体架构体系，为生态环境监测数字化谋篇布局。浙江省成为全国唯一的生态环境数字化改革和“大脑”建设试点省。

•• “美丽浙江”驾驶舱

## ●科技赋能，科研创新结硕果

对标一流，编制实施《浙江省生态环境监测中心五年发展规划》。成功获批建立博士后工作站，制定了《博士后管理工作实施办法》，促进产学研深度融合。创新建成全国领先的实验室分析能力，温室气体分析能力率先达到国家碳监测试点要求；建立 10 余类涂料 VOCs 监测能力，率先具备源头替代监测能力。

•• 温室气体监测分析

•• 应急监测能力评估等级优秀，位列全国第二

# 获得荣誉

科研项目“流域农业面源污染防控技术体系及其在长三角典型种植区的应用”获环境保护科学技术二等奖。

环境保护科学技术奖
获奖证书
获奖项目：流域农业面源污染防控技术体系及其在长三角典型种植区的应用
获奖等级：二等奖
获 奖 者：浙江省生态环境监测中心
（第三完成单位）
二〇二二年十二月
证书号：KJ2022-2-09-D03

环境保护科学技术奖
获奖证书
获奖项目：我国中东部地区PM2.5遥感监测关键技术及业务化运行方法研究与应用
获奖等级：二等奖
获 奖 者：浙江省生态环境监测中心
（第四完成单位）
二〇二二年一月
证书号：KJ2021-2-23-D04

科研项目“我国中东部地区 $PM_{2.5}$ 遥感监测关键技术及业务化运行方法研究与应用”获环境保护科学技术二等奖；

科研项目“南方村镇生活污水分级处理关键技术装备与智慧化运维”获浙江省科学技术进步二等奖；

浙江省科学技术进步奖
证 书
为表彰浙江省科学技术进步奖获得者，特颁发此证书。
项目名称：南方村镇生活污水分级处理关键技术装备与智慧化运维
奖励等级：二等奖
获 奖 者：浙江省生态环境监测中心
证书号：2021-J-2-036-D04

浙江省科学技术进步奖
证 书
为表彰浙江省科学技术进步奖获得者，特颁发此证书。
项目名称：电子废物处置场地二噁英类物质同步检测方法与污染修复技术
奖励等级：三等奖
获 奖 者：浙江省生态环境监测中心
证书号：2021-J-3-075-D01

科研项目“电子废物处置场地二噁英类物质同步检测方法与污染修复技术”获浙江省科学技术进步三等奖；

科研项目“微型水质自动监测系统智能质控与水质预警关键技术及应用”获浙江省生态环境科学技术一等奖；

浙江省生态环境科学技术奖
获奖证书
获奖项目：微型水质自动监测系统智能质控与水质预警关键技术及应用
获奖等级：一等奖
获奖单位：浙江省生态环境监测中心、杭州绿洁环境科技股份有限公司
证书号：KJ2022-1-03

科研项目“城市移动污染源监测系统关键技术及应用”获中国仪器仪表学会科学技术进步一等奖；

浙江省生态环境监测中心获评浙江省美丽浙江领导小组办公室“浙江省长江保护修复攻坚战工作成绩突出集体”；

1 人获浙江省人民政府办公厅“2021 年全省能耗双控工作成绩突出个人”；

1 人获浙江省全域“无废城市”建设工作专班办公室“2021 年全域‘无废城市’建设工作成绩突出个人”。

# 中国仪器仪表学会文件

仪学秘字〔2022〕071 号

## 关于公布 2022 年中国仪器仪表学会科学技术奖获奖名单的通知

各有关单位、个人：

中国仪器仪表学会科学技术奖评审委员会按照《中国仪器仪表学会科学技术奖励办法》之规定对 2022 年科学技术奖申报项目进行了严格认真的形式审查、初评、会评，共评选出一等奖 21 项，其中科技进步奖 12 项，技术发明奖 9 项；二等奖 36 项，其中科技进步奖 32 项，技术发明奖 4 项；三等奖 33 项，其中科技进步奖 29 项，技术发明奖 4 项；青年科技人才奖 5 人；国际科学技术合作奖 1 人。现对获奖名单公布如下：

科技进步一等奖（排名不分先后）

| 序 | [illegible] | [illegible] | [illegible] |
|---|---|---|---|
| 7 | 城市移动污染源监测系统关键技术及应用 | 复旦大学、杭州电子科技大学、杭州师范大学、浙江浙大鸣泉科技有限公司、浙江省生态环境监测中心、浙江环信环境自动检测有限公司 | 聂鹏、吴翔、胡华、林广、刘俊、丁祁凤、朱宁、余青山、肖力敏、单振宇、俞洁、潘珮、蒋旭刚、朱坚磊、刘朕 |

# 省美丽浙江建设领导小组办公室文件

浙美丽办〔2022〕28 号

## 省美丽浙江建设领导小组办公室关于表扬浙江省长江保护修复攻坚战工作成绩突出集体和个人的通报

省级各有关单位，各设区市美丽办：

保护好长江流域生态环境，是推动长江经济带高质量发展的前提，也是守护好中华文明摇篮的必然要求。自 2018 年《长江保[illegible]修复攻坚战行动计划》实施以来，全省深入贯彻落实习

省生态环境科学设计研究院

省生态环境监测中心

省建设厅城市建设处

省港航管理中心

省钱塘江流域中心

固黑臭水体治理成果，强化水产养殖尾水和船舶水污染物治理，

— 1 —

# 浙江省人民政府办公厅

## 浙江省人民政府办公厅关于表扬 2021 年全省能耗双控工作成绩突出集体和个人的通报

各市、县（市、区）人民政府，省政府直属各单位：

“十四五”以来，全省上下深入贯彻落实党中央、国务院和省委、省政府决策部署，坚定不移走能耗双控倒逼经济转型升级道路，各相关部门相互协作、齐抓共管，节能领域干部职工勤奋工作、履职尽责，社会各界大力支持、积极参与，高质量推进我省经济社会绿色低碳发展，涌现出一批成绩突出集体和个人。为树立典型、推动工作，经省政府同意，决定对省统计局能源和环境统计处等

二、成绩突出个人（30 名）

[illegible]　省财政厅

[illegible]　省统计局

徐凌峰　省生态环境监测中心

浙江省人民政府办公厅

2022 年 11 月 21 日

# 浙江省全域“无废城市”建设工作专班办公室文件

浙无废办〔2022〕2 号

## 浙江省全域“无废城市”建设工作专班办公室关于表扬 2021 年全域“无废城市”建设工作成绩突出集体和个人的通报

各设区市“无废城市”建设工作专班、省级各有关单位：

在省委、省政府正确领导下，全省上下坚持目标引领、问题导向、创新驱动、联治共建，全域“无废城市”建设迈出坚实一步。2021 年，生态环境部将我省列为全国首个“无废城市”数字化改革试点省，率先全国首个实现生活垃圾“零增长”、原生垃圾“零填埋”，首个实现小微单位危险废物收集体系全覆盖，首个发布城市“无废指数”，“无废城市浙江探索”获得全省首届改革突破奖银奖。

张旭明　省卫生健康委综合监督局

陈元杰　省市场监管局科技和审计处

戴　静　省税务局资源和环境税处

吴　超　省生态环境科学设计研究院土壤环境与固体废物研究所

何士冲　省生态环境监测中心土壤环境监测部

2023年，是全面贯彻落实党的二十大精神的开局之年，也是亚运会召开之年。浙江省生态环境监测中心将继续以习近平新时代中国特色社会主义思想为指引，全面贯彻落实党的二十大作出的决策部署，紧紧围绕生态环境保护中心工作，坚持补短板、出亮点、提效能，全力支撑杭州亚运会环境质量保障，为加快打造生态文明高地和美丽中国省域样板提供更强有力的保障。

2022

# 浙江省杭州
# 生态环境监测中心这一年

2022年，浙江省杭州生态环境监测中心紧紧围绕杭州市生态环境局中心工作，秉持“专业、专注、守正、创新”的理念，勇于创新引领、敢于塑造变革、坚持数字赋能，不断夯实“一个亚运保障、一幢大楼建设、两个院士团队合作平台共建、三个生态环境部试点推进、六项能力提升”的“11236”工程，以推动生态环境质量持续改善为引领，以支撑打好污染防治攻坚战为导向，以推动生态环境监测现代化发展为着力点，用科学数据为“奋进新时代、建设新天堂”的宏伟蓝图建设提供支撑。

# 党建工作

## ●聚焦思想引领，坚守思想政治工作阵地

第一时间传达学习党的二十大精神及省、市党代会精神，组织开展学习党的二十大知识答题竞赛活动，邀请市局副局长卢强、淳安县委党校高级讲师何晓莲等讲授学习贯彻党的二十大精神专题党课，安排省党代会代表、基层宣讲团成员王奕奕同志宣讲省第十五次党代会精神，通过追随足迹现场学、原原本本全面学等形式，在党员、青年中持续掀起学习宣传贯彻的热潮。

•• 学思践悟党的二十大党员活动

•• 退休党支部组织开展学习贯彻党的二十大系列活动

## ●聚焦品牌驱动，抓好党建工作层层落实

聚力打造“守绿护蓝、红色工匠”监测党建品牌，开设中心党员“微讲台”，开展专题交流分享 9 次；每季度集中组织为党员颁发“政治生日”贺卡，党员代表开展“不忘初心、红心向党”交流 10 次；为抗疫服务的志愿者颁发了抗疫证书；召开主题党日活动 12 次，开展“红色阅读”12 次，保证“红色匠心”永不褪色。组织开展“结对帮扶”“春风行动”“公民爱心日”等扶贫帮困公益

活动和“先锋领杭双报到”“学雷锋日”“公交文明岗”“爱心献血”等各类志愿服务活动，共计 200 余次；认领星桥社区“外科口罩”微心愿 51 人次，捐赠口罩 2 450 个。

•• 党员先锋队和青年突击队授旗仪式

•• 开设“微讲台”专题交流

•• 集中组织为党员颁发“政治生日”贺卡

## ●聚焦服务基层，发挥基层战斗堡垒作用

组织党员下沉社区抗疫，“1·26”疫情发生后，以身作则、主动请战，共参与抗疫 200 余人次；根据市局统一安排，3 月至 4 月，共派出 30 余名同志支援社区一线防控和集中隔离点医疗废物处置督查等工作；每周一次不间断开展污水处理厂出水余氯、细菌项目监测。

•• 组织党员下沉社区抗疫

## ●聚焦统筹谋划，推动党建标准化建设

2022 年党总支共召开支委会议 23 次，落实主题党日活动、组织生活会、民主评议、谈心谈话等制度。专题部署党风廉政建设工作，常态化开展廉政风险排查、专题分析、谈心谈话等各项工作，召开以案促治专题民主生活会；深化廉政风险动态排查管控，修订完善内控制度，报送廉政季报 4 期，监督检查表 12 期，在全省监测系统党风廉政建设会议作交流发言；深入开展防范利益冲突专项治理。

生态监测业务用房项目联合党支部与大诸桥社区党支部开展迎国庆活动

"八一"建军节走访慰问西湖区西湖消防救援站

# 业务工作

## 坚持大局意识，全力支撑市局中心工作

全力做好亚运环境质量保障工作。不断提升生态环境监测能力水平，持续强化环境空气质量预测预报及分析能力，全面拓展实验室监测分析项目，积极开展新思路、新方法、新技术的创新应用。完成 2022 年第 19 届亚运会和第 4 届亚残运会杭州市环境质量监测保障方案和空气质量会商预报方案编制及环境空气质量保障预评估等工作；完成奥体小学空气自动站建设和临时超级空气自动监测站点位的选址工作；完成 VOCs 走航车采购；开展"AI 人工智能实验室"保障亚运水环境监测。

总站党委书记吴季友调研 AI 人工智能实验室

杭州市人大常委会党组书记、主任李火林检查调研杭州"生态环境监测 AI 人工智能实验室试点"项目

## ●坚持前瞻思维，巩固深化两个院士团队合作平台建设

落实落细与浙江大学高翔院士领衔团队合作共建“大气污染防治与碳中和联合研究中心”。依托“基于大数据的杭州市臭氧精准预报研究”“杭州市臭氧污染溯源及减排策略研究”课题，继续深入做好数据分析利用和研究，共同开展杭州市臭氧污染溯源及减排策略研究。

稳步推进与国科大杭州高等研究院江桂斌院士领衔团队合作共建“新污染物分析中心”。编写新型污染物平台建设三年提升计划，开展“钱塘江流域杭州段地表水中抗生素污染特征及生态风险评价”等 9 个研究课题。目前已具备地表水中 300 多项痕量有机污染物的分析能力。

## ●坚持创新引领，统筹推进三个国家试点建设

高质量推进国家“生态环境监测 AI 人工智能实验室试点”项目建设。荣获第 5 届数字中国峰会优秀案例。3 项标准规范编制正在开展（国家 2 项，省级 1 项），其中 1 项国家计量标准已立项。入选总站组织的“生态环境智慧监测创新应用试点工作先进示范项目推介会”并作典型案例报告。目前已开展亚运水环境质量保障实景应用。

高水平推进国家“杭州生态环境监测无代码技术应用试点”项目建设。初步完成基于无代码技术的实验室信息管理系统并投入使用，获省中心高度肯定，争取全省推广；依托于无代码技术的档案管理应用场景被评为 2022 年杭州市“规范化数字档案室”。

高标准推进国家“碳监测试点”项目建设。建立全市二氧化碳排放源的空间分布清单，协同总站编制完成《二氧化碳手工监测指南》，并在全国发布实施；建成包含 6 个高精度温室气体站点和 1 个碳汇站点的监测网络，12 月 9 日顺利通过项目建设验收。

## ●坚持目标导向，持续推动监测业务用房建设

全力推动业务大楼建设。春节前完成主体 3# 实验楼结顶；1#、2# 附属楼栋全面结构施工，工程建设进展顺利。

## ●坚持对标对表，锻造新时代生态环境监测铁军

着力抓好组织建设。编制实施《干部人才队伍发展规划》，共完成 6 名正科级领导干部，12 名副科级领导干部的选任工作，推举产生杭州市“担当作为好支书”1 名、省党代表 1 名、市政协委员 1 名；出台科研激励机制，组建 4 个重点项目攻关团队，2022 年共新增 4 名正高级工程师；建立新录用人员“青蓝工程”成长帮带机制，对新入职的 10 名新人开展“导师传帮带”；打造党员先锋队和青年突击队，探索“点将”培养制度，选派优秀年轻干部到各重要岗位挂职锻炼，5 名挂职业务骨干被选任为科级领导干部。

•• 浙江省杭州生态环境监测中心主任陈健松赴废气监测现场开展慰问

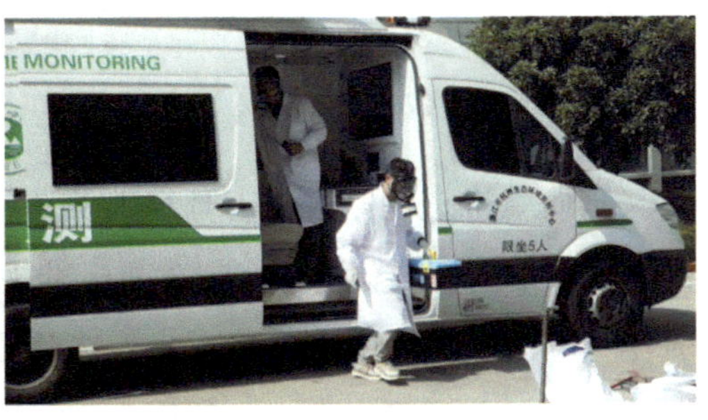


•• 突发环境事件处置

•• 碳监测大明山背景点无人机采样

•• 淳安马尾松林碳通量监测点

•• 亚运村夜间噪声监测

•• 桐庐富春江藻类处置

# 获得荣誉

单位荣获浙江省生态环境监测专业技术人员大比武团体三等奖、浙江省蓝藻处置先进集体、浙江省突发环境事件检验性应急拉练全省唯一“优”，被评为2022年杭州市“规范化数字档案室”、杭州市“人民防空专业力量训练先进集体”；

“生态环境监测AI人工智能实验室试点”荣获第5届数字中国峰会优秀案例；

陈健松同志获杭州市“担当作为好支书”荣誉称号；

王奕奕同志当选为浙江省第十五次党代表，获杭州市“最美生态环境人”荣誉称号；

黄成臣同志当选为杭州市第十二届政协委员；

林旭同志获“2021年度杭州亚运会、亚残运会筹办工作突出贡献个人”荣誉称号；

郑文婷同志获杭州市“2021年度扩大有效投资推进重点项目建设突出贡献个人”荣誉称号；

严仁嫦同志获浙江省环境科学学会第五届“青年科技奖”荣誉称号；

阮东德同志获浙江省环境科学学会第五届“优秀环境科技工作者”荣誉称号；

王昂同志获浙江省“蓝藻处置先进个人”荣誉称号；

凌晨同志获杭州市“人民防空训练标兵”荣誉称号。

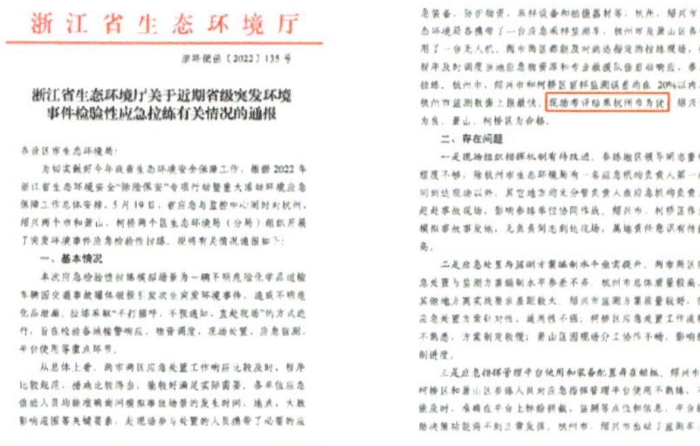

浙江省生态环境厅

浙环便函〔2022〕135号

浙江省生态环境厅关于近期省级突发环境事件检验性应急拉练有关情况的通报

各设区市生态环境局：

为切实做好今年我省生态环境安全保障工作，根据2022年浙江省生态环境安全“除险保安”专项行动暨重大活动环境应急保障工作总体安排，5月19日，省应急与监控中心同时对杭州、绍兴两个市和萧山、柯桥两个区生态环境局（分局）组织开展了突发环境事件应急检验性拉练，现将有关情况通报如下：

一、基本情况

本次应急检验性拉练模拟场景为一辆不明危险化学品运输车辆因交通事故罐体破损引发次生突发环境事件，造成不明危化品泄漏。拉练采取“不打招呼、不预通知、直奔现场”的方式进行，旨在检验各地接警响应、物资调度、现场处置、应急监测、平台使用等重点环节。

从总体上看，两市两区应急处置工作响应比较及时，程序比较规范，措施比较得当，能较好满足实际需要。各单位应急值班人员均能准确询问模拟事故场景的发生时间、地点、大致影响范围等关键要素，赴现场参与处置的人员携带了必要的应急装备、防护物资、采样设备和拍摄器材等。杭州、绍兴市生态环境局各携带了一台应急采样监测车，杭州市及萧山区各调用了一台无人机。两市两区都能及时赶赴指定的拉练现场，按程序及时调度当地应急物资库和专业救援队伍启动响应，参与拉练。杭州市、绍兴市和柯桥区留样监测误差均在20%以内，杭州市监测数据上报最快。现场考评结果杭州市为优，绍兴市为良，萧山、柯桥区为合格。

二、存在问题

一是现场组织指挥机制有待改进。参练地区领导同志重视程度不够，除杭州市生态环境局有一名应急机构负责人第一时间到达现场以外，其它地方均未分管负责人或应急机构负责人赶赴事故现场，影响参练单位协同作战。绍兴市、柯桥区作为模拟事故事发地，无负责同志到达现场，属地责任意识有待提高。

二是应急处置与监测方案编制水平亟需提升。两市两区应急处置与监测方案编制水平参差不齐，杭州市总体质量较高，其他地方离实战要求差距较大。绍兴市监测方案质量较好，但应急处置方案针对性、适用性不强；柯桥区应急处置工作流程不熟悉，方案制定较慢；萧山区因现场分工协作不畅，影响编制进度。

三是应急指挥管理平台使用和装备配置存在短板。绍兴市、柯桥区和萧山区参练人员对应急指挥管理平台使用不熟练，不能及时、准确在平台上标绘拦截、监测等点位和信息，平台辅助决策功能得不到充分发挥。杭州市、绍兴市出动了监测车，

— 2 —

•• 浙江省突发环境事件检验性应急拉练全省唯一“优”

中共杭州市委办公厅

关于公布2022年全市“规范化数字档案室”名单的通知

各区、县（市）党委办公室（档案局），市属有关单位：

根据《浙江省档案局关于开展全省数字档案室建设测评的通知》《杭州市档案局关于推进数字档案室建设的意见》要求，经区县（市）档案主管部门检查审核，市档案局审定，杭州市教育局等67个单位达到了“规范化数字档案室”要求，现予以公布（名单附后）。

希望获评单位继续深化数字档案室建设，加强电子文件归档和电子档案管理，注重档案数据和信息系统安全，提升数字档案室服务水平和效能，切实发挥档案作用，为本单位各项工作服务。全市各单位要认真贯彻《中共省委办公厅浙江省人民政府办公厅印发〈关于新时代全面推进档案工作数字化转型的意见〉的通知》（浙委办发〔2020〕52号）、《中共杭州市委办公厅杭州市人民政府办公厅印发〈关于新时代全面推进档案工作数字化改革的实施意见〉的通知》（市委办发〔2021〕75号）的文件精神，将数字档案室建设作为服

•• 入选2022年杭州市“规范化数字档案室”

•• “生态环境监测 AI 人工智能实验室试点”荣获第 5 届数字中国峰会优秀案例

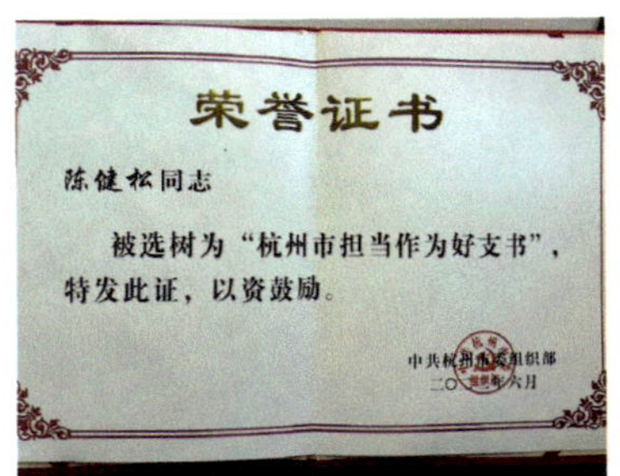


•• 陈健松同志获杭州市“担当作为好支书”荣誉称号

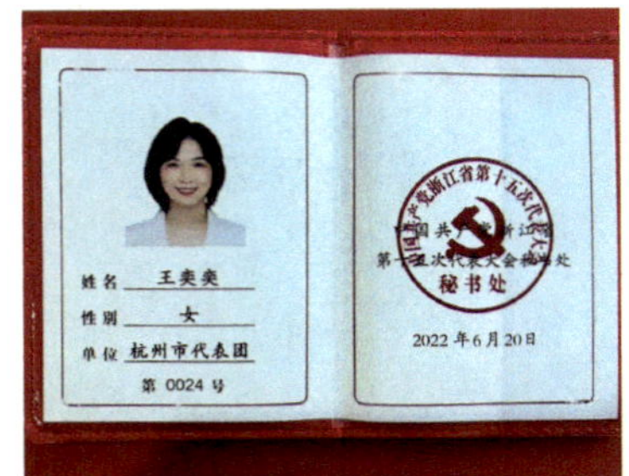


•• 王奕奕同志当选为浙江省第十五次党代表

杭州市生态环境局
杭州市精神文明委员会办公室 文件

杭环发〔2022〕42 号

杭州市生态环境局 杭州市精神文明建设委员会办公室关于公布 2022 年“美丽杭州·你我共建”先进典型宣传推选活动结果的通知

各区、县（市）生态环境分局、文明办，杭州西湖风景名胜区管委会（杭州西溪国家湿地公园管理委员会），各有关单位：

为深入贯彻习近平生态文明思想，促进全社会共同参与生态环境保护，提升生态文明意识，共建新时代美丽杭州，2022 年 4 月至 5 月杭州市生态环境局、杭州市精神文明建设委员会办公室

1

•• 王奕奕同志获杭州市“最美生态环境人”荣誉称号

2022 年第 19 届亚运会组委会文件

亚组委〔2022〕18 号

2022 年第 19 届亚运会组委会
关于表扬 2021 年度杭州亚运会、亚残运会筹办工作突出贡献集体和个人的通报

亚组委有关委员单位，省部属办赛单位，主协办城市相关单位，亚组委各内设机构：

杭州亚运会、亚残运会是习近平总书记和党中央交给浙江的重大政治任务。2021 年，在全省各级各部门的支持下，全体亚运筹办工作者深刻领悟习近平总书记对办好杭州亚运会的殷切希望，全面落实和坚决贯彻党中央国务院、省委省政府重要决策部署，秉持“绿色、智能、节俭、文明”的办赛理念，紧盯杭州亚运会、亚残运会筹办里程碑工作，统筹推进疫情防控和赛事筹办，科学、高效、协同推动各领域筹办工作取得显著成效，涌现出了一批扎实

— 1 —

•• 林旭同志获“2021 年度杭州亚运会、亚残运会筹办工作突出贡献个人”荣誉称号

杭州市人民政府办公厅

杭州市人民政府办公厅关于
2021 年度扩大有效投资推进重点项目建设突出贡献集体和个人的通报

各区、县（市）人民政府，市政府各部门、各直属单位：

2021 年，全市上下认真贯彻市委、市政府决策部署，牢牢把握“稳中求进”工作总基调，统筹推进疫情防控和经济社会发展，深入实施重大项目前期攻坚、集中开工等一系列促投资、稳增长的举措，全力以赴扩大有效投资，推进重点项目建设，取得较好成效。为表扬先进，鼓舞士气，充分发挥典型示范作用，进一步营造全市上下“抓项目、促投资”的浓厚氛围，市政府决定，给予杭州市上城区住房和城市建设局等 80 个突出贡献集体、杨平文等 120 名突出贡献个人通报表扬。

希望受表扬的集体和个人珍惜荣誉、作出表率、再创佳绩，在“忠实践行‘八八战略’，奋力打造‘重要窗口’”中进一步展示头雁风采，为我市加快建设独特韵味别样精彩世界名城作出新的贡献。

- 1 -

•• 郑文婷同志获“2021 年度扩大有效投资推进重点项目建设突出贡献个人”荣誉称号

2023年，面对生态环境管理要求的新变化，中心将紧紧围绕中心工作，紧盯“省内第一、全国一流”目标，以走在前、作示范的姿态，坚持“监测先行、监测灵敏、监测为准”的导向，积极推动“生态环境监测AI人工智能实验室试点”、“杭州生态环境监测无代码技术应用试点”、“碳监测试点”3个试点项目验收，持续强化“大气污染防治与碳中和联合研究中心”、“新污染物分析中心”2大平台建设，同步加强空气质量监测预报等能力建设，奋力推进生态环境监测体系与监测能力现代化，不断提升服务生态环境保护效能，以监测高质量发展服务支撑中国式现代化。

# 安徽篇

2022

# 安徽省生态环境监测中心这一年

2022年，安徽省生态环境监测中心*在总站的关心指导和安徽省生态环境厅党组的坚强领导下，深入学习贯彻习近平生态文明思想，以服务环境管理与决策为导向，以确保监测数据质量为核心，紧紧围绕打好污染防治攻坚战有关要求，切实发挥监测“顶梁柱”和“生命线”作用。

* 本篇简称省中心。

# 党建工作

强化政治建设。省中心班子聚焦主责主业，专题研究确定全面从严治党工作重点任务，制定印发《2022 年党建及精神文明建设工作要点》，明确工作责任和推进措施。严格对照厅党组年度专题学习重点内容，深入学习习近平总书记系列重要讲话、党的二十大、十九届历次全会和十九届中央纪委第六次全体会议精神。全年开展集中学习 17 次、专题研讨 10 次，各支部开展集中学习 44 次、集中研讨 37 人次、红色教育 46 人次。班子成员负责抓好分管部门意识形态工作，对职责范围内意识形态工作负领导责任。做到重要会议必谈，重要舆情必提醒，信息发布必核实，突出网络意识形态，强化宣传报道工作管理，在省生态环境厅门户网站、中国环境监测微信公众号等载体审核发布各类生态环境监测信息 606 余条。

抓好组织建设。落实“三重一大”集体决策、同级监督制度，班子成员经常性交换意见、相互通报工作情况，发现问题坦诚提出，主要负责人实行会议末位表态。严肃党内政治生活，按要求召开民主生活会、组织生活会，落实“三会一课”、民主评议党员和党员领导干部双重组织生活等制度，将全面从严治党贯彻落实情况纳入党总支民主生活会，党风廉政建设内容纳入各党支部述职评议考核。组织各党支部推动“三会一课”、党员发展、党费缴纳等工作规范化开展，召开支部党员大会 44 次，支委会 40 次，党课 6 次，开展主题党日活动 14 次，发展党员 1 名。通过“三会一课”、特色活动，抓紧抓牢党员教育管理，在疫情防控、应急处突等工作中锻炼干部，提升党员综合能力。先后组织 22 名党员干部到笔架山街道、大杨镇开展疫情防控志愿服务活动。全年组织参观调研和业务座谈、公众开放等特色主题党日活动 18 次，180 余人次参与。慰问大病、困难离退休老党员 17 人，走访 1 名离休老党员。

推进作风建设。制定《省生态环境监测中心关于作风建设集中教育细化方案》，明确时间节点和重点任务，组织召开动员大会进行思想发动，围绕“领导班子 + 各驻市监测中心+科室全体职工”三级学习教育体系，制订学习计划，定期开展专题工作调度会，确保学习教育走深走实。利用“学习强国”、视频会议等平台载体，丰富拓展学习教育，聚焦“加强作风建设”等主题，开展集中交流研讨，中心班子成员和各科室负责人交流发言30余人次，各支部委员交流发言50余人次。召开查摆问题专题会议，采用自己找、别人提、互相帮等方式，深入开展“六对照六解决”26种作风建设问题查摆，党总支、科室、个人3个层面分别对排查问题进行梳理汇总审核，深刻剖析，反思根源，党总支查摆问题15个，对照制定整改措施“四清单”。

省中心党总支召开2021年度暨党史学习教育专题民主生活会

省中心党总支与曹庄民族村党支部结对共建赴渡江战役纪念馆开展党史学习教育实践活动

省中心与大杨镇开展党建共建交流会

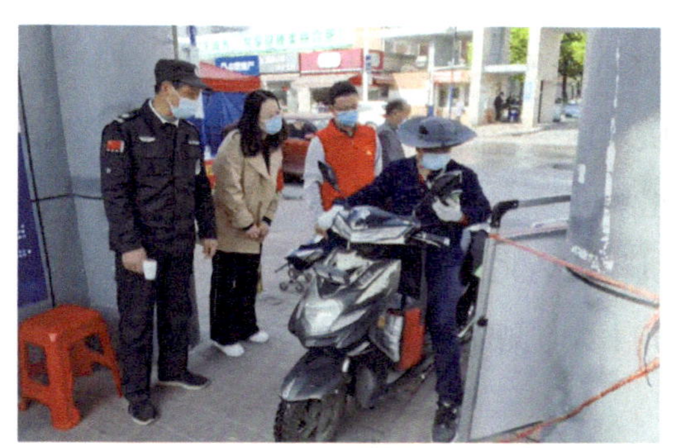

省中心党员积极响应省直机关工委“战疫进基层”志愿服务活动

省中心开展“体验生态文明美 巾帼建功勇争先”三八妇女节主题活动

# 业务工作

积极做好例行监测工作。组织开展全省 533 个地表水监测点、205 个空气质量监测点、40 个酸雨监测点、141 个降尘监测点、162 个集中式饮用水水源地监测点、413 个土壤风险监控点和 3 347 个城市声环境监测点监测工作。组织调度全省 1 590 次污染源执法监测和 1 062 次入河排污口监督性监测。协助开展 2021 年全省生态质量评价，完成安徽省 611 个生态质量样地现场核实工作。继续开展 15 个国家重点生态功能区县域环境质量监测、巢湖湿地生态系统和黄山森林生态系统生态地面监测。对全省 109 个村庄开展农村环境质量监测，组织调度农村“千吨万人”饮用水水源地水质、农田灌区灌溉水质、农村黑臭水体水质和农村生活污水处理设施出水水质监测。配合省厅有关部门开展环保督察、大气污染防治监督帮扶等各类活动 150 余次。

编写 2021 年度安徽省环境质量报告书、全省环境质量概况和环境状况公报，编写安徽环境质量月报、季报，及时分析全省环境质量状况。分析重点领域突出问题，编写 14 期《安徽生态环境监测要情简报》和 40 期《监测专报》。向厅领导、相关单位和部门提供环境质量分析材料 200 余份。在省厅门户网站、《安徽日报》、中国环境报 App、《中国环境监测》和安徽生态环境微信公众号等载体发布各类生态环境监测信息 600 余条。

全力服务生态环境管理。开展全省空气质量预报，及时发布重污染天气预警，参加长三角三省一市和苏皖鲁豫区域空气质量预报会商，编写安徽省重污染天气监测预警信息和重污染天气监测预警专报。组织开展大气颗粒物组分监测，出具监测数据 130 余万个；开展环境空气挥发性有机物（VOCs）监测，出具监测数据 1 650 余万个。积极推动 11 个设区市颗粒物组分自动监测能力建设，持续开展 VOCs 自动监测数据审核及质控检查工作。

对国控断面地表水“采测分离”监测数据开展省级初审，审核异常点位 400 余个，提交质疑 156 条，对地市分析测站开展技术督导 11 次。组织在重要国考断面周边开展汛前拦蓄污水监测调查，发现拦蓄污水问题 30 个。对巢湖湖区开展手工常规监测和湖区巡查 33 次。编制全省集中式生活饮用水水源地 109 项应急演练方案。对长江、淮河和新安江流域共 188 个地表水断面补偿情况进行评价，分市提供监测结果。

参与 4 项国家标准、4 项长三角区域标准的制（修）订，完成环境空气质量预报、会商、评估和发布规程 3 项安徽省地方标准制定。为 67 户居民开展室内空气检测，邀请“中国环境谷”22 家环境类企业进行“面对面”互动，及时精准助企纾困。全年共组织公众开放活动 6 场，累计参与 80 余人次，并在省厅门户网站、微信公众号、抖音等载体积极宣传开展情况，扩大社会影响力。

•• 省中心领导班子分片联系驻市中心工作

•• 总站对省中心开展生态环境应急监测能力评估现场核查

•• 省中心组织开展环保设施向公众开放活动

•• 省中心认真做好驻市生态环境监测中心自动监测技术人员持证上岗考核工作

•• 安徽省纪委参观监测中心实验室

•• 省中心巢湖蓝藻水华比对监测

# 获得荣誉

2022 年，省中心被评为安徽省直机关“文明单位”；
省中心唐晓菲同志获得第九届“省直机关十大杰出青年”提名奖；
胡雅琴、唐晓菲、程龙 3 位同志入选安徽省生态环境系统“10 佳 20 优”典型；
6 人分别在各类工作中获通报表扬，充分展示了省中心的精神风貌。

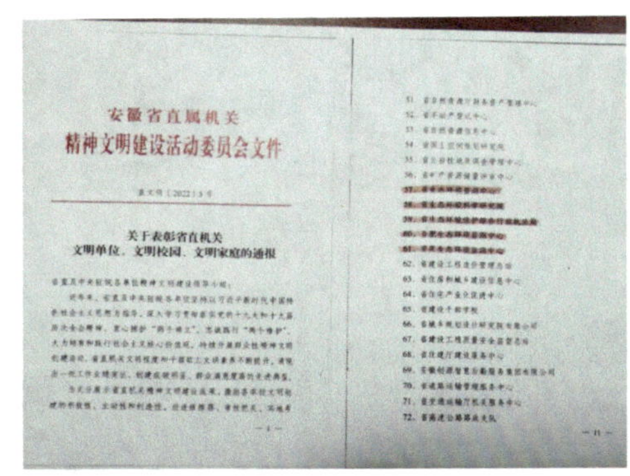

安徽省直属机关
精神文明建设活动委员会文件

关于表彰省直机关
文明单位、文明校园、文明家庭的通报

•• 省中心获得省直机关“文明单位”称号

荣誉证书

授予唐晓菲同志：

第九届“省直机关十大杰出青年”提名奖。

特发此证，以资鼓励。

共青团安徽省直属机关工作委员会 安徽省直属机关青年联合会

二〇二二年五月

•• 唐晓菲同志获得“省直机关十大杰出青年”提名奖

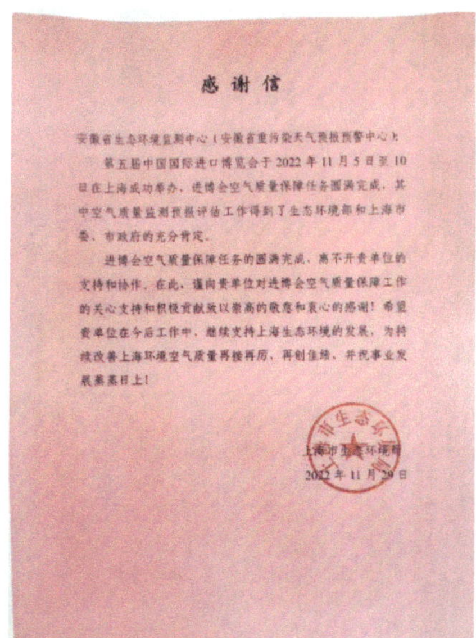

# 感谢信

安徽省生态环境监测中心（安徽省重污染天气预报预警中心）：

第五届中国国际进口博览会于2022年11月5日至10日在上海成功举办，进博会空气质量保障任务圆满完成，其中空气质量监测预报评估工作得到了生态环境部和上海市委、市政府的充分肯定。

进博会空气质量保障任务的圆满完成，离不开贵单位的支持和协作。在此，谨向贵单位对进博会空气质量保障工作的关心支持和积极贡献致以崇高的敬意和衷心的感谢！希望贵单位在今后工作中，继续支持上海生态环境的发展，为持续改善上海环境空气质量再接再厉，再创佳绩，并祝事业发展蒸蒸日上！

上海市生态环境局

2022年11月29日

•• 上海进博会感谢信

附件1

## 全省生态环境系统“10佳典型人物”

马鞍山市生态环境局市生态环境保护督查办公室主任

张德红 省生态环境保护综合行政执法局一级主任科员

陈庆青 省生态环境厅环评处副处长、窗口首席代表

胡雅琴 省生态环境监测中心高级工程师

钱叶金 省生态环境保护综合行政执法局环境应急信访室负责人、四级调研员

侯纯标 亳州市生态环境局机关党委专职副书记、一级主任科员

梅建鸣 铜陵生态环境监测中心高级工程师

程卫华 安庆市岳西县生态环境分局党组书记、局长、三级调研员

雷 震 宿州市砀山县生态环境综合行政执法大队副大队长

-3-

•• 胡雅琴同志当选省厅10佳典型人物

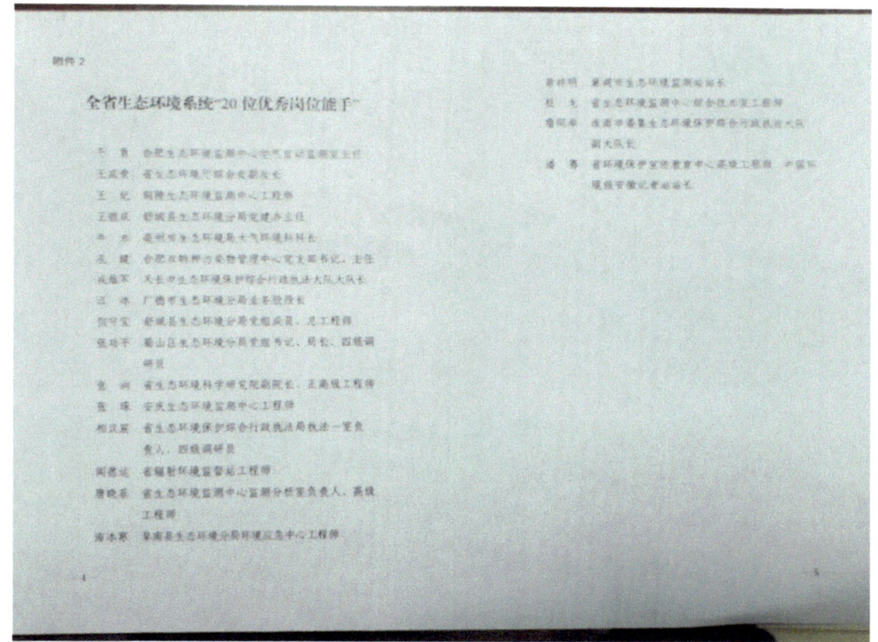

附件2

## 全省生态环境系统“20位优秀岗位能手”

唐晓菲 省生态环境监测中心监测分析室负责人、高级工程师

程 龙 省生态环境监测中心综合技术室工程师

•• 唐晓菲、程龙当选优秀岗位能手

2022

# 福建省环境监测中心站这一年

2022年，福建省环境监测中心站坚持以习近平新时代中国特色社会主义思想为指导，深入贯彻落实党的二十大精神和习近平生态文明思想，在总站悉心指导和省生态环境厅党组坚强领导下，认真谋划、主动靠前、积极运作，围绕年度监测任务落实、环境质量分析深入、干部精气神提振等方面实施了一系列工作新举措，整体工作扎实有效推进，全站干部队伍呈现新面貌，监测业务成效更上新台阶，圆满完成年度监测任务，为深入打好污染防治攻坚战提供坚强服务支撑。

# 党建工作

从严为本，深层次落实主体责任。严格落实全面从严治党主体责任，组织签订《全面从严治党主体责任书》，量化细化 137 项年度重点工作任务，围绕省生态环境厅《关于印发〈关于深化生态环境监测机构垂改若干问题的意见（试行）〉的通知》（闽环发〔2022〕14 号，以下简称《省厅 60 条意见》）制定出台具体落实措施；严格规范组织生活，按照“三会一课”制度具体要求，保质保量完成支部规定动作；扎实推动廉政建设，不断强化廉政风险防范宣传教育，全年共开展集体廉政谈话 1 次，警示教育 2 次，支部纪检委员上“廉政微党课”1 次；健全《廉政风险防控清单》，持续修订完善站管理制度，降低廉政风险，为推动生态环境监测工作奠定稳固思想政治基础。

思想引领，多维度提升综合素质。坚持深入贯彻习近平新时代中国特色社会主义思想，及时跟进学习新思想新理念，多种形式开展党的二十大精神专题学习与研讨，共开展集中学习 15 次、专题研讨 3 次、系列活动 2 次、主题宣讲 2 次、主题党日活动 12 次、党课 1 次，组织重温入党誓词 1 次。组织开展“倾情演唱庆‘七一’”主题歌曲演唱活动、共读一本书活动、“忠诚在心、岗位奉献”主题研讨、“学史、忠诚、奉献、廉洁”主题党课、廉政警示教育实践等一系列活动，推动“忠诚在心、岗位奉献”对党忠诚教育活动落实落细，进一步激发支部活力，提振广大党员干部干事创业的精气神。

统筹谋划，全方位激发党建新活力。落实《省厅 60 条意见》精神和要求，成立了党总支，设立党建办，配备专职党务干部；重新确定新一批“共产党员先锋创新科室”及“共产党员先锋岗”，实现党员先锋创新科室及先锋岗成员的良性入选与退出；组织开展 2022 年“新年第一课 赋能新作为”系列活动，邀请“七一勋章”获得者林丹同志和省直机关工委陈国钦同志来站作主题宣讲、组织观看爱国主义电影、参加“智慧监测思考”讲座、开展监测业务系列讲座报告会及技术讨论课、签署诚信墙报等；面向全国举办第四届生态环境监测青年论坛，推动筹备

2022 年度全省监测技能竞赛大比武活动，开展站内组队选拔练兵，进一步明晰队伍发展规划导向，促进队伍政治建设和业务能力“双提升”，打造过硬环境监测铁军。

狠抓根基，推进机制体制改革调整。一是制定《绩效考核管理暨人才星级培育办法》，评选出年度 22 名标兵小队成员，奖励先进，让能干事、干好事、出成绩的同志脱颖而出，成为学习的表率。二是构建与新形势、新定位、新要求相匹配的工作架构，完成内设机构调整，新成立了监测大数据分析中心、自动监测运管中心、规划计划室，聚焦环境质量分析、自动监测运维管理、强化全省监测能力规划计划、增强环境监测领域重点难点科研攻关。三是加强与兄弟单位之间的人员交流，鼓励干部多部门、多岗位锻炼，选派技术骨干前往总站及驻市站交流帮助工作，持续提升监测技术水平。

“倾情演唱庆‘七一’”主题歌曲演唱活动及唱响“环保人之歌”

“新年第一课 赋能新作为”主题宣讲

站关工委揭牌及争创省直级青年文明号

举办第四届青年论坛

•• 廉政警示教育实践活动

•• 创新交流现场学习

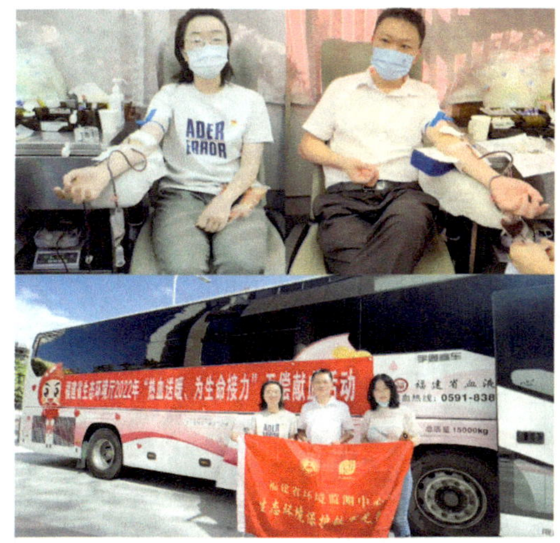

•• “热血送暖、为生命接力”无偿献血活动

•• 新春团拜会及主题油画活动

# 业务工作

根据《2022 年福建省生态环境监测方案》要求，按时保质保量完成国家、省生态环境厅的监测计划任务要求，持续提升水、气、土、生态等各方面监测技术及质量管理能力，加强队伍建设与人才培养，不断健全完善全省生态环境监测网络，

为福建省生态文明建设提供坚强有力的监测支持。

转变观念，夯实服务水平。一是建立生态环境监测异常数据预警报告机制，突出全过程、紧盯敏感点、注重时效性，力求环境质量问题第一时间报告、处理与反馈。二是改革环境质量分析会商机制，多角度会商、多业务协同，挖深说透环境质量状况与问题。三是落实监测执法监管“三联动”机制，针对不同地区不同区域和流域存在的突出环境质量问题开展专项溯源排查，会同驻市站完成了 90 多项大气和水的联合专项调查监测。四是组织全省各级监测站开展监测质量核查及帮扶工作，制订核查及帮扶计划，对污染源企业进行帮扶指导，开展重点区域大区污染治理专项帮扶。五是积极开展监测专题报告和“监测动态”编写，提炼总结监测工作中发现共性问题、解决思路、成功做法经验，主动把对环境质量问题和环境管理需求的思考实践转化为建议措施。

健全网络，提升监测全面。全省累计建成 234 座空气自动站、153 座水质自动站、3 座大气超级站、16 座光化学站、389 个流域断面、433 个小流域断面、1 282 个土壤点、221 个地下水点、3 988 个噪声点、5 025 个农村监测点（断面）。建立涵盖重点排污单位的污染源执法监测与自行监测体系，组织对 929 家重点污染源开展执法监测、13 087 家重点排污单位开展自行监测，环境统计工作全国排名前四。作为试点省份，福建省积极探索，在国家布设样地点位的基础上，根据福建特色，共布设 469 个生态样地，构建类型齐全、覆盖全域、表征性强的生态质量地面监测网络，为 EQI 评价贡献福建经验。

•• 开展空气自动监测检查

•• 地下水自动监测站点现场检查

•• 生态样地踏勘

•• 土壤采样

强化质管，加强考核检查。加强全省质量管理指导帮扶与能力考核，完成对所有 10 个驻市站、76 个县级监测站的质量体系运行现场检查，组织对全省监测系统 91 个站的能力考核与 1 455 人次的人员持证上岗考核工作。强化对水质自动监测、空气自动监测的巡检与质控，坚持做好地表水采测分离数据审核、小流域监测抽测与比对、土壤与地下水监测质控、农村环境监测质量检查。

•• 人员持证考核

•• 水生态试点监测采样

•• 臭氧污染溯源现场排查帮扶

•• 深化监测设施的公众开放

紧盯形势，深化重点保障。坚持每日的环境空气预警预报，预报准确率达 90% 及以上；开展第五届福州数字峰会环境质量保障；圆满完成环境应急监测及疫情防控监测；完成全省生态环境监测能力大调查，为推进生态环境监测能力现代化建设提供基础数据支撑；建设完成省级土壤环境质量样品库 1 座，建成土壤样品制备、流转、存储的全自动实验室（一期），完成 35 472 件历史土壤样品的转移，为科学高效存储并深入研究分析全省土壤样品奠定了基础，推动福建省土壤环境监测分析能力冲刺全国先进水平；积极开展饮用水水源地抗生素、工业园区 ODS 等新污染物监测，全面加强福建省新污染物监测能力；完成全省 62 个湖库型饮用水水源地水华预警监测及跟踪加密监测，推动长江流域（福建段）、闽江流域、九龙江流域开展水生态试点监测工作，编制完成《关于我省水生态监测开展情况的报告》；完成 469 个生态样地核实，编制完成样地核实报告及福建省生态样地布设方案。

协作创新，推进业务提速。谋划开拓新型监测业务，鼓励支持站内科研，推动大气协同控制、碳监测、水生态、生态质量 EQI、ODS 及抗生素等新型污染物监测业务的酝酿准备与申报研究。申报省科技厅课题 1 项、省环保科技课题 4 项。完成《生态文明示范创建量化考核评估研究》《福建省“十四五”生态环境监测规划研究》《铅锌矿周边农用地土壤污染安全利用技术研究》3 项环保科技计划项目验收。

# 获得荣誉

《南方丘陵茶园退化阻控与生态修复模式及关键技术》课题荣获 2020 年度福建省科学技术进步奖三等奖；

荣获福建省生态环境厅 2021 年度“四星党支部”称号；

站质量管理室荣获 2020—2021 年度省直机关“巾帼文明岗”称号；

荣获总站生态环境监测宣传工作通报表扬；

荣获国家环境标准样品协作测定网协作实验室聘书；

荣获总站“2021 年第四季度、2022 年第一季度地方环境空气质量自动监测站数据联网传输进展”通报表扬；

荣获总站国控水站运维基础条件保障、采测分离工作协调以及数据审核等工作通报表扬；

杨冬雪同志荣获 2020 年度福建省科学技术进步奖三等奖；

黄艳艳同志荣获共青团福建省直机关工作委员会表彰“2021 年度省直机关优秀共青团干部”称号；

袁希慧家庭荣获福建省妇女联合会、福建省生态环境厅表彰“2022 年福建省绿色家庭”称号；

黄芸洁同志荣获中共福建省生态环境厅党组巡察工作领导小组办公室党支部巡察工作通报表扬；

黄艳艳同志荣获共青团福建省直机关工委通报表扬；

姜丽同志荣获总站技术实训通报表扬。

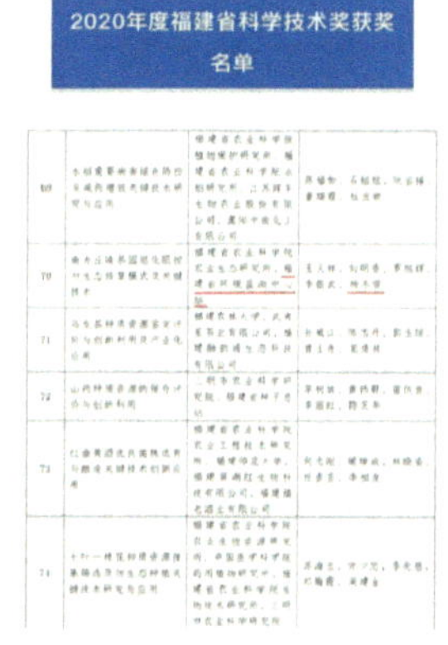

2020年度福建省科学技术奖获奖名单

2020 年度福建省科学技术进步奖三等奖

福建省生态环境厅文件

中共福建省生态环境厅机关委员会关于公布
2021 年度党（总）支部达标创星
评定结果的通知

福建省生态环境厅 2021 年度
星级党（总）支部名单

一、“五星”党支部

二、“四星”党支部

四星党支部

福建省直属机关妇女工作委员会

关于命名2020—2021年度省直机关巾帼文明岗的通知

2020—2021年度省直机关巾帼文明岗名单

•• 2020—2021年度省直机关巾帼文明岗

国家环境标准样品协作测定网协作实验室聘书

证书编号：2022011

福建省环境监测中心站

福建省福州市鼓楼区福飞南路138号

经审核，兹决定聘请贵单位为国家环境标准样品协作测定网协作实验室，聘期自2022年1月1日至2024年12月31日。

•• 国家环境标准样品协作测定网协作实验室聘书

共青团福建省直机关工作委员会文件

关于表扬2021年度省直机关优秀青年典型的决定

2021年度"福建省直机关优秀共青团干部"名单

•• 黄艳艳——2021年度省直机关优秀共青团干部

福建省妇女联合会 福建省生态环境厅 文件

福建省妇女联合会 福建省生态环境厅关于揭晓2022年福建省绿色家庭名单的通知

2022年福建省绿色家庭名单

•• 2022年福建省绿色家庭

中国环境监测总站文件

关于2021年第四季度地方环境空气质量自动监测站数据联网传输进展的通报

中国环境监测总站文件

关于2022年第一季度地方环境空气质量自动监测站数据联网传输进展的通报

•• 地方环境空气质量自动监测站数据联网传输进展通报表扬

中国环境监测总站 感谢信

中国环境监测总站 感谢函

共青团福建省直机关工作委员会 感谢信

中国环境监测总站

表扬信

表扬信

•• 各类感谢函及表扬信

2023年，福建省环境监测中心站将继续紧紧围绕建设习近平生态文明思想的先行示范区和美丽中国示范省，坚持党建引领，牢固树立全省生态环境监测“一盘棋”理念，明确定位，明晰重点，聚焦主责主业，为进一步优化福建省环境监测管理体制机制、服务支撑福建省深入打好污染防治攻坚战提供强大动力。

2022

# 江西省生态环境监测中心这一年

2022 年，江西省生态环境监测中心* 在总站的悉心指导和厅党组的坚强领导下，坚持以习近平新时代中国特色社会主义思想为指导，扎实开展生态环境监测、固废评估、生态宣传等工作，打造了“天空地一体化”监测网络，助力了“双一号工程”建设，为推进江西省生态文明建设提供了坚实技术支撑。

---

* 本篇简称江西省监测中心。

# 党建工作

把牢政治方向，毫不动摇加强思想建设。利用党委理论学习中心组（扩大）学习、“三会一课”、“学原文悟原理”微信推送、干部网络学习和“学习强国”App等形式，加强思想政治建设。开展观看红色影片、参观红色基地、宣讲党的二十大精神、“喜迎二十大 奋进新征程”演讲比赛等党日活动。

永葆赶考清醒，坚定不移强化作风建设。统一考勤报备，看好自己的“门”。印发《项目技术评估廉政工作细则》，采取“十不准”“十必须”等措施，管好自己的“人”。开展“3・23”警示教育活动、“七个有之”专项治理等活动，筑牢反腐思想防线。

打造特色品牌，持续推动文明单位创建。组织党员干部进社区开展疫情防控、垃圾分类宣传、噪声污染防治法普及、慰问社区老人等志愿活动。参与“春蕾计划”和“慈善一日捐”等公益活动。2022 年，江西省监测中心被评为东湖区 2022 年度文明单位。

江西省生态环境厅党组书记、厅长徐延彬在九江分中心调研并宣讲党的二十大精神

江西省生态环境厅党组成员、驻厅纪检监察组组长李鹏云督导固评处党支部专题组织生活会

江西省监测中心书记李秋带队开展 2022 年鹰潭分中心班子考核

“喜迎二十大 奋进新征程”演讲比赛

江西省监测中心办公室党支部在南昌方志敏广场开展红色走读活动

南昌分中心党支部开展“七一”党课进社区志愿活动

赣州分中心党支部开展“传承红色基因，续写时代新篇”主题党日活动

抚州分中心党支部赴抚州市全面从严治党教育馆开展现场教学活动

# 业务工作

## ●监测改革“再拓展”

首开全国先河“1+N”规模最大、人数最多持证上岗考核，受到国家市场监管总局、生态环境部、总站的高度肯定。提前完成省委、省政府《关于构建现代环境治理体系的若干措施》部署的生态环境数据干预留痕和记录跟踪溯源信息系统建设，为事业单位改革提供了“江西样板”。

•• 江西省生态环境厅副厅长龙刚出席江西省监测中心“1+N”多场所 2022 年资质认定扩项评审会

•• 江西省监测中心持证上岗考核理论笔试考核现场

## ●监测短板“再补齐”

率先在省重点流域开展水生态监测，掌握江西水生态质量“第一手资料”；开展 03 专项碳试点监测，为“双碳”工作提供了“第一等支撑”；制定地方标准《固定污染源废气》（DB36/T 1386—2021），填补了江西省监测方法的空白，并在全国交流会上作典型发言。

## ●岗位设置“再优化”

江西省监测中心内部人员交流和岗位设置实现厅内审批，专技岗比例由 71% 提高至 84%。2022 年全中心职称等级晋升 87 人、层级晋升 52 人。同时，新招录 27 人，引进博士 1 人，年龄结构得到优化。试点上收分中心财务核算，2022 年项目预算执行率达到 95.92%，形成财务远程管理、异地监管新模式。

## ●服务大局“再增效”

助力打好蓝天保卫战。VOCs 组分、颗粒物组分及激光雷达“天空”网络建设“填平补齐”，为污染预报、污染源解析、污染源防控等科学决策提供支撑。2022 年，空气质量预报准确率达 96%，继续稳居长三角区域第一，编制的《极端干旱情况下江西省臭氧污染成因分析报告》在 2022 年第十期全国生态环境质量会商会议上作典型发言。

•• 九江分中心开展烟气采样培训

助力打好碧水保卫战。会同厅有关部门，全过程、全天候紧盯重点风险断面，为在持续极端特旱天气下完成国考断面任务提供了精准预警。编制发布水质预警信息 90 余期，《江西抗旱水质日报》100 余期。

•• 景德镇分中心密切关注旱情时水质变化动态

助力打好净土保卫战。编制完成全省土壤监测网络建设方案、农业面源污染监测布点方案，开展全省土壤污染重点监管单位周边土壤环境监测试点调查，工作进展在全国 8 个试点省级行政区位居前列。

•• 鹰潭分中心开展土壤污染重点监管单位周边土壤环境监测工作，进行信江河底泥采样作业

•• 上饶分中心土壤监测采样人员背负多个点位的样品和采样工具跋涉在泥泞的小路上

助力地下水污染防治。开展地下水监测能力集训，提升地下水监测能力。配备气囊泵、可调速潜水泵等近 40 余台新设备，补齐全省地下水监测硬件条件。梳理管控对象清单，开展地下水环境监测点位布设。率先建成地下水环境监测管控信息化平台。

•• 宜春分中心开展江西省地下水重要考核指标环境背景值调查监测

助力守护生态安全屏障。参与处置“赣州 6·24 二氯甲烷泄漏”事件、江西奉兴化工有限公司火灾事件、宜春渥江氟化物污染事件、锦江铊污染事件等，为

事故处理决策提供有力的监测数据支撑。

助力固废和评估服务。升级危废监管平台，实现危废企业从“进笼子”管理到走“绿色通道”转变，缩短法定办理时限 50% 以上，受理项目环评 96 项、跨省转入审查 665 项，全部按时办结。江西省作为全国唯一示范省，顺利通过了全球环境基金再生铜行业无意产生类持久性有机污染物减排示范项目验收，共提交 13 项研究成果。

### ●生态质量“再提升”

完成全省 649 个生态质量监测样地野外核查，构建覆盖全省典型生态系统和重要生态空间的生态质量监测网络。联合长江局监测科研中心、中科院水生所对长江流域（江西段）开展水生生物考核同步监测，建立江西省重点流域浮游动物、大型底栖无脊椎动物和浮游植物样品、物种鉴定基因数据库。

### ●宣传教育“再强化”

全年在《中国环境报》上稿 258 篇，其中一版上稿 66 篇，版面头条 60 篇；在《江西日报》制作“六五环境日”宣传专版；在江西广播电视台制作四期《美丽江西进行时》专题宣传片；举行江西省 2022 年六五环境日宣传活动，“新华云”直播实时在线人数达 610 多万；媒体宣传报道及转载稿件 100 多篇，新华社客户端等平台的阅读量、留言及点赞达 3 000 万 +；此外，联合中国环境报社等单位面向社会开展了“2022 江西最美环保人”评选活动，最终评选出罗勇等 11 名“江西最美环保人”。

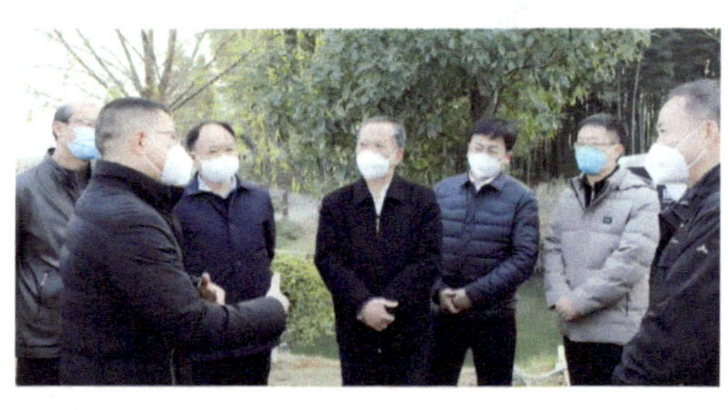

•• 江西省监测中心主任杨国华赴新余开展服务企业接待日活动

## 获得荣誉

《农村生活污水处理设施水污染物排放标准》获得首届江西省标准创新贡献奖

标准项目三等奖；

获得总站关于“地表水环境监测工作”“地下水环境监测网络建设工作”和“生态环境监测宣传工作”等的感谢信和关于“国家地表水采测分离监测工作”的表扬信；

获得西藏自治区生态环境监测中心关于“对口援藏、指导参与西藏生态环境监测重点和重大专项工作”的感谢信；

被南昌市东湖区委、区政府授予“东湖区 2022 年度文明单位”；

罗勇同志被江西省生态环境厅、共青团江西省委、中国环境报社等部门联合授予“2022 江西最美环保人”称号；

张慧敏同志被共青团江西省委、江西省人力资源和社会保障厅联合授予“江西省青年岗位能手”称号。

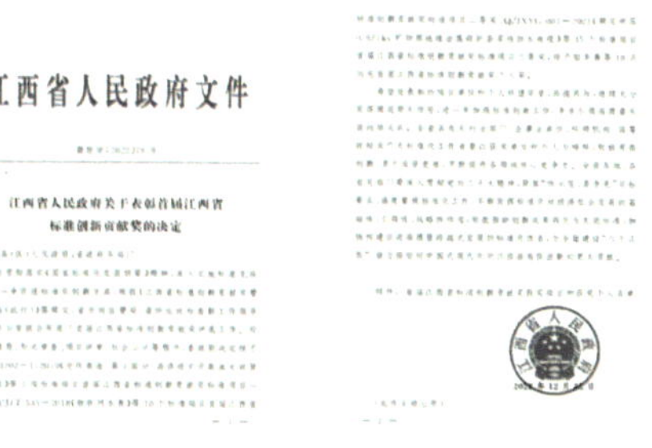

江西省人民政府文件

江西省人民政府关于表彰首届江西省标准创新贡献奖的决定

被江西省人民政府授予首届江西省标准创新贡献奖标准项目三等奖

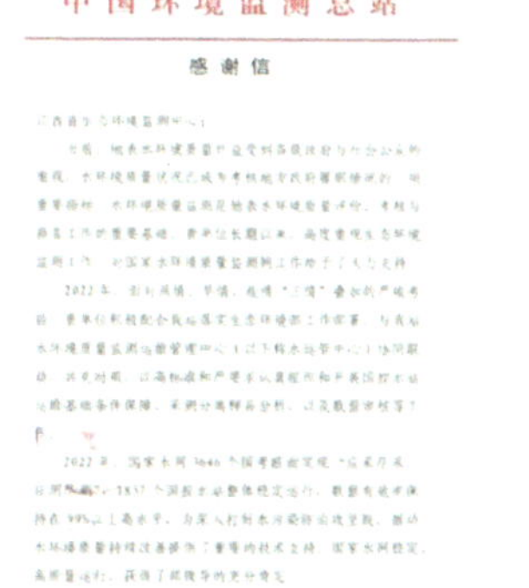

中国环境监测总站

感谢信

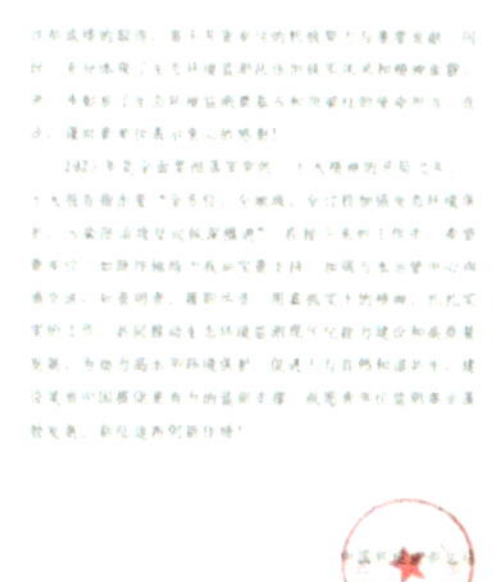

获得总站关于“地表水监测工作”感谢信

中国环境监测总站

感　谢　信

江西省生态环境监测中心：

按照《深化党和国家机构改革方案》相关部署，为落实我部监督防止地下水污染职责，按照《地下水管理条例》《地下水污染防治实施方案》要求，我部应构建地下水环境监测网和全国地下水环境监测信息平台，积极推进数据共享共用。贵单位先行先试，在地下水环境监测网络建设方面积极探索，开拓创新，取得丰硕成果并总结出网络建设宝贵经验，可为后期全国性地下水环境监测网构建提供有益借鉴。

在此谨向贵单位表示衷心的感谢！在接下来工作中，请继续加强对地下水环境监测工作的支持，齐心协力坚决打好地下水污染防治攻坚战！

中国环境监测总站

2022 年 1 月 12 日

获得总站关于“地下水环境监测网络建设工作”的感谢信

中国环境监测总站

感谢函

感谢单位名单

•• 获得总站关于生态环境监测宣传工作的感谢函

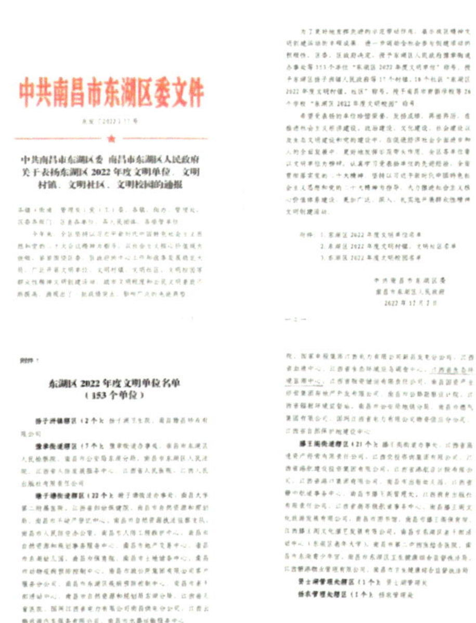
中共南昌市东湖区委文件

中共南昌市东湖区委 南昌市东湖区人民政府关于表扬东湖区 2022 年度文明单位、文明村镇、文明社区、文明校园的通报

东湖区 2022 年度文明单位名单
（153 个单位）

•• 被授予“东湖区 2022 年度文明单位”

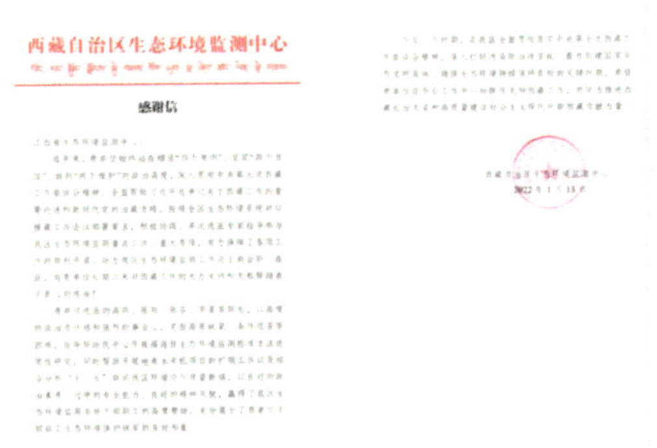
西藏自治区生态环境监测中心

感谢信

•• 获得西藏自治区生态环境监测中心关于“对口援藏、指导参与西藏生态环境监测重点和重大专项工作”的感谢信

荣誉证书

罗勇 同志：

被授予为2022江西最美环保人

二〇二二年六月

•• 罗勇同志获“2022 江西最美环保人”称号

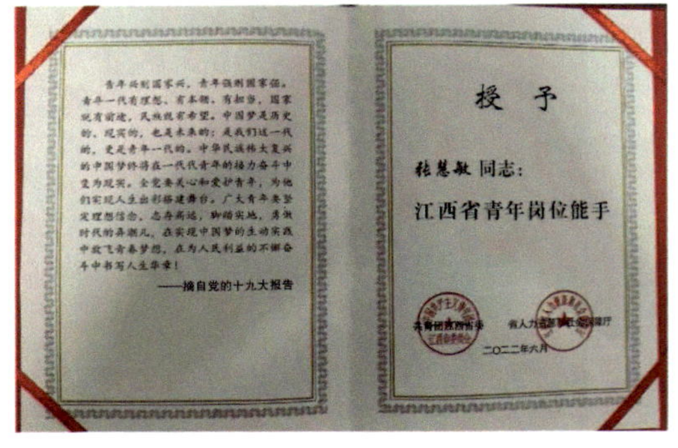
授 予

张慧敏 同志：

江西省青年岗位能手

二〇二二年六月

•• 张慧敏同志荣获“江西省青年岗位能手”称号

2023年，江西省监测中心全体干部职工将发扬绵兔的温顺性格，和谐团结；发扬山兔的勇往直前，勇攀高峰；发扬公兔的顽强拼搏，骁勇善战，认真贯彻落实党的二十大精神，以“铁肩膀”担当“硬任务”，把“规划图”变成“施工图”，把“时间表”变成“计程表”，提升监测能力，拓展业务领域，深化数据分析，推进信息应用，大胆创新，踔厉奋发，在新征程上再创辉煌！

2022

# 山东省生态环境监测中心这一年

2022 年是十分重要的一年，胜利召开党的二十大，吹响了以中国式现代化全面推进中华民族伟大复兴的时代号角。这一年，在总站和山东省生态环境厅的领导与指导下，山东省生态环境监测中心坚持党建引领，勇于创新，踔厉奋发，广大党员干部守初心、勇担当，迎难而上，全力做好生态环境监测各项工作，推动党建与业务深度融合发展，为精准治污、深入打好污染防治攻坚战发挥了重要技术支撑。

# 党建工作

坚决扛起全面从严治党责任。制定年度党建工作目标任务，每月研究部署，3 次召开党建工作推进会，半年分析从严治党形势。以高度的政治责任，抓好黄河流域生态保护和高质量发展专项巡视、巡察反馈意见整改落实。建立完善《党委会议制度》等 5 项制度，推进党建工作制度化、规范化。

夯实政治思想根基。坚持“第一议题”，学习贯彻习近平重要讲话精神 27 份，组织党委集体理论学习 16 次、主题党日 14 次、现场参观学习教育 10 次、谈心谈话 100 余人次，与省厅处室（单位）开展青年理论学习小组联学共促活动，被省厅评为“学习型单位”。

•• 侯翠荣副厅长指导青年理论学习

•• 与省财政绩效评价中心四部党支部、生态环境厅财务处党支部联合开展主题党日活动

认真学习宣传贯彻党的二十大精神。集中收听收看党的二十大开幕盛况，组织学习宣传党的二十大报告，收看专家辅导讲座，开展学习研讨，进社区开展宣传，省直机关党的二十大精神知识竞赛 5 人获奖，占省厅系统获奖人数近 40%。

•• 收看党的二十大开幕盛况

•• 参观党建成果展

狠抓党支部标准化规范化建设。坚持“统领、统筹、统一”完善党支部班子，开展党建活动。推进“党建＋监测”党建品牌建设，叫响“监测为民”等服务品牌，在全国生态环境监测系统交流党建与业务融合发展经验。开展“党的组织生活规范月”“一支部联系一企业”帮助纾困、“走在前、怎么干”创先争优、“双联共建”监测服务等活动，党组织建设再上新台阶。

落实党风廉政主体责任。开展纪律作风专项整顿、党风廉政警示教育、廉政风险点排查，组织职工撰写廉洁箴言、家风故事、廉洁文化书画作品，厚植廉政文化。开发“监测服务质量调查”廉政监督小程序，服务单位满意率 100%，营造了廉洁干事的工作环境。

深化新时代精神文明建设。开展“保护生态环境，增添一抹绿色”爱树护树活动，举办“品味端午粽香 弘扬民族文化”端午节主题活动、“百年正青春，喜迎二十大”主题读书日活动，3 人参加省厅“五四青年干部演讲比赛”并获奖。购买《清风传家》《严己治家》等图书，开展“双报到”志愿服务、无偿献血、“慈心一日捐”，为企业、居民提供公益监测 100 余次。

•• 进社区开展志愿服务活动

•• “品味端午粽香 弘扬民族文化”主题活动

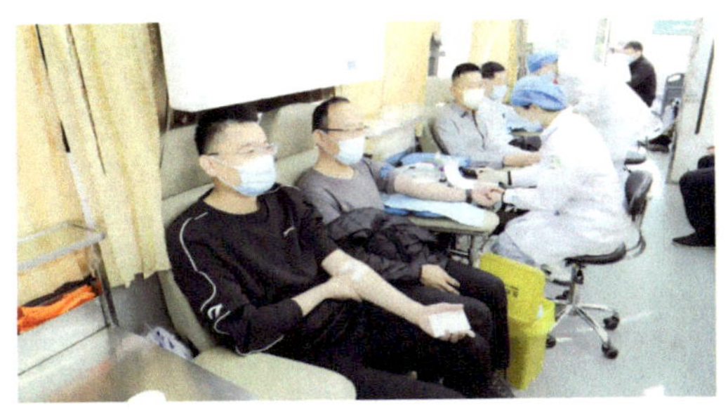

•• 职工参加无偿献血

•• 参加省直机关第六届游泳运动会

# 业务工作

水环境监测评价更加完善。一是每月对 475 个地表水断面进行“采测分离”，“9+X”评价模式提高监测代表性和科学性。二是建立水质自动监测预警机制，省级 300 个水站 24 小时超标预警。三是组织完成 751 个海洋点位监测，建设海底在线监测系统，首次实现海洋水质空间立体自动监测。

大气环境监测更加精准。一是创新建立环境空气污染高值区管理常态化机制，累计锁定并消除高值区 1 100 站次。二是 1 645 个乡镇空气站率先实现与国家平台联网，审核数据入库率全国第一，大众日报等报道。三是开展监测帮扶，发现问题 700 余个。四是开展“天帮忙、人努力”定量分析研究，空气质量级别和首要污染物预报准确率分别达 85.72%、89.66%。

污染源和应急监测持续领先。一是重点排污单位联网 7 213 家 1.2 万个点位，全国最多，联网率和数据有效传输率均超 99%。二是建立大气污染源远程监督帮扶机制，实现监测与执法有效联动，依法查处及整改问题 456 个。三是应急监测能力评估全国前列，在全国应急监测技术研讨会上做经验交流。

土壤及生态监测稳步推进。一是组织完成 119 个点位土壤环境、4 000 余个点位农村环境监测。二是在全国率先开展生态质量监测评价试点，完成 220 余个样地生物多样性监测，超额完成国家任务。三是深入开展 EQI 考核指标研究，发挥好参谋助手作用。四是秸秆焚烧遥感监测精准定位火点 125 个，获全省深入推动黄河流域生态保护和高质量发展典型案例。

信息化工作走深走实。一是智慧监测大数据平台建设纳入生态环境部智慧监测创新应用试点，获评先进示范，获第五届数字中国建设峰会优秀应用案例。二是打造全省数据超市，向各市共享数据 3.5 亿条，向社会开放 2.5 亿条，在省直部门中最多。三是首次参加全省网络安全大赛获团体优胜奖。

质量控制更加有力。一是国家环境网能力考核和标准样品协作定值考核均为满意。二是申报的 7 大类 43 个项目 44 个方法全部通过评审，45 人 358 项次获持证上岗资格，具备各环境质量要素监测能力。三是编制社会监测机构现场检查流程及数据弄虚作假典型案例，发现弄虚作假社会机构 11 家。

数据分析更加深入。《黄河山东段总氮专项监测和调查报告》厅主要领导批示发全厅学习，《环境质量和污染源监测月报》《环境统计分析报告》《全省环境空气高值区情况报告》厅主要领导批示 12 次，《大气环境走航监测情况》以省厅简报形式定期通报，环境质量报告书获总站表扬，《两高行业分析报告》生态环境要情专刊印发。

•• 每半个月召开一次事务会研究部署重点工作

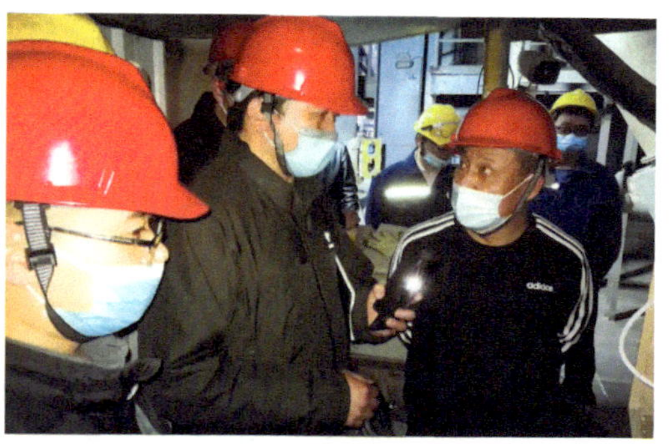

•• 企业现场帮扶夜查

•• 地表水采测分离

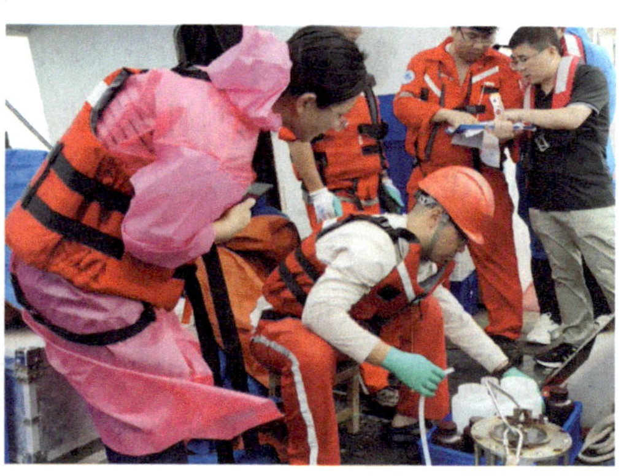

•• 海洋监测质控检查

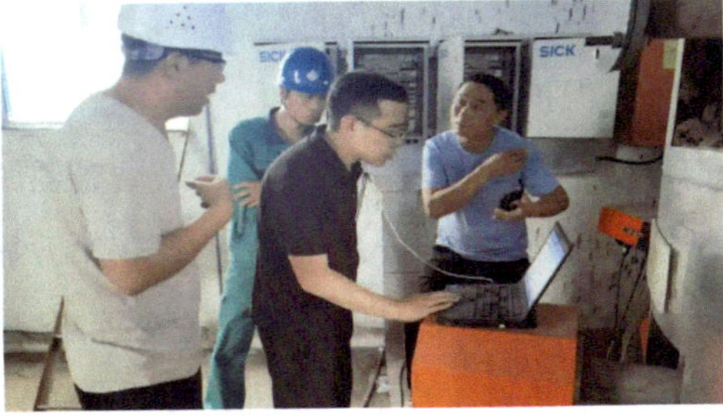

•• 走航监测

•• 污染源在线检查

•• 预报会商

•• 山东省智慧监测大数据平台

# 获得荣誉

监测为民志愿服务获评省直机关第三届最佳志愿服务项目；

获评省厅学习型单位，张淼等 8 人获学习型个人等称号；

圆满完成重大赛事空气质量保障，被省委评为表现突出集体，邱晓国等 14 人获生态环境部生态环境监测司、总站表扬；

创新建立环境空气污染高值区常态化管理机制，厅主要领导批示，中国环境报头版头条报道；

智慧监测大数据平台建设获评全国智慧监测创新应用试点先进示范，获评第五届数字中国建设峰会优秀应用案例，中国环境报报道；

遥感监测工作获评省发展改革委、省委省直机关工委、省总工会深入推动黄河流域生态保护和高质量发展典型案例；

获全省网络安全大赛团体优胜奖；

质量报告书获总站表扬，厅主要领导批示肯定；

获评省厅政务信息工作表现突出集体，王琳琳、王聪获表现突出个人；

获评省档案局档案移交进馆先进单位；

连续 24 年获省级文明单位称号；

王绍凯获评省直机关优秀纪检干部；

周成获评生态环境部办公厅、公安部办公厅、最高检办公厅打击危险废物环境违法犯罪和重点排污单位自动监测数据弄虚作假违法犯罪专项行动表现突出个人；

刘常永获评省生态环境厅、省公安厅、省人民检察院、省高级人民法院生态环境行政执法与刑事司法衔接表现突出个人；

张存良获共青团山东省委、省青年联合会山东青年创新榜样称号；

吴奉战获省直机关精神文明建设委员会第四届道德模范称号。

•• 连续 24 年获省级文明单位

•• 中国环境报头版头条报道山东省高值区管理

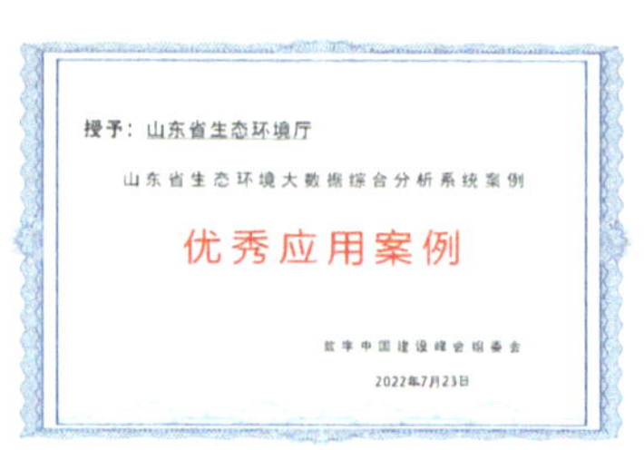


•• 数字中国建设峰会优秀应用案例

•• 全省网络安全大赛优胜奖

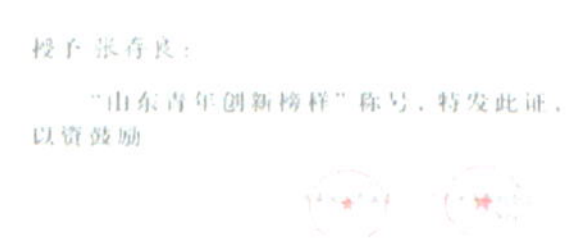

•• 张存良获山东青年创新榜样

•• 张慧参加省妇女第十四次代表大会

2023 年，山东省生态环境监测中心将继续围绕中心、服务大局，以监测先行、监测灵敏、监测准确为导向，以支撑深入打好污染防治攻坚战为主题，不断探索党建与业务深度融合的新路子，全面提升生态环境监测现代化水平，以踔厉奋发、砥砺奋进的决心，抓铁有痕、踏石留印的毅力，努力建设天蓝、地绿、水清的美丽山东。

2022

# 山东省济南
# 生态环境监测中心这一年

杨柳溪桥青绕石，鹭鸶烟雨碧涵天。这里是济南，一座山、水、天、人融合发展，经济发展与生态文明建设齐头并进的和谐城市。2022 年是北京冬奥会、冬残奥会举办之年，是“十四五”规划的关键之年，更是党的二十大胜利召开之年。这一年，山东省济南生态环境监测中心以习近平新时代中国特色社会主义为引领，深入践行习近平生态文明思想，坚决贯彻落实党的二十大精神，围绕蓝天、碧水、净土三大保卫战，发挥“支撑、引领、服务”三大作用，不断提升深入打好污染防治攻坚战的科技“含金量”，用砥砺奋进谱写新篇章，用团结奋斗开启新征程，为新形势下生态文明建设贡献力量。

# 党建工作

## 谱写基层党组织建设新篇章，彰显新时代环保铁军新风貌

政治思想建设迈上新台阶。制定落实“第一议题”实施细则，实现党建“第一责任”和环保“第一要务”有机融合。建立“融·创+”新模式，被评为模范机关创建和贯彻党的二十大精神双典型单位，为全省系统内唯一。学习贯彻落实党的二十大精神，5 次赴红色教育基地现场学习，并邀请党的二十大山东省代表高淑贞同志作宣讲报告。通过“我为群众办实事”实践活动，巩固党史学习教育成效，在强素质提站位上走在前、做表率。

•• 第一时间宣贯党的二十大精神

•• 红色教育基地现场参观学习

•• 党的二十大山东省代表高淑贞同志作宣讲报告

干部队伍建设焕发新气象。完成垂管以来首次中层干部调整任命，23 名忠诚干净担当的高素质专业化干部走向管理岗位，为干部队伍注入新鲜血液。选派 18 名同志到省发改委、河长办、省厅锻炼学习，34 人次参与专项督查帮扶等工作，2 名同志积极投身省市乡村振兴事业，1 人获省委组织部考核优秀，4 人记三等功。作为系统内全国唯一博士后工作站，申报国家和省部级项目 4 个，建立涵盖享受国务院特殊津贴、国家尖端人才、省政府应急专家等高级专家的人才队伍，在强人才

抓队伍上走在前、做表率。

基层组织建设实现新突破。开展“庆七一”系列主题活动，组织党员重温入党誓词，集体过“政治生日”。三支部获评市直机关示范党支部，为全市环保系统唯一。中心党建品牌获全省系统党建品牌竞赛二等奖，为全省环境监测系统最好成绩。开展公众开放日、志愿服务活动12次，实施“青春攻坚”青年干部锤炼工程，连续获评省级青年文明号。国庆节“我和我的祖国”快闪视频在多家平台展播，在强基层增活力上走在前、做表率。

•• 投身乡村振兴事业一线

•• 重温入党誓词，集体过“政治生日”

•• “我和我的祖国”快闪视频在多家平台展播

作风纪律建设获得新提升。严格落实八项规定精神，实施重要节日廉政提醒，打造“山清水秀·廉润初心”廉洁文化品牌。率先建立“四位一体”监督制度，完善廉政勤政、综合管理制度38项。组建全省首支“环保铁军疫情防控先锋队”，跨行业支援社区核酸采样和方舱实验室检测分析，疫情防控和生态环境安全双

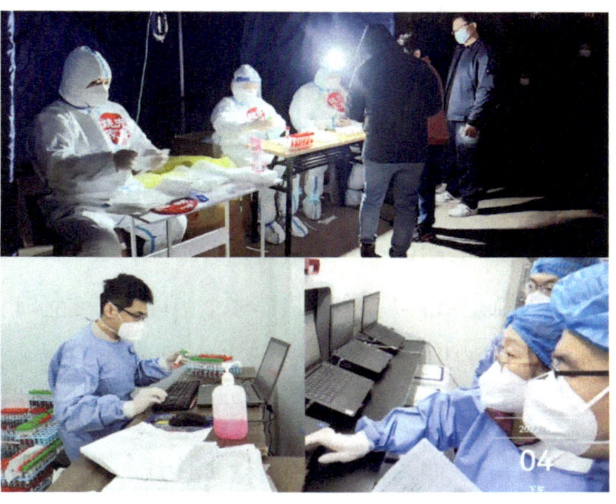

•• 跨行业支援社区采样和方舱核酸检测

•• 青年文明号受聘校外辅导员

线作战、双线打赢。党规党纪教育常态化，制定党员干部行为规范，强化“八小时”外监督。在强作风树形象上走在前、做表率。

# 业务工作

## 打造生态环境监测新高地，奋进生态文明建设新征程

•• 开展非道路移动机械温室气体监测

聚焦温室气体监测，推动降碳减污协同治理。作为全国首批 8 个综合试点城市之一，率先开展碳监测网络体系建设。在现有常规大气污染物监测的基础上，增设温室气体监测项目，实现降碳减污协同监测。建成温室气体高精度、中精度监测网络，$CO_2$ 中精度监测数据全国首个与总站联网传输。建设固定源温室气体自动监测网络体系，已有 4 个重点行业 25 个点位实现温室气体自动监测和数据联网传输。开展星地协同走航监测，利用卫星遥感数据解译获得温室气体柱浓度及空间变化，初步获得济南市植被碳汇与生态系统区域尺度的碳储量。建立手工监测温室气体质量控制体系，填补国内空白。作为全国 3 个开展含氟温室气体及 ODS 监测的地区之一，新污染物监测能力全省领先。

聚焦生物多样性监测，服务黄河战略成效显著。首次完成小清河生物多样性调查，建成全流域生物标本库、图谱库、生物 DNA 数据库，构建小流域水生态综合评价体系，由传统水质监测向水生态监测转型。搭建生物活体原生态展示平台，并

将平台打造为环保设施开放亮点窗口，在六五环境日、国际生物多样性日等活动中发挥重要作用，荣获“山东省十佳环保设施开放单位”。生物多样性监测引领走在前获评“深入推动黄河流域生态保护和高质量发展典型案例”，先进经验在全省复制推广。生物多样性保护工作被新华网、央广网等多家主流媒体报道，引起社会广泛关注。小清河水生态监测故事登录山东卫视大型新闻纪录片《壮阔十年》，以生态文明新画卷向党的二十大献礼。

•• 完成首次小清河全流域生物多样性调查

•• 建成生物活体原生态展示平台

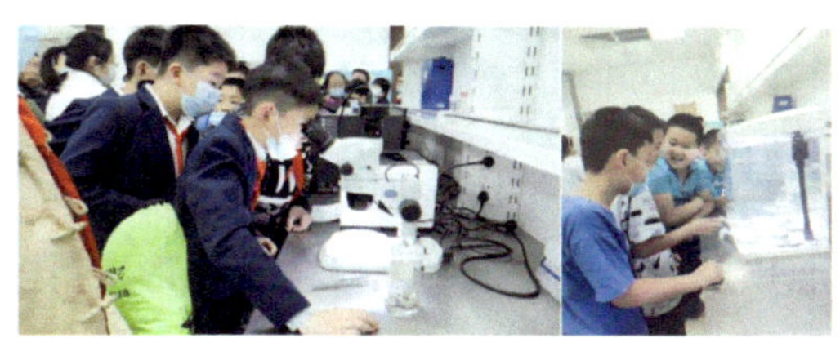
•• 环保设施开放深受中小学生喜爱

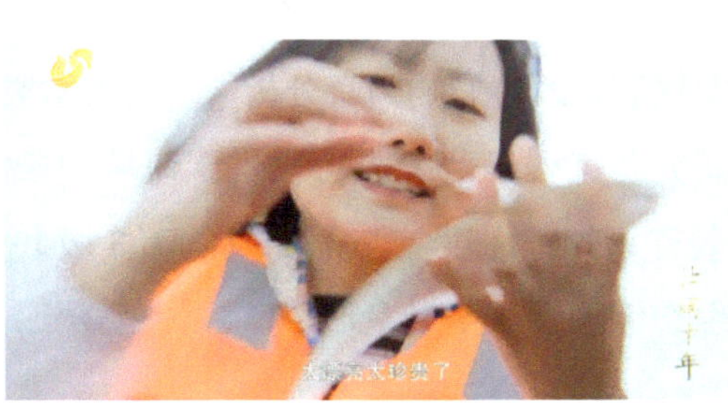
•• 水生态故事登录党的二十大纪录片《壮阔十年》

聚焦遥感监测，数据共享支撑区域污染联防联控。依托生态环境部卫星环境应用中心济南遥感基地，在省会都市圈 6 市开展裸地扬尘源和 VOCs 高值区监测，打破地域限制，实现监测成果共享共用。创新运用卫星遥感技术开展黄河流域固体废物堆场监测，解译固废堆放点 126 处，服务黄河“清废行动”成效显著。构建卫星遥感、无人机巡查和地面核查“三位一体”立体生态监测体系，开展济南市生态环境状况评价和生态质量评价，探究生态环境状况、生态质量及各指标空间分布与影响因素，为生态环境分区管控提供技术支撑。发挥遥感监测视野广、信息多、速度快、动态监测等技术优势，完成 $CO_2$、$N_2O$、$CH_4$ 3 种温室气体的高空间分辨率排放清单网格化分配，“平流层臭氧深度入侵研究”等 3 篇遥感技术报告获省部级领导批示。

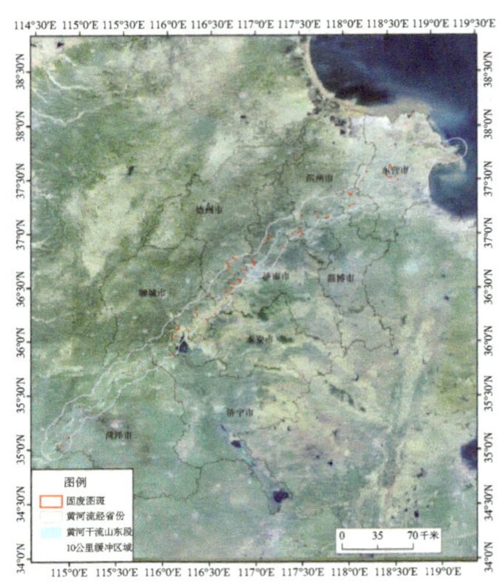


•• 固体废物堆场遥感监测服务黄河“清废行动”

•• 遥感地面核查支撑“三位一体”监测体系建设

聚焦科技治污，促进生态环境质量持续改善。省内率先开展小时级空气质量精准预报，建立“掐尖削峰”精准帮扶新模式，高质量完成重大活动空气质量保障工作，获省委、省政府通报表扬及市委、市政府书面感谢。精心编写《2021 年济南市环境质量报告书》，在全国报告书质量检查中成绩居于前列。全国率先开展省市级空气质量改善影响因素分析，获省委常委批示肯定。《小清河流域水质提升应用技术研究与工程示范》成功应用于流域污染治理，2022 年济南市水环境质量考核排名全省领先。深度参与部、省、市 3 级共建“智慧生态黄河”项目，打造黄河流域生态保护和高质量发展的监管示范样板，不断提高深入打好污染防治攻坚战的科技“含金量”。

•• 建成温室气体高精度、中精度监测网络

•• 温室气体监测质量控制体系填补国内空白

以优异成绩通过总站土壤监测质量监督考核

精准预报和精准帮扶促进空气质量持续改善

科研成果成功应用 水环境质量考核全省领跑

环境质量报告书成绩位居全国前列

## 追求监测能力建设新发展，亮出监测科研成果新成绩

## 获得荣誉

国家环境监测网实验室能力考核优秀单位；

山东省实验室能力验证优秀单位；

连续 14 年获“省级文明单位”荣誉称号；

连续 3 年获“山东省青年文明号”荣誉称号；

北京冬奥会、冬残奥会保障工作获省委、省政府通报表扬及市委、市政府书面感谢；

山东省十佳环保设施开放单位；

张文娟同志获北京冬奥会、冬残奥会空气质量保障预报工作表现突出个人；

郑琳琳同志《生物多样性监测引领走在前》获深入推进黄河流域生态保护和高质量发展竞赛活动典型案例和先进个人；

孙开争同志获“泰山杯”山东省网络安全大赛优胜奖；

王化忠同志在乡村振兴工作中表现突出记三等功；

王宠同志获济南市优秀科技工作者；

付华轩同志获宣传推选学雷锋志愿服务“四个 100”先进典型活动最美志愿者；

此外，2022 年中心以第一作者发表论文著作 67 篇，专利授权 14 项，软件著作权 5 项，参与制定标准技术规范 4 项，2 项课题获批立项，10 项课题、调研报告在省市优秀成果评选中获奖。

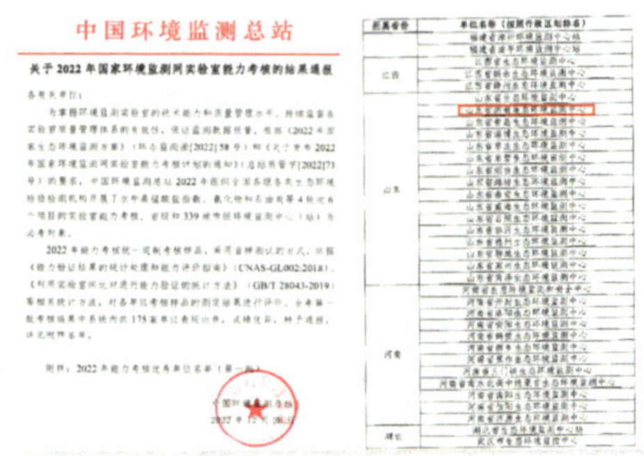
中国环境监测总站

关于2022年国家环境监测网实验室能力考核的结果通报

•• 国家实验室能力考核优秀单位

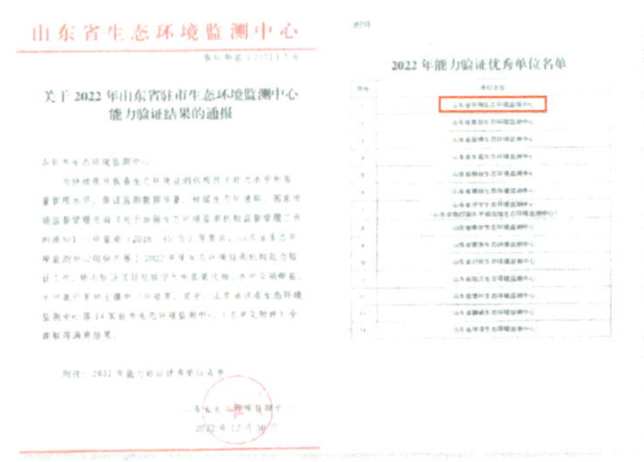
山东省生态环境监测中心

关于2022年山东省驻市生态环境监测中心能力验证结果的通报

2022年能力验证优秀单位名单

•• 山东省实验室能力验证优秀单位

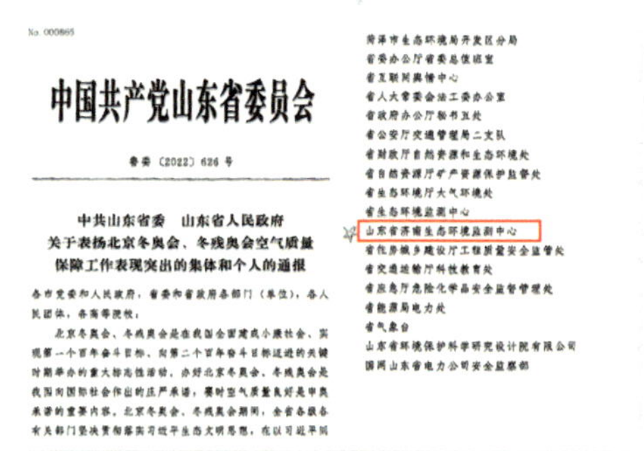
中国共产党山东省委员会

鲁委〔2022〕626号

中共山东省委 山东省人民政府

关于表扬北京冬奥会、冬残奥会空气质量保障工作表现突出的集体和个人的通报

•• 省委、省政府通报表扬

中共济南市委

感谢信

•• 市委、市政府书面感谢

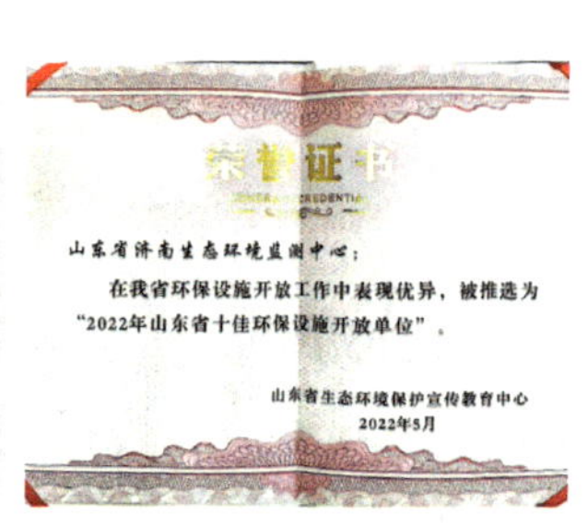
荣誉证书

山东省济南生态环境监测中心：

在我省环保设施开放工作中表现优异，被推选为“2022年山东省十佳环保设施开放单位”。

山东省生态环境保护宣传教育中心

2022年5月

•• 山东省十佳环保设施开放单位

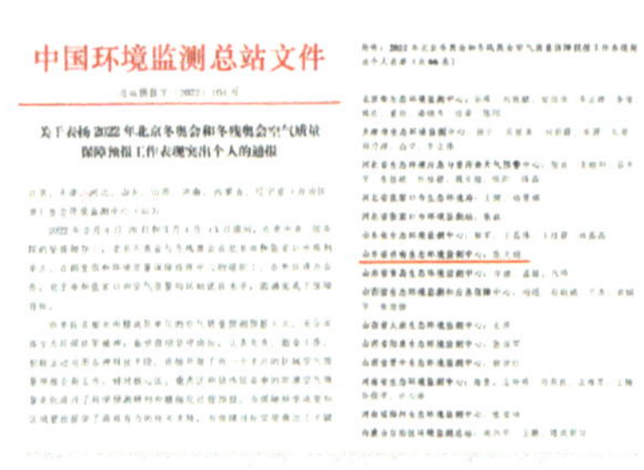
中国环境监测总站文件

关于表扬2022年北京冬奥会和冬残奥会空气质量保障预报工作表现突出个人的通报

•• 北京冬奥会、冬残奥会空气质量保障预报工作表现突出个人

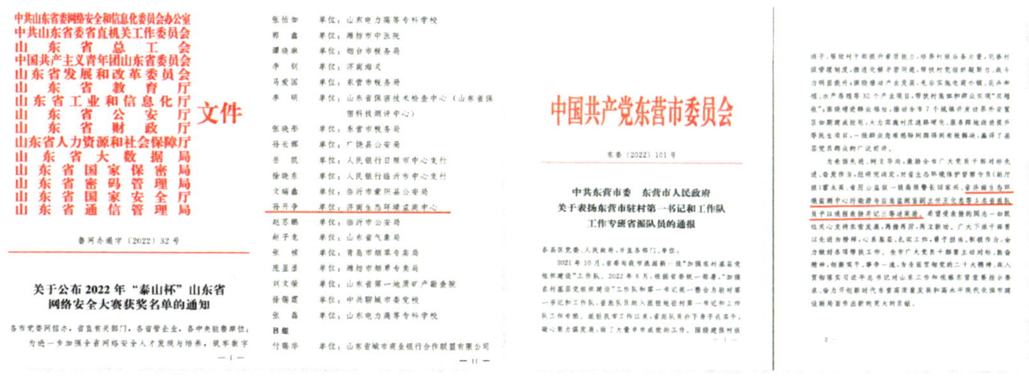

山东省发展和改革委员会
中共山东省委省直机关工作委员会 文 件
山 东 省 总 工 会

关于深入推动黄河流域生态保护和高质量发展竞赛活动典型案例和先进事迹的通报

| 序号 | 典型案例名称 | 典型案例单位 | 先进个人 |
|---|---|---|---|
| 29 | 积极践行生态文明思想 全力打好黄河生态保护修复攻坚战 | 山东黄河河务局水资源管理与调度处 | |
| 30 | 建设淄博黄河生态廊道 打造沿黄百里绿色长廊 | 淄博黄河河务局 | 谷和长 |
| 31 | 扮靓行黄河 高标准建设黄河下游生态廊道 | 滨州市自然资源规划局 | 刘 倩 |
| 32 | 生物多样性监测引领走在前 | 济南生态环境监测中心 | 耶琳琳 |
| 33 | "三水共治"铸新章 | 德州市生态环境局乐陵分局 | |
| 34 | 全面推进沂蒙山区域山水林田湖草沙一体化保护和修复工程 | 济南县发展改革局 | |
| 35 | 东阿黄河生态廊道建设典型案例 | 东阿黄河河务局 | 张涵得 |
| 36 | "田间地头"全覆盖 "末梢神经"全畅通——滨州以"田长制"促耕地高效治理的改革探索 | 滨州市自然资源规划局 | 李志国 |

四、环境综合治理类

•• 深入推进黄河流域生态保护和高质量发展典型案例和先进个人

中共山东省委网络安全和信息化委员会办公室
中共山东省委省直机关工作委员会
山 东 省 总 工 会
中国共产主义青年团山东省委员会
山东省发展和改革委员会
山 东 省 教 育 厅
山东省工业和信息化厅
山 东 省 公 安 厅
山 东 省 财 政 厅
山东省人力资源和社会保障厅
山 东 省 大 数 据 局
山 东 省 国 家 保 密 局
山 东 省 密 码 管 理 局
山 东 省 国 家 安 全 厅
山 东 省 通 信 管 理 局
文件

鲁网办通字〔2022〕32号

关于公布2022年"泰山杯"山东省网络安全大赛获奖名单的通知

中国共产党东营市委员会

东委〔2022〕101号

中共东营市委 东营市人民政府
关于表扬东营市驻村第一书记和工作队工作专班省派队员的通报

•• "泰山杯"山东省网络安全大赛优胜奖

•• 乡村振兴工作荣立三等功

荣誉证书

王宪同志：

被选树为2022年济南市优秀科技工作者，特发此证，以资鼓励。

2022年5月

荣誉证书

付华轩：

在2021年度宣传推选学雷锋志愿服务"四个100"先进典型活动中，被推选为最美志愿者。

济南市精神文明建设委员会办公室

水生态监测技术要求
淡水浮游植物（试行）

•• 济南市优秀科技工作者

•• "四个100"先进典型活动最美志愿者

•• 制定标准技术规范

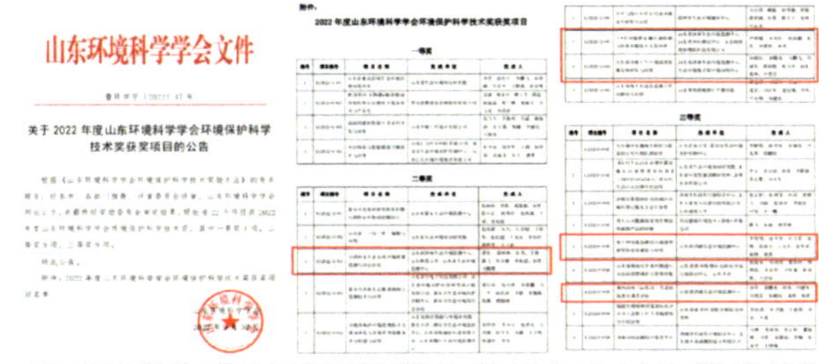

山东环境科学学会文件

关于2022年度山东环境科学学会环境保护科学技术奖获奖项目的公告

2022年度山东环境科学学会环境保护科学技术奖获奖项目

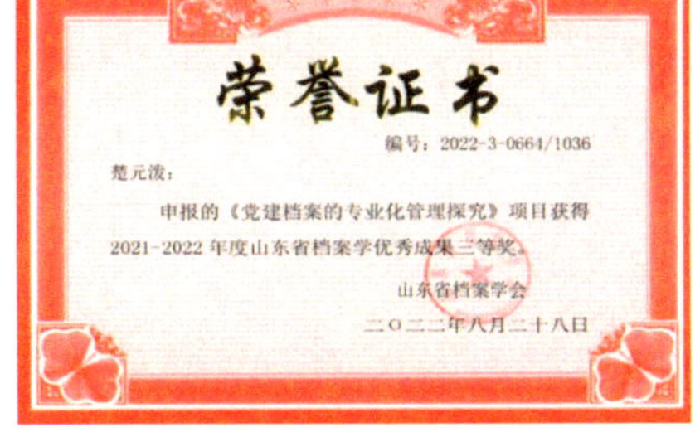

荣誉证书

编号：2022-3-0664/1036

楚元波：

申报的《党建档案的专业化管理探究》项目获得2021-2022年度山东省档案学优秀成果三等奖。

山东省档案学会

二〇二二年八月二十八日

•• 多项工作在省市各类优秀成果评选中获奖

•• 多项工作在省市各类优秀成果评选中获奖

大道至简，实干为要。2023 年，山东省济南生态环境监测中心将以党的二十大精神为指引，继续发扬“特别能吃苦、特别能战斗、特别能奉献”的环保铁军精神，努力推动监测事业高质量发展，全力支撑生态环境高质量保护，高扬生态文明旗帜，共建和谐美丽山东，筑梦绿水青山，续写生态华章。

2022

# 山东省青岛
# 生态环境监测中心这一年

2022 年，党的二十大胜利召开，擘画了全面建设社会主义现代化国家、以中国式现代化全面推进中华民族伟大复兴的宏伟蓝图，吹响了奋进新征程的时代号角。山东省青岛生态环境监测中心坚定不移地以习近平新时代中国特色社会主义思想为指引，在总站的悉心指导和山东省生态环境厅的坚强领导下，全面贯彻新发展理念，坚持党建赋能聚力，以服务环境管理和提升监测能力为主线，立足主责主业，强化技术支撑，拓展监测领域，主动融入和服务黄河国家战略，全力推动生态环境监测各项工作实现新突破。

# 党建工作

夯实战斗堡垒，锤炼过硬作风。坚持以党的政治建设为统领，认真学习贯彻党的二十大精神，系统研学《习近平生态文明思想学习纲要》，扎实推进“五星党支部”创建活动，发挥党员干部先锋模范作用，持续推动党建与业务互融共促。实施青年理论学习提升工程，发挥省级青年文明号引领作用，依托科研课题和国家标准制定培养专业人才，培树“监测先锋”15 名，32 人获生态环境部第二批“三五”人才称号。倡树“严真细实快”工作作风，围绕“凡是讲政治、谋事为群众、干事重实效、成事争一流”目标，监测攻坚突击队在应急保障、疫情防控、监督帮扶等急难险重任务中，勇挑重担、冲锋在前，尽显监测铁军硬朗本色。

•• 党建共建

•• 党建业务同频共振

坚守监测为民，打造城市品牌。紧贴“红瓦、绿树、碧海、蓝天”的青岛城市特色，发挥省级环境教育基地示范带动作用，以打造“我为群众讲监测”服务品牌为抓手，精心设计海洋标本室、生物实验室、空气交通站 3 条宣讲路线，全方位展示中心在海洋、生态、大气等业务领域的

•• 党员活动

特色监测工作。以群众需求为导向，积极践行“我为群众办实事”活动宗旨，连续7年不间断开展城市空气质量电台实时播报，创新开展环境监测设施“云开放”活动，拍摄监测纪录片4部，2篇作品被总站微信公众号转发，《海洋中的棘皮动物》科普宣传片代表省生态环境厅参选山东省第二届科普讲解大赛。

•• 廉政教育

•• 重温入党誓词

•• 奋战抗疫一线

•• 青年理论学习

# 业务工作

提质增效，勇创一流业绩。实施空气质量预报预警系统流程再造，科学支撑臭氧和细颗粒物协同防控，预报准确率保持全省第一，全国领先。构建“数据＋视频”的污染源自动监控体系，建立监控闭环工作机制，自动监测数据有效传输率、准确率位居全省第一。完善核与辐射应急监测装备体系和区域保障机制建设，辐射环境监测能力和水平位于全国地级市监测中心第一。生态环境监测资质中实验室检测领域类别、项目、方法等技术能力数量位于全省第一，并在全省生态环境系统首家通过国家海洋实验室能力考核，海洋生态环境监测分析能力居于全国前列。

•• 空气预报准确率全国领先

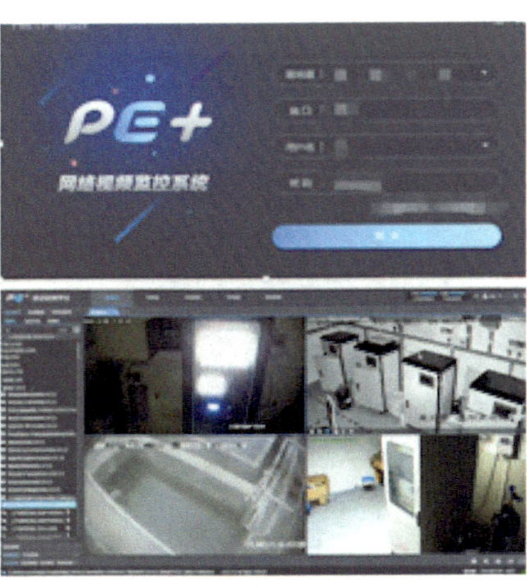


•• 污染源视频监控系统

主动作为，奋力创先争优。建立污染高值区研判预警和臭氧预测跟踪机制，首次开展夏季沿海地区光化学污染观测研究，编制大气污染预测等分析报告 43 期，推动重点区域大气精准治污。试点开展省级自然保护区人类活动遥感监测，全市域开展生态质量样地生物多样性调查监测，率先启动胶州湾海域鱼卵仔鱼、微塑料、海洋垃圾监测，跨区域开展庙岛群岛海洋生物群落监测，首次开展黄海海域夏季浒苔卫星遥感监测，全力推进区域生态保护和生态文明示范建设。创新生态环境要素监测预警与综合评估机制，深化多源数据的深度关联分析，编制生态遥感解析、水质监测预警等专项报告 100 余份，支撑服务深入打好污染防治攻坚战和城市生态环

•• 海洋微塑料监测

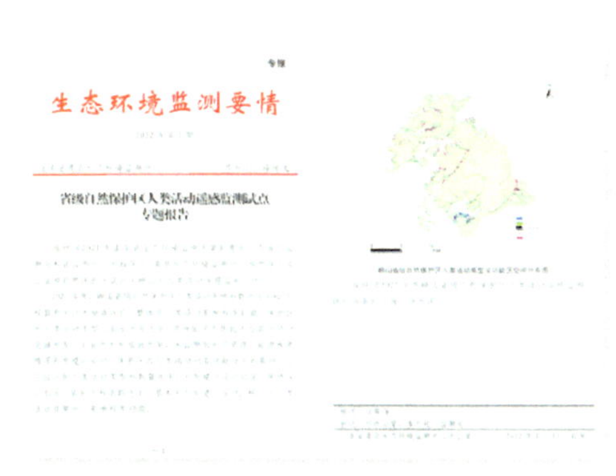

生态环境监测要情

省级自然保护区人类活动遥感监测试点专题报告

•• 自然保护区试点监测报告

境质量改善显成效。

平战结合，筑牢生态屏障。加强辐射移动实验室应急拉动，高效配合开展省、市核与辐射环境应急演练。协调市区两级联动，搭载无人机、无人船等先进监测装备，成功举办近岸海域突发环境事件综合应急监测演练，持续提升快速应急响应和监测保障能力。组织完成饮用水水源地疫情防控预警、定点医疗机构排放废水、“3·21”胶州湾溢油事故、浒苔投放区周边海域应急处置等监测任务，跨区域协助完成水华应急监测工作，为保障全省生态环境安全提供有力支持。统筹省、市双线作战，高质量完成北京冬奥会和冬残奥会期间空气质量服务保障重大任务，工作作风和业务能力得到总站、山东省生态环境监测中心通报表扬。

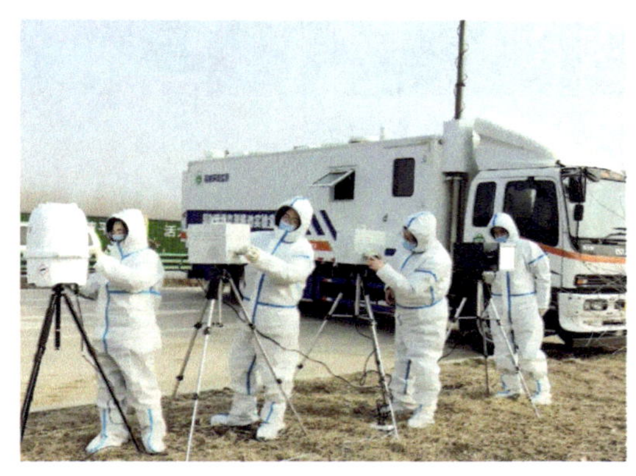

•• 举办辐射应急演练

•• 运用无人机技术开展应急监测

创新驱动，聚力科技引领。聚焦大气协同监测领域前沿，全力打造空气预报预警技术与应用的“名家讲坛”，成功组织举办“大气协同监测技术与应用专题系列讲座”8期，全国30多个省、市生态环境监测部门及20多家高校的科研人员共计1 700余人次参会，获得一致好评。与中国海洋大学合作开展温室气体监测关键技术攻关研究，创新研发大气卫星遥感与地面监测关联分析综合应用平台。积极申报国家生态质量监测网生态综合观测站及青岛市重点实验室，完成2项国家生态环境监测标准的制定发布工作，臭氧污染趋势研究课题获省自然科学基金立项。深化海洋生态监测领域新发展，拓展重点水体大型底栖无脊椎动物、浮游植物等生物多样性基础研究，构建重点湾区生态环境质量调查与评价体系，积极融入服务黄河流域生态保护和高质量发展。

•• 举办空气预报“名家讲坛”

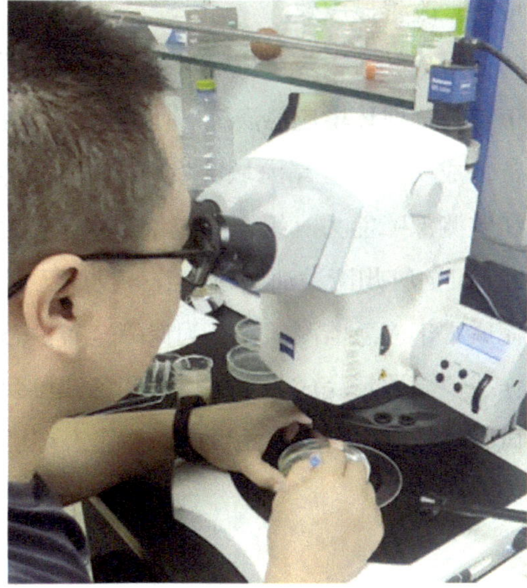

•• 开展水生生物监测分析

# 获得荣誉

连续 13 年获评省级文明单位；

连续 5 年被总站评为能力考核优秀单位；

年度环境质量报告书连续 3 年获得总站通报表扬；

中心获评 2022 年山东省十佳环保设施开放单位；

中心“空气预报预警”青年尖刀班被共青团青岛市委市直机关工作委员会授予“市直机关青年尖刀班标兵”称号；

《空气复合污染监控技术开发及大活动保障示范研究》成果获国家环境技术进步二等奖；

“Ox 增减量”臭氧人工订正预报方法被省厅评为 2022 年山东省生态环境系统

改革典型案例；

3 人荣获总站 2022 年北京冬奥会和冬残奥会空气质量预报服务保障工作表现突出个人通报表扬。

省级文明单位

2022 年山东省十佳环保设施开放单位

国家环境技术进步奖二等奖

扬帆踏浪风正劲，奋楫笃行谱新篇。2023 年，是全面贯彻落实党的二十大精神的开局之年，是实施“十四五”规划承上启下的关键之年。山东省青岛生态环境监测中心将继续深入践行习近平生态文明思想，围绕新时期“减污降碳协同增效”主要目标，守正创新，实干担当，用新的思路举措开创监测工作新局面，以更高水平推进生态环境监测能力现代化，锤炼过硬本领，发挥技术优势，突出自身特色，汇聚监测服务管理新动能，严守监测数据质量“生命线”，精准支撑深入打好蓝天、碧水、净土保卫战，努力在服务和推动黄河流域生态保护和高质量发展上走在前，为加快构建和健全现代环境治理体系夯实“奠基石”。

河南篇

2022

# 河南省生态环境监测和安全中心这一年

2022 年是进入全面建设社会主义现代化国家、向第二个百年奋斗目标进军新征程的重要一年，也是河南省生态环境监测和安全中心挂牌成立的开局之年。河南省生态环境监测和安全中心在总站的关心指导下，深入学习党的二十大精神，全面贯彻落实习近平新时代中国特色社会主义思想和习近平生态文明思想，以党的政治建设为统领，以省直事业单位重塑性改革为契机，坚持围绕中心、服务大局，扎实推进各项生态环境监测工作，为推动全省生态环境持续改善、生态文明建设提供有力支撑。

# 党建工作

严格落实政治责任。完善党的组织建设，选举成立河南省生态环境监测和安全中心新一届党委会和纪律检查委员会，为党委履行全面从严治党主体责任奠定坚强的组织保障。落实党委工作职责，依据相关规定，对行政负责制事业单位履行基层党组织职责提出建设性意见。积极探索党建考核评议机制，将党建工作列入对各分中心综合考核内容，督促落实好党建责任。

狠抓政治理论学习。把学习宣传贯彻党的二十大精神作为首要政治任务，持续加强思想政治学习，教育引导党员干部自觉运用党的二十大精神指导实践、推动工作。严格落实“第一议题”制度，制订中心领导班子集体理论学习计划，领导班子集体开展专题理论学习，党委书记带头讲专题党课。制订党员干部理论学习计划，开展理论学习研讨、撰写学习体会，推动日常学习制度化、常态化。

积极推进基层党建。深入调研基层党组织建设情况，建立党支部问题清单。组织召开专题组织生活会，河南省生态环境监测和安全中心领导班子成员带头谈学习心得体会。看望慰问老党员、老干部，开展“中国特色社会主义和中国梦”读书宣讲、“新时代爱国主义教育”主题学习、观看“十大战略”专题讲座等多种形式的党建活动。积极落实“双报到”制度，疫情期间组织全体党员参与社区疫情防控工作，发挥党组织战斗堡垒和党员先锋模范作用。

持续深化廉政建设。加强重点节日党风廉政建设警示教育，强化“坚守节点”执纪监督，组织召开廉政提醒会议，编发廉洁过节微信提醒信息，畅通举报渠道，接受群众监督。完成省纪委形式主义集中整治专项整治，全力做好省委巡视配合服务。

深入开展文明创建。开展“传家训、树家风、立家规、育真人”专题讲座，“静音广场舞、文明健步走、健康不扰民”公益宣传，组织“诚信让环保更出彩”主题宣讲暨签名活动、“生态环境乡村行”志愿服务、“9·9”公益日爱心捐款、红色观影等活动，进一步凝心聚力、提振精神。

•• 党委书记讲专题党课

•• 河南省生态环境监测和安全中心领导班子开展集体专题理论学习

•• 组织“诚信 让河南环保更出彩”主题宣讲暨签名活动

•• 开展“传承红色家风 培育文明风尚”文明教育活动

# 业务工作

深化改革，构建监测安全发展新体制。深入学习习近平总书记关于深化事业单位改革的重要指示精神，认真落实河南省委关于事业单位重塑性改革的重要决策部署，统筹谋划全省生态环境监测、生态环境监控、核与辐射、固体废物与化学品等 23 个单位，组建副厅级生态环境监测和安全中心，形成“10+19”（整合行政、人事、党建、财务等职能，新设办公室、人事、机关党委、财务、业务统筹和应急 6 个综合部门，改制监测、监控、辐射、固化 4 个部门及 19 个生态环境监测分中心）的新体制，推动全省生态环境监测安全大联动。

•• 时任总站站长陈善荣一行莅临调研河南省生态环境监测工作

•• 河南省人大常委会党组成员、副主任穆为民莅临河南省生态环境监测和安全中心调研指导工作

稳步推进，扎实做好生态环境质量监测工作。常态化开展全省环境空气、水、土壤、农村等环境质量监测，全力服务污染防治攻坚、环境执法督察、生态补偿和排名考核等工作。深入开展生态质量监测，完成全省 5 000 余个动态点位的卫星影像解译和 12 个国家重点生态功能区县域生态环境质量考核监测质量检查；配合长江流域局拟订全省考核区域摸底调查监测计划；开展国控、省控水质监测断面及黄河干流部分点位水生态监测及指标体系研究，完成样品采集和核酸提取工作。

精准预报，深化重大活动任务空气质量保障。构建省市一体化空气质量预报业务技术体系，加快推进河南省城市空气质量大数据综合应用系统上线试运行，创新完成空气质量数值模式在国产超算平台移植运行研究课题。北京冬奥会、冬残奥会、党的二十大、五省市联防联控、第五届中国国际进口博览会等重大活动任务期间，参加国、省、市级空气质量预报联合会商 76 次，编制颗粒物组分质控检查报告 70 余期，数据有效率达 90%，编写冬奥会、冬残奥会工作简报 45 期、党的二十大期间异常问题报告 22 期，圆满完成技术保障任务，受到生态环境部的表扬和北京市政府、上海市生态环境局的感谢。

扛稳责任，推动重大国家战略落地见效。持续做好黄河流域国控、省控断面的水质监测分析和生态补偿金测算，加强污染超标预警，及时向生态环境管理部门提供环境管理措施和建议，并配合开展环境污染防控等基础性工作，助力河南省在豫鲁两省全国首个黄河流域横向生态补偿中得补偿 1.26 亿元。加强丹江口库区及汇水区水质监测，在 5 个国家水质自动监测站增设重金属监测设备，对库区和入库河流的重金属开展实时监测，有效保障“一渠清水永续北送”。

科学处置，有力保障全省生态环境安全。持续关注三门峡五里川锑浓度超标事件后续跟踪监测，开展复盘推演及编写相关技术文件。圆满完成中牟县液氨泄漏事故、夏邑县产业集聚区纺织企业废气异味扰民投诉等现场应急监测及处置任务。积极参加省反恐办组织的“平安·2022”郑州新郑国际机场反恐演习、省生态环境厅组织的突发环境事件应急监测演练。

深化服务，持续开展专项技术帮扶。深入开展“一市一策”跟踪研究科技帮扶，参加项目会商会20余次，实地调研7次。按照生态环境部监测司、河南省生态环境厅统一部署，帮扶指导湖南省长沙市10家企业、河南省10余家企业开展排污单位自行监测。积极配合省生态环境厅开展10余次专项执法监测，完成委托分析测试样品149个，上报监测数据325个。

加强管理，确保数据“真、准、全”。加强质量管理体系运行管理，完成13大类158项204个方法466项次的监测人员持证上岗考核；扩项21个标准分析方法，目前已完成4个标准方法变更和8个标准分析方法的验证工作。顺利通过国家市场监管总局、总站组织的实验室能力验证和生态环境部环境发展中心组织的协作定值等考核工作，完成考核样品32项次52批次，所有考核项目结果均为“满意”。河南省生态环境监测和安全中心连续三年获得“实验室能力考核优秀单位”称号。

提升能力，不断增强服务支撑本领。举办线上培训17期，参训人数达7 000余人次。组织河南省生态环境应急监测演练暨第五届生态环境监测人员大比武活动，全面提升全省生态环境监测机构实战能力。深化科研攻关，积极申报省科技攻关项目和地方标准，编写碳监测和新污染物监测能力建设项目建议书，加快实验室能力建设，积极合作对接科研院所，广泛开展技术交流，目前在研项目、标准制（修）订、技术规范编制等项目11个。

锤炼作风，彰显生态环境监测责任担当。北京冬奥会、冬残奥会、党的二十大、五省市联防联控、第五届中国国际进口博览会等重大活动任务期间，保障人员充分发扬环保铁军精神，勇于担当，以中心为家，吃住在单位、过节不离岗、用餐不离位，重要时段、关键时节每小时开展一次数据分析，为顺利完成保障目标任务提供有力支撑。

•• 河南省生态环境监测和安全中心主任郭丽君赴新乡生态环境监测中心调研工作

•• 开展环境空气醛酮类样品前处理

•• 战高温，斗酷暑，规范操作采土样

•• 参加“平安·2022”郑州新郑国际机场反恐演习

# 获得荣誉

河南省生态环境监测和安全中心及郑州、新乡、三门峡 3 个分中心编制的《2021 年生态环境质量报告书》居于全国前列；

河南省生态环境监测和安全中心及开封、洛阳、安阳、鹤壁、新乡、焦作、三门峡、南水北调中线渠首、南阳、信阳、济源 11 个分中心获得“2022 年能力考核优秀单位”称号（第一批）；

河南省生态环境监测和安全中心及郑州、洛阳、安阳、鹤壁、新乡、焦作、许昌、濮阳、三门峡、信阳、济源 11 个分中心收到总站关于国家水环境质量监测网工作的感谢信；

河南省生态环境监测和安全中心及郑州分中心积极支持第五届中国国际进口博览会空气质量保障，收到上海市生态环境局的感谢信；

南阳、商丘 2 个分中心优质高效完成国家地表水采测分离监测相关工作，收到总站的表扬信；

郑州、新乡、南阳、焦作、洛阳、开封 6 个分中心获得河南省生态环境应急监测演练暨第五届生态环境监测人员大比武活动团体奖；

黄进被生态环境部评选为中国生态文明奖先进个人；

马双良、鲁峰 2 名同志获得全省污染防治攻坚战先进个人表彰。

••《2021 年生态环境质量报告书》居于全国前列

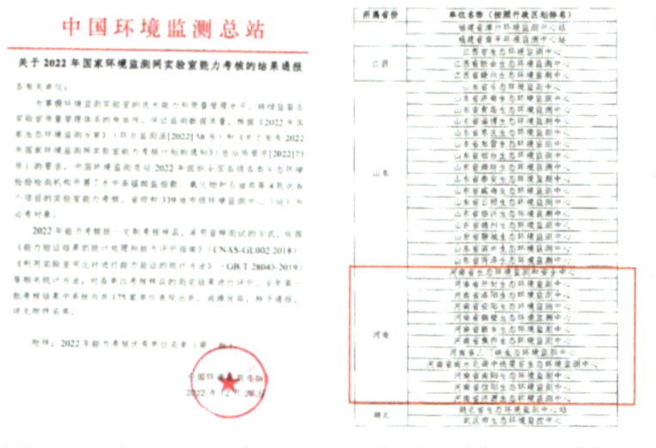

中国环境监测总站

关于 2022 年国家环境监测网实验室能力考核的结果通报

•• 获得“2022 年能力考核优秀单位”称号（第一批）

•• 国家水环境质量监测网工作的感谢信

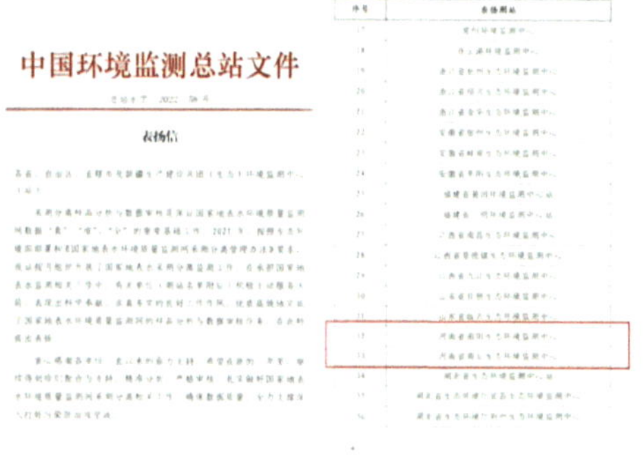

中国环境监测总站文件

表扬信

•• 优质高效完成国家地表水采测分离监测工作的表扬信

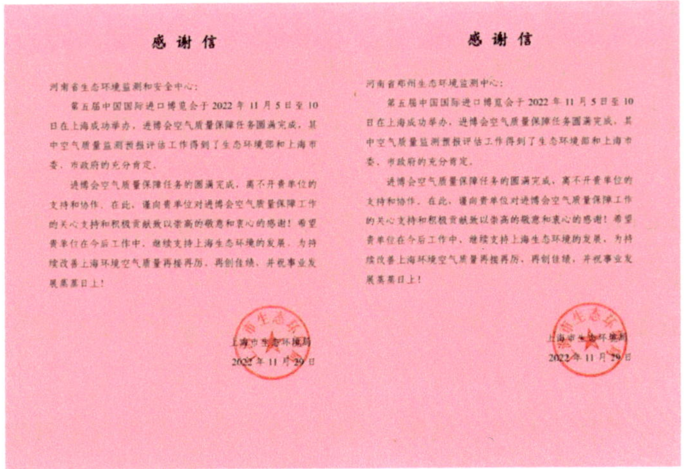

**感谢信**

河南省生态环境监测和安全中心：

第五届中国国际进口博览会于 2022 年 11 月 5 日至 10 日在上海成功举办，进博会空气质量保障任务圆满完成，其中空气质量监测预报评估工作得到了生态环境部和上海市委、市政府的充分肯定。

进博会空气质量保障任务的圆满完成，离不开贵单位的支持和协作。在此，谨向贵单位对进博会空气质量保障工作的关心支持和积极贡献致以崇高的敬意和衷心的感谢！希望贵单位在今后工作中，继续支持上海生态环境的发展，为持续改善上海环境空气质量再接再厉，再创佳绩，并祝事业发展蒸蒸日上！

上海市生态环境局

2022 年 11 月 29 日

**感谢信**

河南省郑州生态环境监测中心：

第五届中国国际进口博览会于 2022 年 11 月 5 日至 10 日在上海成功举办，进博会空气质量保障任务圆满完成，其中空气质量监测预报评估工作得到了生态环境部和上海市委、市政府的充分肯定。

进博会空气质量保障任务的圆满完成，离不开贵单位的支持和协作。在此，谨向贵单位对进博会空气质量保障工作的关心支持和积极贡献致以崇高的敬意和衷心的感谢！希望贵单位在今后工作中，继续支持上海生态环境的发展，为持续改善上海环境空气质量再接再厉，再创佳绩，并祝事业发展蒸蒸日上！

上海市生态环境局

2022 年 11 月 29 日

•• 上海市生态环境局的感谢信

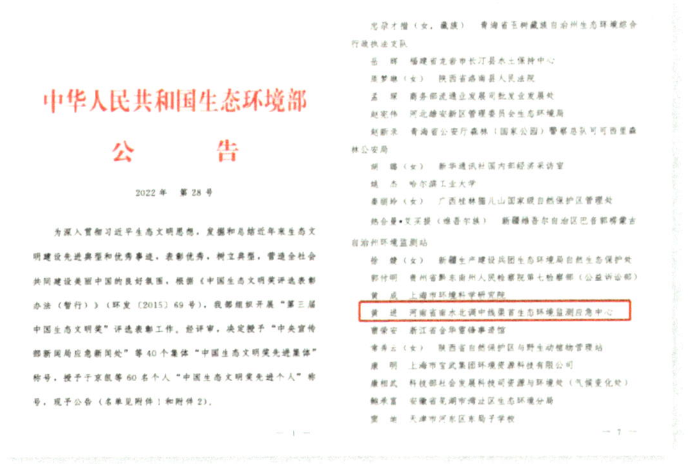

# 中华人民共和国生态环境部

# 公　　告

2022 年　第 28 号

为深入贯彻习近平生态文明思想，发掘和总结近年来生态文明建设先进典型和优秀事迹，表彰优秀，树立典型，营造全社会共同建设美丽中国的良好氛围，根据《中国生态文明奖评选表彰办法（暂行）》（环宣〔2015〕69 号），我部组织开展"第三届中国生态文明奖"评选表彰工作。经评审，决定授予"中央宣传部新闻局应急新闻处"等 40 个集体"中国生态文明奖先进集体"称号，授予于京凯等 60 名个人"中国生态文明奖先进个人"称号，现予公告（名单见附件 1 和附件 2）。

— 1 —

尤尕才措（女，藏族）　青海省玉树藏族自治州生态环境综合行政执法支队

岳　辉　福建省龙岩市长汀县水土保持中心

屈梦琳（女）　陕西省洛南县人民法院

孟　琛　商务部流通业发展司批发业发展处

赵宪伟　河北雄安新区管理委员会生态环境局

赵新录　青海省公安厅森林（国家公园）警察总队可可西里森林公安局

胡　璐（女）　新华通讯社国内部经济采访室

姚　杰　哈尔滨工业大学

秦丽玲（女）　广西桂林猫儿山国家级自然保护区管理处

热合曼·艾买提（维吾尔族）　新疆维吾尔自治区巴音郭楞蒙古自治州环境监测站

徐　婕（女）　新疆生产建设兵团生态环境局自然生态保护处

郭付明　贵州省黔东南州人民检察院第七检察部（公益诉讼部）

黄　成　上海市环境科学研究院

黄　进　河南省南水北调中线渠首生态环境监测应急中心

曹荣安　浙江省金华雷锋事迹馆

常秀云（女）　陕西省自然保护区与野生动植物管理站

康　明　上海市宝武集团环境资源科技有限公司

康相武　科技部社会发展科技司资源与环境处（气候变化处）

鲍承富　安徽省芜湖市鸠江区生态环境分局

窦　坤　天津市河东区东局子学校

— 7 —

•• 中国生态文明奖先进个人

2023年是全面贯彻党的二十大精神的开局之年，是实施“十四五”规划承上启下的关键之年。河南省生态环境监测和安全中心将深入学习贯彻党的二十大精神，全面落实生态环境部和河南省委、省政府的部署要求，持续巩固环境质量监测，强化污染源监测，拓展生态质量监测，全面推进生态环境监测从数量规模型向质量效能型跨越，提高生态环境监测现代化水平，为深入打好污染防治攻坚战、建设生态强省美丽河南贡献生态环境监测力量。

2022

# 湖北省生态环境监测中心站这一年

2022 年，湖北省生态环境监测中心站*以习近平新时代中国特色社会主义思想和党的二十大精神为指引，以政治建设为统领，以“实现大监测、确保真准全、支撑大保护”为目标要求，踔厉奋发、务实重行、锐意进取，不断推进生态环境监测体系和能力现代化，切实发挥支撑服务引领作用，较好地完成了全年各项工作任务。

* 本篇简称湖北省站。

# 党建工作

## 坚持政治统领，坚定不移全面从严治党

坚持严的主基调不动摇，保持自我革命精神，持续加强和改善党的领导，为干事创业奠定坚实政治保障。强化责任落实。党委自觉把全面从严治党主体责任扛在肩上，加强研究部署、推进落实、考核督办，确保责任不空转。强化理论武装。通过党委带头引领学、支部书记交流学、党员同志分享学、成立小组研讨学、聚焦主业联系学，重点加强对党的二十大精神学习领会，凝聚全体干部职工思想共识。强化组织建设。以红旗党支部创建为抓手，以“主题党日 +”为载体，将环保宣教宣传、技术交流与培训、趣味运动等融入支部活动中，基层党组织的组织力和战斗力不断增强。强化纪律规矩。开展“以案促教、以案促改、以案促治、以案促建”专项整治活动和“对照通报认领问题查找根源 对照目标严实作风锻造铁军”专项整治活动，进一步查摆纪律作风问题，逐项整改落实，干部职工以案为鉴、以纪为绳、以廉为德，知敬畏、存戒惧、守底线。强化监督检查。聚焦“一把手”和领导班子监督，印发《湖北省站党委关于加强对“一把手”和领导班子监督的实施意见》，细化责任分工，从关键少数抓起、严起。聚焦主责主业监督，每月对重点工作完成情况进行检查通报。聚焦苗头问题监督，早干预、早提醒，抓早抓小，防微杜渐。强化队伍建设。扎实开展党员干部下基层察民情 解民忧 暖民心实践活动，党委带头深入基层、一线、企业、社区察民情 办实事 解难题，各支部结合工作实际下基层开展帮扶工作，全体党员下沉社区开展志愿服务活动，不断提升联系群众、服务公众的工作能力水平。

2022 年 9 月 27 日湖北省站整体搬迁至新办公大楼

•• 湖北省生态环境厅厅长何开文、中国地质大学（武汉）校长、院士王焰新同台宣讲环保知识

•• 全体干部职工集中收看党的二十大开幕式

•• 让党旗飘扬在监测工作一线

•• “七一”党员宣誓

# 业务工作

## 坚持担当作为，推进生态环境监测事业高质量发展

坚持干字当头，实字托底，聚焦推进生态环境监测体系和能力现代化，守正创新，促进发展。

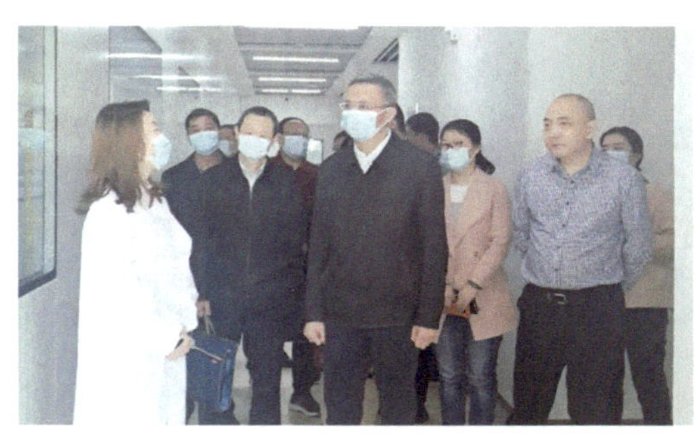

•• 湖北省生态环境厅厅长何开文一行调研工作

加强系统谋划，生态环境监测网络和能力建设取得新进展。进一步织密全省环境监测“一张网”。完成336个重点市控水质断面设置，国、省、市三级

监测网络实现省内所有县（市、区）和 16 个二级流域分区全覆盖。编制《湖北省大气环境监测网络优化完善方案》，抓好大气环境监测网络体系建设顶层设计和统筹协调。构建省级地下水监测网、省级生态质量监测网和水生态质量监测网，初步完成 180 个省级地下水点位、20 个生态质量综合监测站、1 481 个生态质量监测样地、279 个水生态监测点位布设。编制《湖北省农业面源污染监测评估实施方案（2023—2025 年）》，完成荆门等 6 个市（州）农业面源污染监测选区布点工作。编制《湖北省功能区声环境自动监测能力建设方案》，开展点位核查，推进湖北省功能区声环境自动监测网络建设。围绕“一张网”建设，配套编制《湖北省生态环境监测“一张网”能力提升三年行动方案（2023—2025 年）》，部署 43 项具体工作任务，力争到 2025 年，建成水陆统筹、“天空地一体化”、上下协同、信息共享的高水平生态环境监测网络体系。

坚持问题导向，服务支撑引领作用更加精准有效。加强综合分析评价，在完成常规监测分析报告的基础上，增加中部六省环境空气及地表水环境质量季度报告，为管理决策提供更加翔实的数据支撑。开展高温干旱天气对环境质量影响分析、地形和气象对空气质量影响分析等，编写多篇政务信息被省委《综合信息》、省政府《政务要情》、部《工作动态》采用。聚焦突出问题，扎实开展丹江口库区总磷加密监测、斧头湖水质溯源监测、黄石市 $PM_{2.5}$ 和 $O_3$ 协同防控“一市一策”驻点跟踪研究、大气污染热点网格监测等工作，为地方污染防治工作提供精准技术支撑。强化预警预报，做好水、气环境质量预警工作值守，建立闭环工作机制，发现异常及时预警，每周开展重点水域水华遥感预警监测及风险评估工作，为水华应急监测工作赢得主动。

丹江口库区总磷加密监测

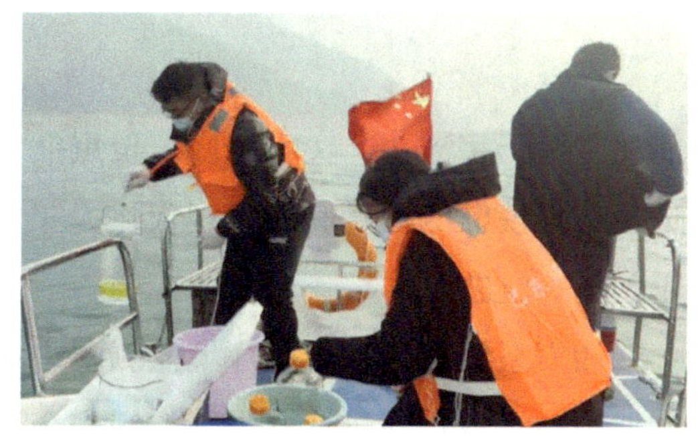
长江鱼类 DNA 生物采样

强化质量管理，数据“真、准、全”得到保障。顺利完成迁址评审，191 个项目 235 个监测方法通过国家环保评审。全站 58 人申报的 11 大类、219 个项目、275 个方法、807 项次全部通过国家级持证上岗考核。参加总站组织的 4 轮次能力考核工作，结果均为“满意”。全年策划开展 10 余次全省监测系统技术交流和 2 次微比武，驻地方监测中心 1 000 余人次参与其中。

“谁是监测强中强”技术比武

坚持守正创新，新领域监测工作有新突破。先试先行，初步谋划“天空地一体化”智慧感知体系蓝图，搭建工业园区大气监管与溯源、湖库水华监测预报预警、应急监测指挥调度平台、全流域全指标全自动地表水智能溯源监测、水环境智能巡检监测、生态样地保护物种与生境变化智能监测六大应用场景。作为生态质量监测全国 6 个试点省级行政区之一，完成 148 个样地监测任务。首次开展湖北省水生态摸底调查工作，完成 205 个点位一年两期水生生物 3 个类群的采样和分析工作。新污染物监测有序推进，作为首批承担国家试点任务 3 个省级环境监测单位之一，初步建立水体新污染物监测方法和能力，编制《湖北省新污染物调查试点监测工作方案（2023—2025 年）》，为下一步开展省内重点流域、重点区域新污染物本底调查工作谋篇布局。

湖北省第十三届政协委员陈楠对大气监测设备进行检测、维护

生态质量样地监测

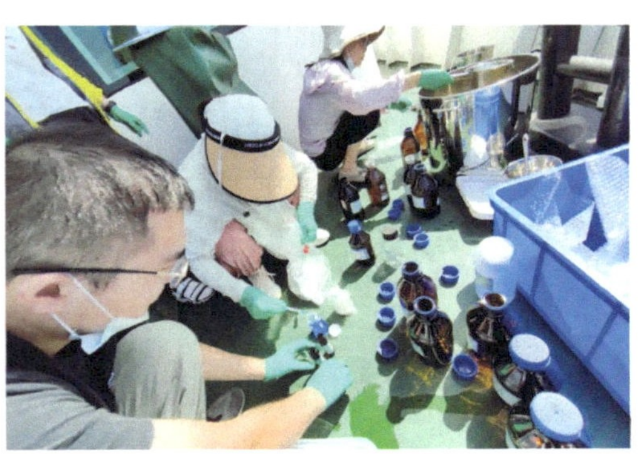

新污染物试点监测

# 获得荣誉

湖北省站被总站评为“2022 年国家环境监测网实验室能力考核优秀单位”；

被中共武汉市洪山区委、洪山区人民政府评为“洪山区 2021 年度文明单位”；

编写的《2021 年湖北省生态环境质量报告书》在全国 465 本报告书编写质量评比中位居前列；

分析测试中心被省直机关工委评为“省直机关最美巾帼奋斗集体”；

大气环境监测与预报预警中心被厅党组评为“红旗党支部”；

办公室等 2 个党支部被厅党组评为“先进基层党组织”；

贺小敏、聂莹晖等 8 名同志被厅党组评为“优秀共产党员”“优秀党务工作者”。

•• 湖北省第十批援藏干部范俊楠

•• 七一“两优一先”表彰

•• “青年岗位能手”表彰

•• 省直机关最美巾帼奋斗集体

2023年湖北省站将围绕“持续推进生态环境监测体系和能力现代化、切实强化‘支撑服务引领’作用、全面加强干部人才队伍革命性锻造”的目标，重点在“推进现代化生态环境监测体系建设、全面提升‘天空地’智慧监测能力、强化监测重点任务及重点领域监测工作落实、守牢监测数据质量生命线、强化支撑服务引领作用、全面加强基层党组织革命性锻造”6个方面下功夫、抓落实，切实推进生态环境监测工作再上新台阶，为美丽湖北建设作出新的更大贡献。

湖南篇

2022

# 湖南省生态环境监测中心这一年

岁月不居，时节如流。2022 年，湖南省及驻市州生态环境监测中心* 坚持以习近平新时代中国特色社会主义思想为指导，认真学习宣传贯彻党的二十大精神，全面落实深入打好污染防治攻坚战和减污降碳协同增效工作要求，全力谋划“智慧监测新格局”和“垂直管理新布局”两个新局，持续健全完善生态环境监测体系，不断提升生态环境智慧监测现代化水平，八个“更进一步”体现了各项工作取得的全面进步。

* 本篇简称省及驻市州中心。

# 党建工作

## ●全面加强党建引领，全面推进从严治党，党的建设更进一步

坚持“第一议题”学习制度，跟进式传达学习最新的理论成果、政策决议、文件会议精神，认真抓好党的二十大精神学习贯彻，持续、深入抓好党史学习教育常态化和意识形态工作，不断推动干部职工自觉捍卫“两个确立”，增强“四个意识”，坚定“四个自信”，做到“两个维护”。

召开中共湖南省生态环境监测中心第八次党员大会，选举产生了新一届党委纪委班子。充分利用“三会一课”、支部主题党日活动，扎实推进党支部“五化”建设，积极组织省市监测系统演讲比赛、“同唱一首歌，同心颂党恩”“干事创业青年说”巡回讲等活动，加强党员干部思想政治教育，激发干事创业热情。

•• 湖南省生态环境监测中心党委理论学习中心组（扩大）会议

•• 湖南省生态环境监测中心系统“七一”主题党课

•• “青春向党，奋斗强国”主题演讲比赛

•• “干事创业青年说”巡回演讲

严格落实从严治党工作总要求，召开全面从严治党工作视频会议，开展政治巡察反馈问题自查自纠和违规发放津贴补贴、违规当专家领取评审咨询费的专项整治，开展深化整治违规收送红包礼金专项工作。抓实抓细日常监督，驰而不息纠治“四风”，积极推进清廉监测建设，打造廉政文化长廊，组织开展廉洁文化学习宣传月活动，努力营造良好政治生态。

中心党委理论学习中心组（扩大）深入学习习近平关于全面从严治党重要论述专题会

# 业务工作

## ●认真做好主责主业，工作推动扎实有力，基础工作更进一步

全面认真落实《2022 年生态环境监测方案》，全省大气、地表水、饮用水、土壤、地下水、酸雨、声环境、农村及生态等环境要素例行监测有序落实，洞庭湖芦苇区水质跟踪监测、大气沉降重金属监测、枯水期加密监测等 10 余项专项监测持续推进，全年产生和上报监测数据 2 930.8 万余个，同比增长 9%。扎实做好环境空气质量日常预警预报，全省环境空气质量 24 小时 AQI 等级范围预报准确率达 92.5%，同比上升 0.6 个百分点。手工、自动、遥感、走航等监测手段融合共用，高质量完成水华防控监测预警，推送水华监测预警单 112 期，有效支撑全省水华风险防范。在全国率先完成省级地下水环境质量监测网络布设。配合完成长沙、岳阳等地突发环境事件应急监测，5 个案例作为湖南经验被总站应急监测典型案例采纳，占比达 15.6%。

•• 湖南省生态质量监测技术培训

•• 采样现场

## ●持续丰富监测产品，支撑管理做好服务，支撑服务更进一步

深入开展生态环境质量会商与问题研判，多篇监测要情获得省政府、省厅领导肯定性指示，有力支撑精准治污。充分挖掘监测数据价值，高质量编制完成 2021 年湖南省生态环境质量报告书，省级报告书和 4 本市州报告书在全国检查中位居全国前列。推动监测产品供给侧改革，优化监测技术报告数量及内容，全年共编写各类环境质量状况技术报告近 400 份。全力支撑环境管理重点工作，组织省及驻市州中心全年派出 1 000 余人次，助力“利剑行动”“夏季攻势”“洞庭清波”等系列专项整治行动，出具监测数据 3 万余个，为防范化解全省重大生态环境风险提供了有力支撑。

## ●抓严抓牢质量管理，持续规范监测活动，数据质量更进一步

持续推进持证上岗，2022 年省中心持证上岗通过率达 99.6%。发布《湖南省生态环境系统环境监测质量监督管理办法（试行）》，健全完善省及驻市州中心质量监督管理体系。狠抓监督管理，对市县监测机构、社会监测机构开展质量监督抽查，持续提升监测数据质量。省中心连续五年能力验证工作获评总站能力考核优秀单位。

•• 湖南省省控环境空气自动监测系统交叉检查

## ●制度创新提升效能，科技引领提高水平，综合实力更进一步

印发《湖南省生态环境监测中心科研管理办法（试行）》，组织省及驻市州中心成功申报省级环保科研课题4项，申报成功率达80%，促进监测科研高质量发展和研究型监测机构建设。成功筹建湖南省环境科学学会生态环境监测专业委员会，为全省监测行业技术攻关、科技创新搭建全新交流平台，推动形成全省监测事业发展合力。

## ●全力推进能力建设，夯实筑牢监测基础，监测能力更进一步

紧盯时间任务节点倒排工期，编制印发《2022年生态环境监测能力建设项目实施方案》，采取周调度、月总结、实时跟进的方式全力抢抓工期，强化能力建设全过程纪律监督，主动向社会公开监督举报渠道，确保项目建设全过程公平、公开、公正。年内完成22个能力建设子项目采购与首款支付，签订采购合同75份，合同总金额达4.35亿元。积极推动智慧监测试点，完成《湖南省生态环境智慧监测创新应用试点工作实施方案》，在全国首批实现央地会商连线。

## ●巩固提升垂改成效，持续抓好队伍建设，干事创业更进一步

组织开展三年过渡期驻市州生态环境监测中心管理运行情况调研，奠定过渡期后垂改体系建立基础。推进各驻市州中心资产划转，圆满完成14个驻市州生态环境监测中心764名上划人员的岗位异动工作，各驻市州生态环境监测中心岗位管理正式全面进入省级管理模式。一年来，省及驻市州中心还涌现出一大批的先进典型，邱帅荣获全国五一劳动奖章，刘妍妍荣获“第21届全国青年岗位能手”称号，陈燕等4名同志荣获湖南省五一劳动奖章，黄斌被评为“2021最美基层环保人”。

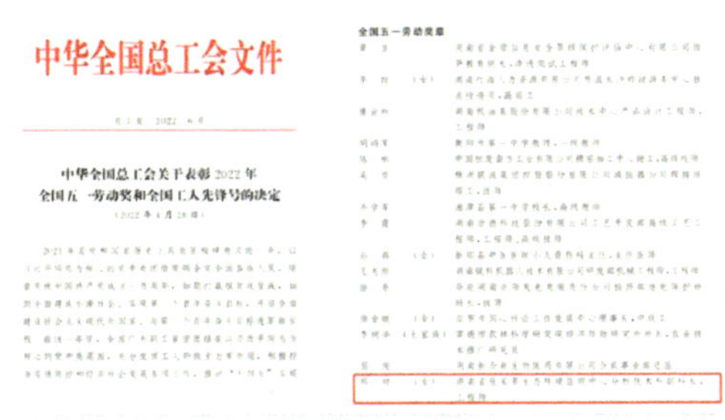

中华全国总工会文件

中华全国总工会关于表彰2022年
全国五一劳动奖和全国工人先锋号的决定

全国五一劳动奖章

••邱帅荣获全国五一劳动奖章

••刘妍妍荣获“第21届全国青年岗位能手”称号

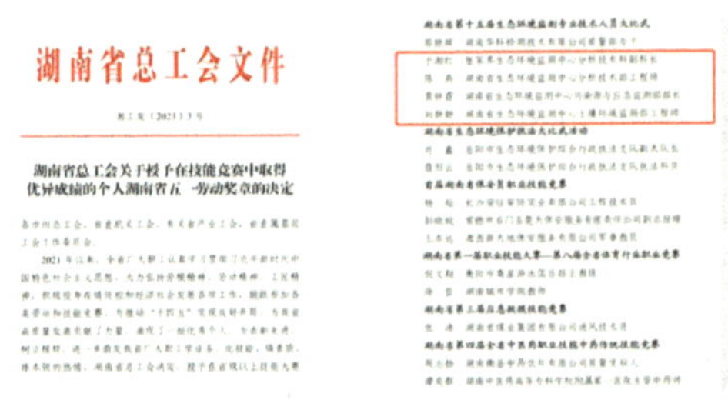
湖南省总工会文件

湖南省总工会关于授予在技能竞赛中取得优异成绩的个人湖南省五一劳动奖章的决定

•• 陈燕等 4 名同志荣获湖南省五一劳动奖章

•• 黄斌被评为“2021 最美基层环保人”

## ●持续加强基础保障，积极开展多样活动，工作保障更进一步

各项基础物资和后勤服务得到充分保障，坚持抓好疫情防控，积极做好防疫物资储备发放，切实保障中心干部职工身体健康。扎实推动工青妇活动，积极组织篮球、气排球、羽毛球、职工趣味运动会、定向越野等形式多样的活动，队伍向心力、凝聚力不断提升。

# 获得荣誉

荣获“优秀领导班子”称号；

荣获“省直机关文明标兵单位”称号；

大气环境监测部荣获“湖南省巾帼文明岗”称号；

荣获省生态环境厅“青春心向党，献礼二十大”青年理论学习分享活动一等奖。

•• 荣获“优秀领导班子”称号

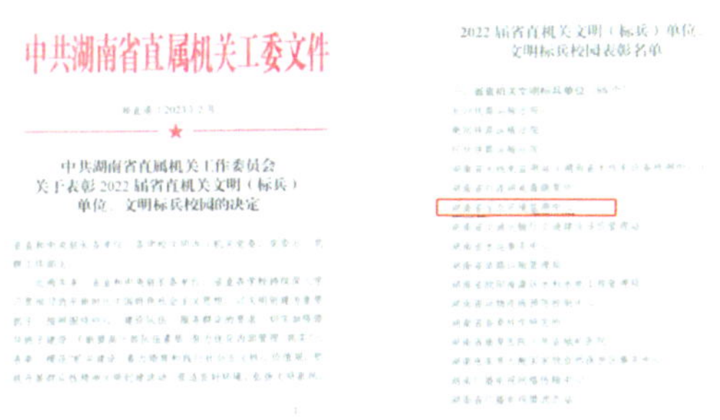

中共湖南省直属机关工委文件

中共湖南省直属机关工作委员会
关于表彰2022届省直机关文明（标兵）
单位、文明标兵校园的决定

2022届省直机关文明（标兵）单位
文明标兵校园表彰名单

•• 荣获“省直机关文明标兵单位”称号



•• 大气环境监测部荣获“湖南省巾帼文明岗”称号

•• 荣获省生态环境厅“青春心向党，献礼二十大”青年理论学习分享活动一等奖

重任扛在肩，更须策马加鞭。2023年，湖南省生态环境监测中心将深入贯彻落实党的二十大精神，始终保持饱满的精神状态和昂扬的斗志，以舍我其谁的信心、决心、雄心攻坚克难，以一抓到底的干劲、韧劲、拼劲善做善成，同心同德、开拓创新、奋勇前进，持续推动生态环境监测高质量发展，为深入打好污染防治攻坚战和全面建设社会主义现代化新湖南而不懈奋斗！

2022

# 广东省生态环境监测中心这一年

2022年在总站和广东省生态环境厅的正确指导下，广东省生态环境监测中心*深入学习贯彻习近平新时代中国特色社会主义思想，以生态环保铁军先锋队的担当与作为，高效支撑深入打好污染防治攻坚战和疫情防控阻击战，夯实垂管“一盘棋”格局，提升生态环境监测能力现代化水平，为深入推进绿美广东生态建设提供坚强支撑。2022年，全省地表水优良率达92.6%，创有考核以来历史新高，$PM_{2.5}$平均浓度创有监测记录以来历史新低，珠三角$PM_{2.5}$平均浓度19微克/立方米，率先进入“一字头”，近岸海域水质优良比例保持在历史最好水平。

---

* 本篇简称省中心。

# 党建工作

## ●以模范机关创建、党建质量提升年为抓手，坚持全省“一盘棋”推进党建工作

强化思想政治建设。认真学习宣传贯彻党的二十大精神，严格落实“第一议题”，用好“五学联动”机制，办好“固定课堂、交流课堂、实地课堂”，党委会、班子会学习交流第一议题 58 次，举办“周五监测讲坛”39 期。深入开展模范机关创建主题活动，贯穿生态环境监测全过程各方面，相关经验被省直机关工委推广宣传。

•• 广东省生态环境监测系统观看党的二十大开幕会

•• 部署模范机关创建工作

夯实基层党组织建设。压实各支部书记党建工作第一责任人责任，按月分批听取驻市站党建工作汇报。探索党务工作者轮值，清单式推进基层党支部标准化、规范化建设。创建“一支部一品牌”“党员先锋队”“党员先锋岗”，积极打造党建与业务融合的载体。省中心与省财政厅、人社厅、保密局、医院、高校、科研院所等单位，驻市站与地方生态环境部门、工业园区管委会等单位强化联学共建，共同推进垂改落地、污染攻坚及监测现代化。

狠抓全面从严治党。召开党风廉政建设和反腐败斗争工作座谈会，邀请驻厅纪检组、省检察院等开展廉政专题辅导。建立内审工作机制，强化审计成果运用，限期做好整改工作。配置专职纪检干部，建立驻市站干部廉政档案，做好信访案件调

查处置。梳理巡视审计发现问题整改落实台账，积极推动解决各项问题，确保真整改、真见效。

深化“我为群众办实事”。建立监测中心志愿服务队，长期组织并参与社会志愿服务。成立6支疫情防控志愿者先锋队和疫情应急监测先锋队，全面动员省中心和驻市站下沉一线支援抗疫，省中心91人、435人次参加志愿活动，服务时长超2 600小时，先进事迹得到基层政府感谢和各大媒体广泛报道。获评“广东省环境教育基地”，全年向公众开放达6万人次，六五环境日全省集中开放、广泛宣传。开展“最美志愿服务队”“最美志愿者”“最美监测人”评选，举办“喜迎二十大”演讲比赛和“广东监测这十年”展览，以及丰富的传统节日活动、职工慰问活动、工会活动等。

•• 开展纪律教育学习月活动

•• 举办“周五监测讲坛”

•• 省中心领导慰问退休干部

•• 党员先锋队支援一线抗疫

•• 与暨南大学党组织联学共建活动

•• 六五环境日举办监测设施向公众开放活动

# 业务工作

## ●强化监测预警，精准服务污染攻坚

紧盯国家考核目标，深入开展常规监测、溯源监测、预警预报、会商分析，为精准、科学、依法治污提供支撑。

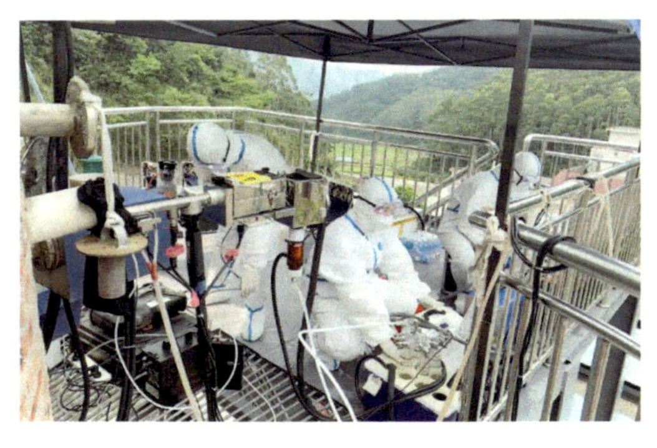

•• 医疗废物焚烧二噁英监测

大气方面，全年获取常规数据约580 万个，成分数据约 2 000 万个，出具专题分析报告 70 份。加强台风外围影响空气质量预警预报，百日攻坚期间加密预报和研判，完成 10 城市大气地面走航及空中航拍污染排查应急监测，提升空气质量短期预报准确率至 94%，全方位支撑大气精细化管理。推进广州、深圳、韶关、湛江碳监测试点。

水方面，组织完成 5 451 个地表水断面、521 个海洋点位、104 个地下水国考点位监测，全年获取常规数据约 216 万个，自动数据约 1 680 万个，通量数据约121 万个，出具水质分析报告 380 多份。开展跨市界断面丰水期、枯水期水生态监测。加强水质自动监测预警和水华监测巡查，成功预警水质异常事件 37 起。针对重点断面加密监测预警，每月深入分析国考断面水质状况和达标形势，提出治理措施建议。开展海水国控点位加密监测，加强陆海联动分析。针对广东夏季入海河口断面溶解氧偏低的问题，在总站的指导下，组织开展了专题研究和会商分析。率先在深圳、湛江开展海洋碳汇试点监测。组织开展化工园区地下水环境状况调查评估，完善地下水国考点位规范化建设。

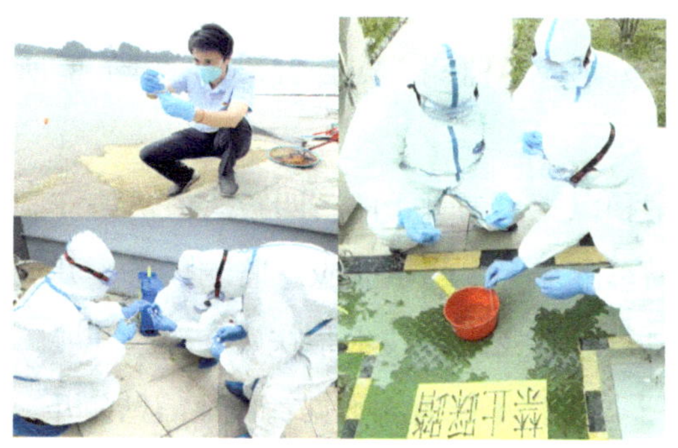

•• 废水监测先锋队对饮用水水源地和涉疫场所污水采样监测

•• 广东省国家化工园区地下水环境状况调查

•• 海洋监测现场

•• 海草床生态系统碳汇监测

土壤、生态、噪声和农村方面，开展国家网 571 个风险点和省级网 1 700 个点位土壤环境监测，推进重点监管单位周边土壤试点监测。开展生态质量监测和 EQI 评价，首次开展全省 695 个生态质量监测样地核查和布点工作，完成全省 21 个国家重点生态功能区县监测。完成全省城区、道路交通和城市功能区

•• 南岭森林生态系统样方调查

噪声监测，开展噪声智能溯源监测评估技术研究。组织完成农村环境监测和农业面源监测前期调查工作，编制农业面源监测评估方案。

涉疫监测方面，加强疫情废水监测，加大对隔离场所、定点医疗机构、城镇污水处理厂、医废处置单位和饮用水水源地的现场巡查和监测频次，帮扶指导企业余氯自行监测工作，全力支援和帮扶基层疫情废水应急监测，配合省公安厅开展监所余氯监测及检查，与卫健部门共享数据。

应急和污染源方面，健全应急监测预案和以党员为骨干的“四级”值班值守制度，出色完成茂名石化火灾、韶关危化品槽车翻车等 8 起事故应急监测任务，开展赤潮、溢油应急监测 9 起。组织开展企业自行监测及减排技术帮扶 480 次。开展二噁英监测、执法监测和固定源臭氧专项监测，做好污染源监测数据管理及信息公开。

## ●统筹能力建设，提升监测现代化水平

加强监测能力顶层设计。完成《广东省生态环境监测“十四五”规划》编制，制定能力建设三年行动方案，统筹谋划驻市站组团式、差异化发展。

完善监测网络建设。推动建设覆盖重点乡镇、全部县区、重点区域的大气常规监测网络和多手段联用的溯源监测网络，率先实现氨气监测地市全覆盖。拓展污染通量监测，开展重点流域水文水质同步监测，推进产业园水站建设。

率先建成一批监测科研平台。建成全国生态环境系统首家重金属同位素溯源实验室、首个地下水多层监测基地、唯一的国家野外科学观测研究站、首批海洋大气污染物沉降监测站。国家大气重点实验室顺利通过评估考核，与高校和科研院所合作申报重点研发项目和重点实验室。

拓展智慧监测深度和广度。推动数据中心建立数据资产全生命周期管控体系，提升大数据共享服务和分析挖掘能力。开展遥感中心大气、海洋、地表水、固废等专题遥感监测，推动与部卫星中心、广州海洋实验室共建遥感应用基地。

## ●提升质控效能，确保数据“真、准、全”

实施质量提升年活动，加快构建全省统一的监测质量管理体系，切实发挥华南区域质控中心作用。印发加强监测质量管理工作的通知，编制污水现场执法监测指引，制定持证上岗考核实施细则、自动站建设运行管理办法。组织驻市站开展实验室能力考核、交叉内审、自动站质量专项检查，全面推广应用实验室全过程管理系

统。顺利承办第三届全省监测技术人员练兵比武，加强对驻市站和县区站的帮扶，开展技术培训 24 期 2 300 余人次，录制 15 个生态环境监测操作教学视频。

### ●深化管理改革，夯实“一盘棋”格局

加强制度体系建设，制（修）订制度 45 项，加强项目全过程管理，全省推广应用内控管理系统。全面加强驻市站人、财、物管理，驻市站人员上收、内设机构、中层干部、岗位设置、职级晋升、工资待遇、新人统招、预算申报等均已落实。推动经费和资产上划方案印发并抓紧实施，经费上划已完成，资产上划正稳步推进。

•• 与广东省疾病预防控制中心签署合作协议

•• 驻市站监测技术大比武

## 获得荣誉

荣获广东省生态环境厅表彰“先进集体”；

荣获广东省环境保护科学技术奖一等奖；

荣获中国水产科学研究院科学技术奖二等奖；

质量报告书荣获总站通报表扬；

监测宣传工作收到总站感谢信；

海洋监测工作收到国家海洋环境监测中心感谢信；

大气监测工作收到国家大气污染防治攻关联合中心感谢信；

应急监测工作收到茂名市委、市政府感谢信；

环境质量会商分析收到汕头市生态环境局感谢信；

公众开放获表彰广东省环境教育基地建设“优秀教案”；

抗疫志愿服务收到共青团广州市海珠区委员会感谢信。

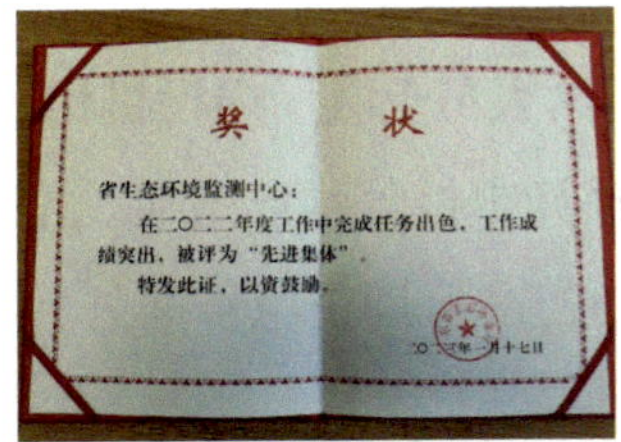

奖　状

省生态环境监测中心：

在二〇二二年度工作中完成任务出色，工作成绩突出，被评为“先进集体”。

特发此证，以资鼓励。

二〇二三年一月十七日

•• 荣获广东省生态环境厅表彰“先进集体”

广东省环境保护科学技术奖

获奖证书

为表彰2022年度广东省环境保护科学技术奖获奖单位，特颁发此证书。

获奖等级：一等奖

获奖单位：广东省生态环境监测中心

广东省环境科学学会

二〇二二年七月

证书号：HBKJ2022-1-D01

•• 荣获广东省环境保护科学技术奖一等奖

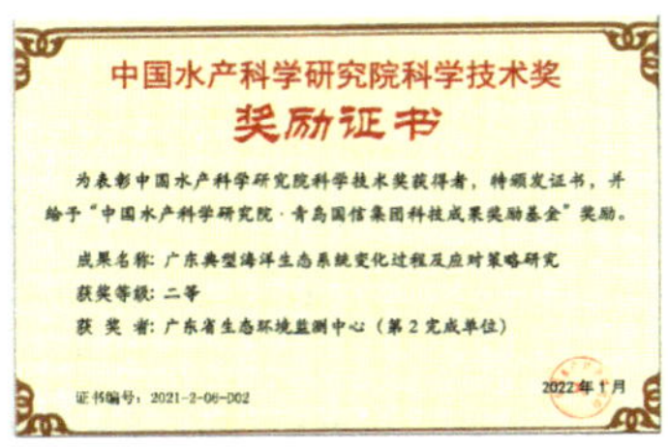

中国水产科学研究院科学技术奖

奖励证书

为表彰中国水产科学研究院科学技术奖获得者，特颁发证书，并给予“中国水产科学研究院·青岛国信集团科技成果奖励基金”奖励。

成果名称：广东典型海洋生态系统变化过程及应对策略研究

获奖等级：二等

获 奖 者：广东省生态环境监测中心（第 2 完成单位）

证书编号：2021-2-06-D02

2022年1月

•• 荣获中国水产科学研究院科学技术奖二等奖

国家海洋环境监测中心

感谢信

广东省生态环境监测中心：

根据生态环境部的统一部署，国家海洋环境监测中心组织开展了 2022 年国控海水水质监测、海水水质自动监测站联网接入、海洋碳汇监测评估试点等工作。在年度监测工作实施期间，贵单位按照《全国海洋生态环境监测工作实施方案》《碳监测评估试点工作方案》和有关标准规范的要求，统筹协调、精密部署，确保了海洋生态环境监测工作的顺利完成。

在此，谨向你单位的大力支持表示衷心的感谢！向全体参加国控海水水质监测、海水水质自动监测站联网接入、海洋碳汇监测评估试点的同志致以崇高的敬意！

国家海洋环境监测中心

2023 年 1 月 19 日

•• 国家海洋环境监测中心感谢信

国家大气污染防治攻关联合中心

感谢信

广东省生态环境监测中心：

2022 年 3 月以来，我国部分地区臭氧（$O_3$）污染同比明显转差，呈现“出现早、污染重”的特点，成为影响优良天数比率的重要因素。为深入分析 $O_3$ 污染成因，科学支撑 $O_3$ 污染精准防控，在攻关项目管理办公室的指导下，国家大气污染防治攻关联合中心组织相关单位召开典型区域 $O_3$ 污染形势分析研讨会，综合应用空气质量及前体物观测、动态排放和数值模拟等技术手段开展区域和城市 $O_3$ 污染成因和来源分析，形成《2022 年第一季度我国典型区域和重点城市空气质量形势与污染成因分析报告》。

贵单位以陈多宏、沈劲、周炎、翟宇虹、蔡日东、韩昊坤、林子锋等为代表的科研工作者充分发扬生态环境保护铁军精神，讲奉献、顾大局、埋头苦干、积极担当，有力支撑相关报告编制工作。在此，对贵单位给予的大力支持以及各参与人员的辛勤付出表示衷心的感谢！

国家大气污染防治攻关联合中心

2022 年 4 月 28 日

•• 国家大气污染防治攻关联合中心感谢信

感谢信

广东省生态环境监测中心：

中共茂名市委

茂名市人民政府

2022 年 6 月 22 日

•• 茂名市委、市政府感谢信

广东省环境保护宣传教育中心

关于表彰首届广东省环境教育基地建设优秀征文、优秀教案、优秀组织单位的通知

优秀教案（共 40 个）

•• 获评广东省环境教育基地“优秀教案”

共青团广州市海珠区委员会

感谢信

广东省生态环境监测中心：

自海珠“1022”疫情发生以来，因其传播速度快、隐匿性强等特点，海珠区面临有史以来最严峻、最复杂的疫情防控形势。在这场没有硝烟的战役中，贵单位与我们同心同向、守望相助，广泛发动青年志愿者参与疫情防控电话提醒排查工作。

惟其艰难，更显勇毅。在海珠疫情最吃紧、最关键、最困难的关头，贵单位的青年志愿者们与我们携手抗疫，夜以继日、不懈奋战，与时间赛跑、与病毒较量，最大限度做到“时间不留空白，排查不漏一人”，为有效遏制疫情扩散蔓延、坚决打赢这场疫情防控阻击战提供了坚强保障。在此，谨向贵单位致以崇高的敬意！向积极参与海珠区疫情防控的青年志愿者朋友们表示衷心的感谢！感谢你们的挺身助力，感谢你们的勇毅大爱，感谢你们的无私奉献。

风雨多经“志”弥坚，关山初度路尤长。我们坚信，在区委区政府的正确领导下，我们咬紧牙关、奋战到底，全面打赢疫情防控阻击战！丹心寸意，皆为南情，希望未来能与贵单位不断加深交流，持续深化志愿服务等方面的联动合作，为海珠高质量发展贡献力量。

愿疫消云散，山河无恙，感恩同行，共创未来！

共青团广州市海珠区委员会

2022 年 11 月 10 日

•• 共青团广州市海珠区委员会感谢信

2023 年，省中心将着力推进以下重点工作：一是强化政治引领，深化模范机关、文明单位创建。二是持续推进全面从严治党，抓好巡视、审计、内审检查发现问题整改落实。三是切实加强“垂管”工作，建设统一的管理制度体系和质量控制体系。四是主动服务攻坚战，加强跟踪、溯源、分析、研判和预警。五是推进现代化监测体系建设，统筹推进驻市站监测能力建设，强化智慧监测和科研监测。

广东深圳篇

2022

# 广东省深圳
# 生态环境监测中心站这一年

凡是过往，皆为序章。2022 年，是深入推进“十四五”规划实施的关键之年，广东省深圳生态环境监测中心站*全面学习贯彻党的二十大精神，加快构建“一核两翼三支撑”的现代化生态环境监测体系，深入支撑减污、降碳和生态保护，为服务生态环境保护奠定坚实基础。

* 本篇简称监测中心。

# 党建工作

## 红色领航笃行不怠，构建党建和业务深度融合新格局

加强理论学习筑牢思想根基。深入学习习近平新时代中国特色社会主义思想。组织全体党员干部第一时间学习党的二十大精神，分批次多轮次开展专题学习研讨，多种形式推进党的二十大精神学习宣传贯彻工作。坚持第一议题学习制度，通过站长办公会、“三会一课”、主题党日活动等形式开展集中学习，充分利用“学习强国”“深圳智慧党建”、党员活动室等平台开展个人自学，以集中学习带动个人学习，以主题研讨促进深入学习，推动全体党员干部全面深刻领悟、运用指导实践。

•• 党总支书记、站长熊向陨同志讲学习贯彻党的二十大精神专题党课

•• 监测中心喜迎二十大图片展

有效发挥党员先锋模范作用。以优良党性党风引领保障监测发展。发动党员干部始终冲在海洋监测、二噁英监测、应对疫情监测、应急监测等急难险重工作的最前线，有力支撑秋冬季大气污染防治百日攻坚。抽调 8 批共 39 名党员干部全脱产下沉到疫情最严峻、最吃紧的街道社区开展抗疫工作，支援一线疫情防控；党员干部带头赴深圳疫情最严重的上沙社区塘晏村、龙秋村等隔离区域开展共计楼栋化粪池 490 多个点位的余氯监测。

强化廉政教育锻造严谨作风。坚持廉政“第二议题”制度，把廉政教育内容列

为站领导班子会议、站务会、党总支会议的固定议题，深入开展廉政警示教育。高标准开展“10+5+2”系列纪律教育学习月活动，即推进全站十项重点工作、支部“五个一”学习活动、部室两个全覆盖，把纪律教育学习贯穿监测工作全过程。组织签订廉政建设责任书和廉洁自律承诺书，建立廉政档案，开展廉政谈话 643 人次，层层压实责任。制（修）订内部管理制度 24 项。

开展特色宣传活动凝心聚力。举办以“喜迎二十大 奋进新征程”主题图片展，营造浓厚的颂党敬党爱党氛围；党总支书记带头开展“一对一”挂点街道共建活动，积极在社区基层宣传党的二十大精神。依托“一站两平台”开展“碳路先行，共建清洁美丽深圳”六五环境日活动、小南山空气自动监测站科普宣传、野外科学观测站开放日活动等环境监测设施开放活动 6 场次，在省六五环境日主场活动中获颁“广东省十佳环保设施开放先进单位”，年度培养自然学校志愿者教师 20 人。

监测中心廉政建设责任书签订仪式

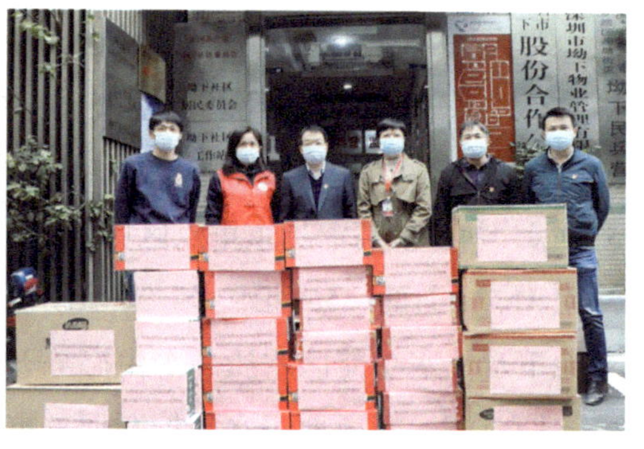

“一对一”挂点社区慰问活动

“碳路先行，共建清洁美丽深圳”六五环境日活动

野外科学观测站开放日活动

# 业务工作

## 科学监测创新发展，以生态环境监测现代化着力支撑人与自然和谐共生的现代化

持续完善生态环境监测网络。建成深圳市首个空港大气站，持续开展机场周边、重点园区、重点区域 VOCs 走航监测；更新国控大气子站，空气业务化预报时长提升至 10 天，开展臭氧污染客观预报方法及气象贡献率评估研究，提升环境空气质量分时段精细化预报能力。完成东江流域及坪山河水生态监测试点；编制完成深圳市“十四五”海洋生态环境监测基础能力设施建设项目建议书并报市发展改革委立项；建成 49 个核与辐射环境自动监测站点。

有力支撑深入打好污染防治攻坚战。开展环境空气质量、颗粒物组分、118 种 VOCs 及成分谱等监测及环境空气质量会商和预报预警，启动空气质量日常会商 365 次、大气污染应急会商 98 次，开展全市各区 VOCs 走航 6 540 千米，监测企业 539 家，初步摸清深圳市重点区域 VOCs 排放状况和排放特征。组织对全市 350 条河流 417 个断面、56 座水库、22 座湖泊及地下水、水功能区水质、水生态等开展定期监测，开展地表水国控断面、重点攻坚国考断面干支流水质加密监测。承担南海近岸海域国控、省控点位水质监测，组织开展全市 76 个测点和 88 条入海河流每月陆海联动专项监测；开展遥感监测反演，强化赤潮预警。完成国控、省控及菜篮子基地 591 个样品采样及分析测试。组织开展 249 个区域噪声、101 个道路交通噪声监测。开展黑臭水体、地表水重点攻坚断面水质加密监测、重点水库水华等 10 余项专项监测。

大鹏南澳枫木浪水库入库支流水质监测

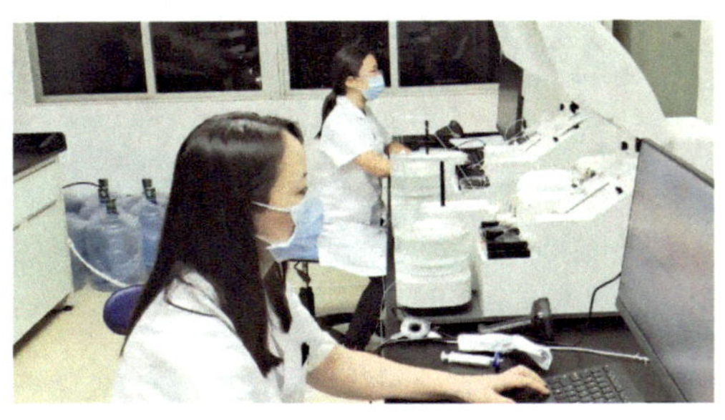

假日夜晚加班完成应急分析样品

•• 完成近岸海域环境质量监测任务

•• 完成核与辐射环境自动监测站点建设

•• 开展环境监测应急工作

立足最快最好全面开展碳监测试点工作。立足生态环境部碳监测评估唯一的“双试点”城市，建成覆盖碳源汇的温室气体综合监测网络。完成 155 个生态环境单元“驻点 + 移动”走航监测，宏观摸底调查温室气体空间浓度分布；建成 6 个温室气体高精度自动监测站和 2 个红树林海洋碳汇碳通量监测站，并实现数据在线联网，推动 4 家重点企业安装在线自动监测设备，累计获取碳排放和碳吸收自动监测数据约 5 万个；建立 4 种主要温室气体和 50 种含氟温室气体和消耗臭氧层物质监测分析方法。利用前沿信息技术赋能碳监测评估高质量推进，形成“5+1”碳源汇全景监测格局。完成 40 轮次碳同位素手工监测，获得典型区域化石源碳排放特征；完成红树林碳通量监测，监测评估深圳碳汇资源储量及变化情况；对网格化排放清单反演同化，完成 2022 年 8 月和 11 月两个典型月份碳排放量估算；开展温室气体中精度 22 个点位监测和探索碳柱浓度监测；实现碳源汇监测多源信息汇聚和全景展示。

•• 运用无人机温室气体监测

创新高端平台搭建及开展生物多样性监测。依托站建设的全国生态环境系统首个国家野外科学观测研究站正式揭牌，完成野外站管理架构建设和人员配备；投资 1.8 亿元，开展全市 400 多个点位生态红线监测和生物多样性监测；持续开展植物、昆虫、水生生物监测，开展生态质量样地核实和全市各区生态环境状况指数（EI）

变化分析。召开学术交流会暨学术委员会第一次会议，并与清华大学、北京大学、中国科技大学及中科院有关院所、中国环境科学院环境基准与风险评估国家重点实验室等 10 余家单位签署战略合作协议。

•• 国家野外科学观测研究站揭牌仪式

•• 召开国家野外科学观测研究站建设学术交流会暨学术委员会第一次会议

科技赋能监测监管能力双提升。启动分析实验室升级改造；开展主要饮用水水源地周边土壤及水体抗生素分析方法开发和海洋微塑料监测，开展新污染物监测资质能力扩项；开展环境数据三维展示、机器人扫码送样等。质控数据合格率超 98%，报告及时率超 95%，全年未出现质量事故。完成年度管理评审和内审，通过 CNAS 监督评审及省级资质认定检验检测机构监督抽查，同时强力开展质量监督，参加能力考核、验证、协作定值等 79 批共 120 项次，已出结果全部满意。连续 5 年获国家实验室评比优秀。

•• 隔离场所垃圾焚烧废气监测

•• 绿田光明菜场土壤采集

## 能力科研硕果累累，着力打造一流研究型监测机构

# 获得荣誉

首次联合申报国家重点研发计划《超大城市绿色低碳发展监测与诊断优化应用示范》获批；

牵头完成《特大城市超高精度多模式空气质量预报决策系统研发与应用》项目获 2021 年度广东省环境技术进步一等奖；

参与项目《车载飞行时间质谱 VOCs 走航监测预警溯源系统关键技术与应用》获 2022 年度广东省环境保护科学技术奖一等奖；

获评“广东省十佳环保设施开放先进单位”；

获批深圳市生态环境系统首个“深圳市示范性劳模和工匠人才创新工作室”。

获奖证书

广东省环境技术进步奖

为表彰2021年度广东省环境技术进步奖获奖单位，特颁发此证书。

获奖项目：特大城市超高精度多模式空气质量预报决策系统研发与应用

获奖等级：一等奖

获奖单位：广东省深圳生态环境监测中心站（第一完成单位）

广东省环境保护产业协会

2022年3月

编号：JSJB2021-D14

•• 广东省环境技术进步奖（一等奖）

广东省环境保护科学技术奖

获奖证书

为表彰2022年度广东省环境保护科学技术奖获奖单位，特颁发此证书。

获奖项目：车载飞行时间质谱VOCs走航监测预警溯源系统关键技术与应用

获奖等级：一等奖

获奖单位：广东省深圳生态环境监测中心站

广东省环境科学学会

二〇二二年七月

证书号：HBKJ2022-1-D04

•• 广东省环境保护科学技术奖（一等奖）

•• 广东省十佳环保设施开放先进单位

•• 深圳市示范性劳模和工匠人才创新工作室

2022

# 广西壮族自治区
## 生态环境监测中心这一年

2022年，在总站的指导和帮助下，广西壮族自治区生态环境监测中心始终坚持以习近平新时代中国特色社会主义思想和习近平生态文明思想为指导，深入学习贯彻党的二十大精神，以“强品牌，立标杆”为主题，服务深入打好污染防治攻坚战和稳生态促转型攻坚战，翻开广西生态环境监测新篇章。

# 党建工作

以“五基三化”建设活动为牵引，持续推动支部党建工作迈上“新台阶”。落实《全区基层党建“五基三化”攻坚年行动方案》要求，推动党组织建设全面进步、全面过硬，积极落实“第一议题”制度，召开党员大会 10 次、党总支部委员会议 25 次，开展主题党日活动 17 次，优化调整党支部结构，党支部战斗堡垒作用持续凸显。

开展党员讲党课暨“我为监测中心增光彩”活动

以学习党的二十大精神为契机，促进新时代学习型党支部建设迈出“新步伐”。围绕党的二十大报告明确的新任务、新要求、新举措，组织党员干部群众原原本本学、组织生活学、活动牵引学、营造氛围学，召开全区生态环境监测系统党的二十大精神专题学习活动并邀请党的二十大代表何祥英主任授课、设置专题理论学习记录本、在电梯内设置知识栏目等，推动党的二十大精神学习走深走实。

开展全区生态环境监测系统党的二十大精神专题学习活动

以强化“清廉监测”建设为主线，筑牢良好政治生态“坚实防线”。落实《自治区生态环境监测中心总支部关于深入推进清廉监测建设的工作方案》，召开腐败和作风问题动员部署会 5 次、专项整治学习讨论会 1 次，形成月调度长效机制，推动各项整改工作落地落实；开展“以案为鉴·以案促改”系列警示教育活动、风险隐患排查行动等，锻造忠诚干净担当的生态环保铁军广西队伍。

以抓实产业发展为重点，科技赋能助力乡村振兴“谱新篇”。深入拓展脱贫攻坚成果同乡村振兴工作的有效衔接，开展乡村振兴“一对一”帮扶活动，将主题党日活动开到乡村振兴一线，每季度开展联建共建主题党日活动。提供经费用于发展粽粑叶种植产业，开展种植基地土壤监测工作。防止返贫和新生致贫，助力乡村产业振兴。

•• 召开党支部年度组织生活会

•• 参观“家和万事兴——广西家庭家教家风主题展”

•• 开展腐败和作风问题专项整治大讨论活动

•• 与长乐村开展“守护绿水青山 助力乡村振兴”联建共建主题党日活动

•• 与南宁市民生东社区开展“微心愿”帮扶联建共建活动

•• 与广西环境科学学会党支部开展党史专题学习联建共建活动

# 业务工作

“三发力”支撑服务打好蓝天碧水净土保卫战更加有力。一是蓝天保卫战精准发力。2022 年区域预报等级准确率超 96%，城市预报等级准确率超 92%，区域污染过程预测准确率接近 100%；下沉开展了大气污染过程应对帮扶指导，深入研究广西极端不利气象条件对臭氧污染影响。二是碧水保卫战统筹发力。深入调查，精准分析，对广西壮族自治区重点流域水质溶解氧超标等治水难点提供分析技术服务支撑，调查成果有效应用和指导有关区域开展精准的污染排查和整治。三是净土保卫战靠前发力。选取 7 个地级市的 22 个县级行政区进行排查，超额完成 18 个县级行政区的任务配额，任务量居全国首位，项目经费突破 1.3 亿元。

“三个新”实现生态环境监测多个领域“再拓展”。一是全区地表水环境质量预警预报能力实现“新突破”。全区地表水环境质量预警预报投入试运行，每天提供广西地表水水质日报及未来 3 天水质预测预报信息。二是打造“数字漓江”生态质量智慧监测网络取得“新进展”。作为全国第一批 2 个综合站之一，建设漓江流域生态质量监测综合站，初步建成“一站多点”漓江生态质量监测网络，建立漓江生态质量、生物多样性监测网络，共设 25 个监测样地、105 条观测样线。三是新污染物监测工作迈出“新步伐”。全面启动新污染物调查试点监测工作，建立了 12 个城市 57 个点位的新污染物监测网络。

“三个抓”推动全区生态环境监测系统能力“大幅提升”。一是狠抓培训提升综合素质。中心领导班子成员带队先后 25 次赴各市帮扶指导；跟班培训指导教学 378 人次，4 个技术小分队赴基层培训指导 1 192 人次，专项工作培训班教学 1 934 人次。二是狠抓大比武提升监测能力。举办广西首届地表水环境质量 109 项全分析专项比赛，有效提升广西壮族自治区地表水环境监测分析能力；首次举办广西生态环境保护综合实战能力大比武，全面加强广西壮族自治区执法监测联合应急能力。三是狠抓系统建设提升监测效能。广西生态环境监测质量管理系统上线运行，开启广西生态环境监测质量管理新模式，构建全区质量管理信息化、一体化、规范化大格局。

“四方面”创造生态环境监测技术工作“新佳绩”。一是应急监测能力进入全国第一梯队。统筹指导全区生态环境监测系统，承担 20 余起突发事件应急监测任务，并在全国省级生态环境监测中心（站）开展的应急监测能力评估中获评为“优秀”。二是科研领域成果丰硕。荣获广西科学技术进步一等奖 1 项，广西第十七次社会科学优秀成果奖三等奖 1 项。三是科普工作喜获佳绩。累计开展线下环保设施开放活动 31 场次，接待公众约 749 人次，被生态环境部、中央文明办评为“十佳环保设施开放单位”。四是生态环境综合分析水平显著提升。《关于 2020 年和 2021 年广西生态质量评价结果的报告》等报告获得自治区领导肯定性批示。

生态环境部监测司一级巡视员刘舒生，自治区生态环境厅党组书记、厅长陈亮到中心指导工作

总站总工程师李健军到中心指导工作

开展重点生态功能区（漓江流域）生物多样性试点监测项目，实施过程得到了生态环境保护部南京环境科学研究所专家现场协助与指导

耕地土壤重金属污染成因排查工作干在前，任务量居全国首位

具备内分泌干扰物、抗生素等 100 多种重点管控新污染物监测能力，建立新污染物监测网络

作为全国生态样地监测工作的 6 个试点省份之一，率先开展生态样地监测工作

2022 年广西生态环境保护综合实战能力大比武

年度开展线下环保设施开放活动 31 场次，接待公众约 749 人次

# 获得荣誉

荣获生态环境部办公厅、中央文明办秘书局授予“2022 年十佳环保设施开放单位”称号；

党总支部荣获自治区生态环境厅 2021—2022 年度先进基层党组织；

荣获国家机关事务管理局、中共中央直属机关事务管理局、国家发展和改革委员会、财政部联合授予“节约型机关”称号；

“木质纤维改性及其在重金属污染修复中的应用”课题荣获自治区人民政府授予广西科学技术进步奖一等奖；

荣获自治区科协认定“十四五”期间第一批广西科普教育基地；

参加美国环境资源联合会组织的 2022 年土壤中镉检测能力国际验证活动，被认定为“卓越实验室”；

“广西长寿环境研究及其在区域大健康产业中的应用”荣获广西社会科学优秀成果奖二等奖；

“广西生态环境质量分析及对策研究”荣获广西社会科学优秀成果奖三等奖；

九三学社广西区参政议政课题《双碳背景下广西高质量发展研究》被评为一等奖；

创编作品《同是一轮明月，同是锦绣中华》在第十四届区直机关“我邀明月颂中华”爱国诗词诵读大赛中荣获二等奖；

荣获国家卫生健康委员会与中国红十字会总会、中央军委后勤保障部卫生局授予的“2020—2021 年度无偿献血终身荣誉奖、金奖”1 项；

荣获广西科技厅 2022 年广西十佳科普使者比赛优秀奖 1 项；

在自治区生态环境厅“我是广西生态环境讲解员”视频比赛中荣获二等奖 1 项、荣获三等奖 2 项。

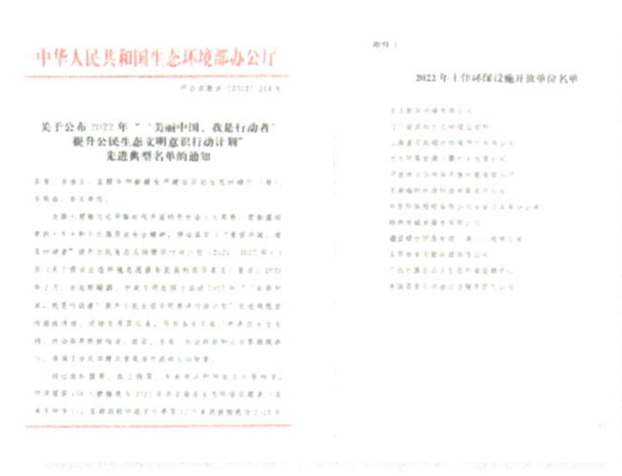

中华人民共和国生态环境部办公厅

关于公布 2022 年“‘美丽中国，我是行动者’提升公民生态文明意识行动计划”先进典型名单的通知

2022 年十佳环保设施开放单位名单

•• 荣获生态环境部办公厅、中央文明办秘书局授予“2022 年十佳环保设施开放单位”称号

•• 党总支部荣获自治区生态环境厅 2021—2022 年度先进基层党组织

•• 荣获国家机关事务管理局、中共中央直属机关事务管理局、国家发展和改革委员会、财政部联合授予“节约型机关”称号

•• “木质纤维改性及其在重金属污染修复中的应用”课题荣获自治区人民政府授予广西科学技术进步奖一等奖

•• 参加美国环境资源联合会组织的 2022 年土壤中镉检测能力国际验证活动，被认定为“卓越实验室”

•• “广西长寿环境研究及其在区域大健康产业中的应用”荣获广西社会科学优秀成果奖二等奖

•• 九三学社广西区参政议政课题《双碳背景下广西高质量发展研究》被评为一等奖

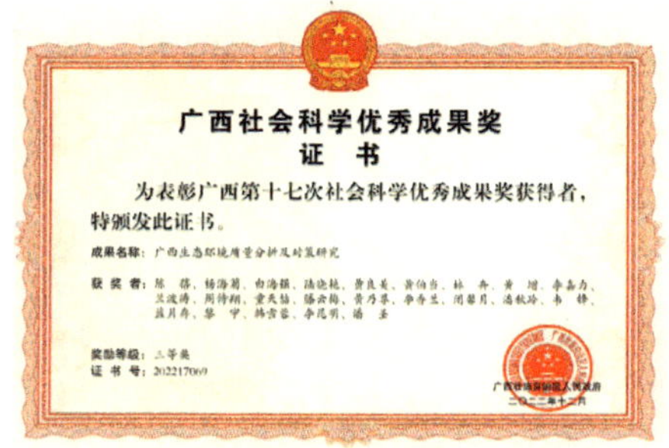


•• “广西生态环境质量分析及对策研究”荣获广西社会科学优秀成果奖三等奖

2023年，广西壮族自治区生态环境监测中心坚持学在前强信念、干在前做示范、行在前当表率、冲在前敢担当、严在前立标杆、廉在前塑形象的“六个在前”要求，开展“品牌铸魂、强堡垒”主题活动，凝聚斗志、激发活力，全面推进党建工作上台阶，同时扎实做好党建与业务双融双促，不断加强水生态、大气、土壤监测和预警预报工作，不断拓展生态质量监测工作，不断强化对基层生态环境监测机构的指导帮扶，奋力谱写中国式现代化广西生态新篇章。

2022

# 广西壮族自治区海洋环境监测中心站这一年

2022 年，广西壮族自治区海洋环境监测中心站（总站南海近岸海域环境监测西站），坚持以习近平新时代中国特色社会主义思想为指导，深入学习宣传贯彻党的二十大精神，坚定贯彻落实党中央“疫情要防住、经济要稳住、发展要安全”重要要求，始终以高度的政治担当和团结奋进的工作状态，辐射带动全站干部职工强化理论武装、增强政治担当自觉，以“擦亮党建深度融合业务品牌”党旗红，引领“助推广西近岸海域污染防治”生态绿，践行“六个在前”精神，守正创新，勇毅前行，奋力谱写海洋监测新篇章。

# 党建工作

## ●突出加强政治统领，不断深化思想政治建设

通过站理论中心组专题研学会、全站职工大会、全站党员大会、共产党员活动日等方式，加强习近平新时代中国特色社会主义思想等政治理论学习，持续深化理论武装；严格落实“三会一课”、民主生活会、民主评议党员等制度，严肃党内纪律和政治生活；每月开设一期“学习大讲堂”、举办“北部湾海洋生态环境论坛”，深化理论政策、监测技术等学习，增强以讲促学、以讲带学的学习效果。

## ●突出夯实基层基础，推动党建与业务深度融合

紧密结合海洋生态环境监测特点，制定《开展“将党旗插在项目一线”行动实施方案》，部署全年党建带动业务各项工作压紧做实；强化海上监测先锋队、海洋清洁志愿服务队、科研技术攻关团队 3 个品牌的建设，充分发挥党员先锋模范作用，推动党建与业务深度融合发展，助力美丽海湾建设和向海经济高质量发展。

## ●突出“党日活动＋”载体，有效发挥党建引领作用

通过开展“党日活动＋海洋碳汇”活动、“党日活动＋科普宣传”活动、“党日活动＋乡村振兴”活动、“党日活动＋疫情防控”活动、“党日活动＋文明城市创建”活动等，把海洋生态环境监测、科普宣传以及乡村振兴、疫情防控、为群众办实事等工作融入党日活动中，让党员在实践活动中不断提高政治站位，展先锋风貌，以高质量党建引领业务工作高质量发展。

## ●突出“政治引廉”，全面推进清廉监测建设

通过站理论中心组专题研学、“党政领导联席会议”第一议题导学等方式，加强党的二十大精神学习和党风廉政教育，着力建设清廉班子；开展“书记点题谈”

“以案为鉴 以案促改”警示教育、“学习先进典型 树立勤廉榜样”等活动，着力建设清廉队伍；对照“五基三化”开展自查自纠，深入查找问题，抓好问题整改，建立站内党建工作月调度制度，着力建设清廉党支部；围绕“三个”亮点品牌建设开展“将党旗插在项目一线”行动，以及疫情防控、创建全国文明城市等一系列“我为群众办实事”实践活动，着力建设清廉服务。

•• 北部湾海洋生态环境论坛

•• 海上监测先锋队

•• 海洋清洁志愿服务队

•• 技术攻关团队

•• 走进海洋监测科技 你我同行护碧海科普进乡村暨五月党日活动

•• 北海“7·12”疫情期间，党员志愿者24小时轮班守护责任小区安全

•• 对“三无小区”开展清洁大扫除志愿行动

•• 开展“厚植生态优势，共建地球生命共同体”主题活动

# 业务工作

## ●拓展新兴领域，强化海洋监测支撑服务

2022 年，广西壮族自治区海洋环境监测中心站在完成广西海洋生态环境质量监测、北部湾典型生态系统健康监测、珍稀海兽调查、渔业资源调查、海漂垃圾和微塑料监测、持久性有机污染物监测的同时，积极拓展海洋自然保护地和滨海湿地试点监测、应对海洋气候变化和新兴污染物调查研究工作，助力“美丽海湾”建设和“双碳”目标实现。2022 年，广西海洋生态环境质量稳中有进，全年近岸海域水质为“优”，优良（一、二类）水质面积比例为 94.5%，优于国家“十四五”考核目标（≥93.0%）和 2022 年目标（≥92.0%）；海草床、红树林、珊瑚礁三大典型生态系统总体均呈健康状态，累计识别出布氏鲸个体 52 头，中华白海豚个体 389 头。

•• 开展海洋自然保护地和滨海湿地试点监测

•• 开展红树林生态系统碳储量试点监测

•• 开展广西近岸海域海洋垃圾底数调查

•• 举办“厚植生态优势，共建海洋命运共同体”海洋环境保护论坛

## ●突出问题导向，强化涉海技术支撑保障

积极开展“湾长制”、广西沿海生态问题专项调查、广西近岸海域污染防治计划编制等专项工作，开展广西重点海湾加密监测，按期完成广西重点海湾加密监测，每月 / 季度报送重点海湾生态月报、铁山港深海排放跟踪专项生态报告和各项质量报告等，重点推进茅尾海氮、磷溯源调查及削减研究工作，建立沿海监测中心“一对一”蹲点精准技术帮扶模式，补强区域海洋监测能力。

## ●守正创新，强化科技支撑能力

不断完善科研创新体制机制，完成《科研项目绩效管理办法》等 6 项制度修订，并首次开展站内创新攻关项目申报，确定创新攻关项目 29 项，组建科研技术团队 8 个；搭建高水平科研平台，成功举办海洋生态环境保护科技交流周活动；与 6 家单位建立战略合作关系，共同推进科技攻关、科研观测等方面的战略合作；同时，聚焦海洋生态环境问题开展科研攻关，成功获第十七次社会科学优秀成果三等奖 1 项、获广西重点研发项目 2 项，北部湾海洋资源环境与可持续发展重点实验室

2022 年度开放基金 1 项，广西地方标准 1 项、广西团体标准协会 4 项、授权发明专利 5 项、科技成果 2 项，发表 SCI 期刊论文 2 篇，中文核心期刊论文 4 篇。

## ●夯实基础，强化海洋环境监测铁军担当作为

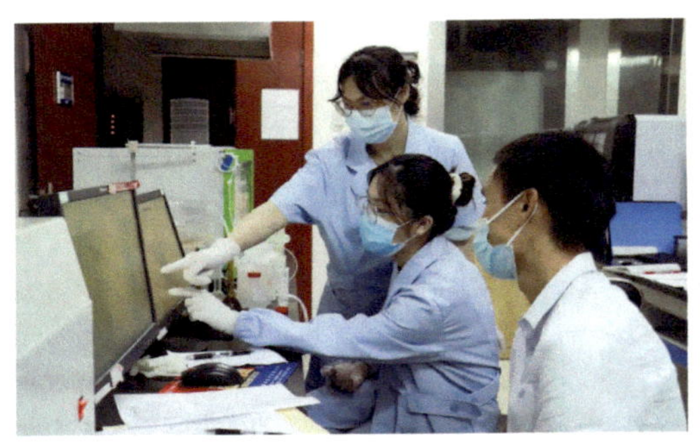

•• 组织队伍参加全区生态环境地表水环境质量标准 109 项全分析专项比赛

调整完善内设机构，完成 59 项单位管理制度制（修）订工作，堵塞海洋监测管理漏洞；建立健全多元化用工机制，全方位培养人才；以练为战砺精兵，组织队伍参加 2022 年全区生态环境地表水环境质量标准 109 项全分析专项比赛并荣获“三等奖”，7 人荣获 11 个单项奖。

## ●推动科研科普双向奔赴，强化科研科普化

围绕“共建清洁美丽世界”和海洋生物多样性保护等主题，共组织开展了 28 场次科普主题活动，参与公众近 3 000 人，进一步提高了公众的海洋环保意识；建成并开放使用广西海洋生态环境监测科普展厅，填补了广西壮族自治区海洋生态环境监测科普基地的空白，从 7 月开馆以来共接待 10 批次，参观人员约 300 人，有效普及了海洋监测科普知识；组织科普讲解员参加各类科普讲解员竞赛，并荣获一等奖 1 次、二等奖 3 次、三等奖 2 次，广泛传播了海洋生态环境监测科技知识。

•• 举办广西海洋生态环境监测科普展厅开馆仪式

•• 举办“共建清洁美丽世界”六五世界环境日主题活动

# 获得荣誉

获国家机关事务管理局、中共中央直属机关事务管理局、国家发展和改革委员会、财政部联合授予“节约型机关”称号；

获广西第十七次社会科学优秀成果三等奖；

荣获 2022 年全区生态环境地表水环境质量标准 109 项全分析专项比赛三等奖；

获 2021 年度广西大型科研仪器开放共享绩效考核优秀；

获认定为广西野外科学观测研究站；

获认定为 2022 年度广西工程研究中心；

荣获“十四五”期间广西第一批广西科普教育基地称号；

获广西科技计划广西重点研发项目 2 项；

获北部湾海洋资源环境与可持续发展重点实验室 2022 年度开放基金 1 项；

获广西生态环境厅“喜迎二十大 永远跟党走”短视频大赛二等奖、最佳摄影奖；

获地表水环境质量标准 109 项比赛全分析项目个人单项奖 7 人；

荣获“我是生态环境讲解员”“广西十佳科普使者选拔赛”“我是广西生态环境讲解员视频比赛”“北海市第三届科普讲解大赛”等比赛一等奖 1 次、二等奖 3 次、三等奖 2 次，优秀剧本 2 部；

荣获“我与广西生态环境保护这十年征文比赛”二等奖 1 人，三等奖 2 人；

荣获 2022 年广西生态环境系统家风故事征文比赛一等奖、三等奖各一人。

国家机关事务管理局“节约型机关”证书

广西生态环境厅“喜迎二十大 永远跟党走”短视频大赛二等奖

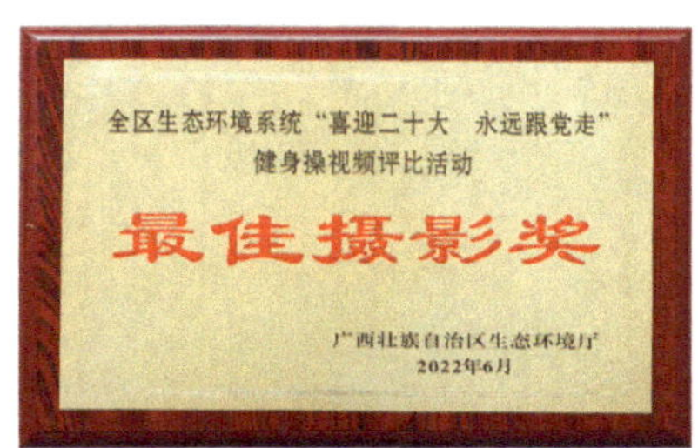


广西生态环境厅“喜迎二十大 永远跟党走”短视频大赛最佳摄影奖

2023年，广西壮族自治区海洋环境监测中心站将继续以“擦亮党建深度融合业务品牌”党旗红，引领“助推广西近岸海域污染防治”生态绿，深入开展学习习近平新时代中国特色社会主义思想主题教育，力争在海洋监测工作上迈出更大步伐、在海洋污染防治工作上作出更大贡献、在打造海洋监测铁军上取得更大成效，以“守正创新，勇毅前行”的昂扬姿态，全力服务广西生态环境保护事业高质量保护，为谱写中国式现代化广西生态新篇章作出新的更大贡献。

2022

# 海南省生态环境监测中心这一年

2022年是承前启后的一年。党的二十大隆重召开，开启了中国式现代化全面推进中华民族伟大复兴的新征程，环保铁军一片欣然；海南省第八次党代会胜利闭幕，确立了“一本三基四梁八柱”战略框架，生态环境念兹在兹。海南国家生态文明试验区建设蹄疾步稳，深入打好污染防治攻坚战稳中有进，“六水共治”开辟了水污染治理新篇章，省级环保督察发轫有力。环境监测对以上工作的基础支撑作用越发突出，对“天更蓝、山更绿、水更清”诠释更加生动。与此同时，新冠疫情在这一年出现了反复延宕，在海南省生态环境厅党组的坚强领导下，在总站的大力指导下，海南省生态环境监测中心全体干部职工戮力同心、踔厉奋发，深入贯彻省委、省政府“一手打伞、一手干活”的要求，高效统筹疫情防控和监测任务，在疫情防控、保密安全、监测质量等方面守住了底线，在全省生态环境监测网络运维上作出了贡献，在新污染物监测、碳监测、水生态监测上作出了亮点，在向着新时代的监测道路上迈出了坚实有力的步伐。

# 党建工作

2022 年，在海南省生态环境厅党组的坚强领导下，海南省生态环境监测中心坚持以习近平新时代中国特色社会主义思想为指导，认真学习贯彻党的二十大精神，以党的政治建设为统领，主动扛起管党治党政治责任，持续引导党员干部增强“四个意识”、坚定“四个自信”、做到“两个维护”，坚定不移把全面从严治党引向深入。贯彻落实党建引领海南自由贸易港建设“1+2+7”系列文件，紧紧围绕“一本三基四梁八柱”战略框架、污染防治攻坚战和中心重点工作等，突出基层党建服务“国之大者”，细化任务清单，把党建工作与业务工作同谋划、同部署、同推进、同考核。

•• 海南省直机关工委常务副书记及省生态环境厅毛东利厅长调研中心党支部党建工作

•• 肖建军副厅长以普通党员身份参加支部海南史志馆研学主题党日活动

## ●以“学”为先，提高政治素养

支部和全体党员干部认真开展党的二十大精神和省委八届二次全会精神学习，通读研读新修订的《党章》，党的二十大召开后，支部先后开展 7 次集中学习，紧紧围绕海南自由贸易港建设和国家生态文明试验区建设的光荣使命，在推动高质量发展中勇挑重担，传播奋进新时代的主流思想舆论。

## ●以规划圆，巩固党支部标准化建设

深入贯彻落实新时代党的组织路线，认真对标《中国共产党和国家基层组织工作条例》要求，推动支部建设加强党建工作标准化，坚持做到组织设置、党员发展、党员管理、阵地建设、组织活动、党员资料六个标准化。赴省史志馆、琼海红色娘子军革命烈士纪念碑研学，进一步砥砺为人民谋幸福的共产党员初心和使命意识。

## ●以“纪”为根，崇尚清正廉洁

树立正人先正己、打铁自身硬的理念，培树党员责任意识、廉洁意识、法治意识。压实廉政责任，将“防”挺在前面。认真履行党风廉政建设“第一责任人”职责，专题研究党风廉政建设工作，研究细化全面从严治党“三个清单”。

•• 党员先锋队赴三亚开展抗疫志愿服务

•• 支部赴琼海红色娘子军革命教育基地学习

•• 支部代表省厅参加第三届“椰树杯”党建创新引领工作创优大赛展演

•• 支部参加省厅党建创新引领工作创优大赛

# 业务工作

## ●全省生态环境质量总体改善

全省环境空气质量总体优良，优良天数比例为 98.7%，$PM_{2.5}$ 年均浓度再创历史新低，达 12 微克 / 立方米。地表水水质总体为优，水质优良比例为 94.9%。城市（镇）集中式饮用水水源地水质稳定达标，农村万人千吨、乡（镇）村饮用水水源地水质达标率有所提升。地下水水质总体较好，Ⅱ～Ⅳ类水质点位占 90.7%。近岸海域水质总体为优，优良水质比例为 99.60%。

•• 时任总站站长陈善荣调研海南省大气环境监测工作

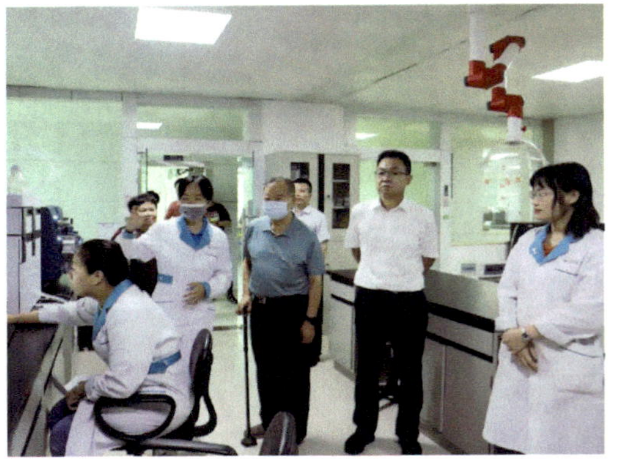
•• 中国工程院院士、总站总顾问魏复盛调研海南水生态环境监测工作

## ●扛起疫情防控，守住安全底线

三亚“0801”新冠疫情期间，组织全省生态环境监测系统开展全省定点医院、方舱医院、集中隔离点、污水处理厂、集中式饮用水水源地等涉疫地区水环境应急监测，为精准打好疫情防控狙击战提供了有力的环境质量监测保障。积极响应省委、省政府号召，派出 13 名督导帮扶人员和志愿者出击全省抗疫，推动了三亚、万宁、陵水、乐东、临高等市（县）医疗废水及医疗废物处置。1 名同志获省委组织部优秀志愿者表彰。

## ●锐意深化改革，促进高质量发展

紧抓生态环境部智慧监测试点改革契机，编制海南省生态环境智慧监测和创新应用能力建设项目，力争推动海南省生态环境智慧监测“一张网”“一核心”“一平台”的一体化监测能力体系建设。实施生态环境大数据一期项目建设，首批重点打造环境空气预警预报、LIMS 等分支系统，尽快实现环境监测向大数据全方位、全流程、全环节的智能管理转变，进一步发挥监测数据联网的聚合效应和集成应用。

## ●找准定位优势，作出先行亮点

在五指山背景站建设温室气体高精度监测系统，实施不同高度的二氧化碳监测。首次开展西沙群岛海草床监测，进一步掌握南海海洋蓝碳资源现状，为碳汇能力的保护和提升提供科学支撑，有效服务海南省“双碳”工作的开展。深化开展抗生素污染物监测，首次开展饮用水水源地水体中新烟碱类农药赋存监测，夯实海南省新污染物治理支撑。在南渡江、万泉河、昌化江三大流域试点开展水生生物监测和流域生境调查监测，地方标准《河流水生态健康综合评价指南》已经通过立项，打响海南省水生态监测“第一炮”。建立三大河流入海河口微塑料监测基础上，深入拓展监测范围，实现微塑料监测从海南岛延伸至西沙群岛，不断填补海南省微塑料监测能力空白。

## ●打造新招实招，夯实基础保障

聚焦全省特色环境空气质量监测与评价体系建设，科学制定《海南省环境空气质量评价技术规范（试行）》，有效保障全省挥发性有机物监测网络稳定运行。大力推进 6 个水质预警监测站建设，“十四五”地表水环境质量预警监测网络进一步优化完善。继 2012 年后，首次修订《海南省生态环境监测技术人员持证上岗考核实施细则》，全省监测人员持证上岗考核工作更加规范与优化。深入结合“能力提升建设年”和“查堵点、破难题、促发展”活动，高位推动群众烦心的环保投诉应急监测。

•• 珊瑚礁海草床典型海洋生态系统监测样带布设

•• 分析人员开展分析监测

•• 雨中开展污染源监测

# 获得荣誉

第三届省直机关“椰树杯”党建创新引领工作创优大赛一等奖；

全省党建课题研究优秀论文二等奖；

“建工自贸当先锋、喜迎党的二十大”2022 年度省直机关基层党组织理论宣讲大赛优秀宣讲报告；

水环境监测室被授予 2022 年海南省“巾帼文明岗”荣誉称号；

《2021 年海南省生态环境质量报告书》获总站表扬；

省生态环境厅 2022 年党建创新引领工作创优大赛二等奖。

•• 第三届海南省直机关“椰树杯”党建创新引领工作创优大赛一等奖作品展演

•• 海南省模范职工之家

中共海南省委直属机关工作委员会

关于"建功自贸当先锋，喜迎党的二十大"2022年度省直机关基层党组织理论宣讲评选活动情况的通报

2022 年度省直机关基层党组织优秀理论宣讲报告

中共海南省委直属机关工作委员会文件

琼直党工〔2022〕27号

关于表彰2022年海南省机关党建课题研究优秀论文的通报

2022 年海南省机关党建课题优秀论文

中国环境监测总站文件

关于印发《2022年生态环境质量报告质量检查工作总结》的通知

海南省 2022 年生态环境质量报告书获得表扬

2022 年省生态环境厅党建创新引领工作创优大赛二等奖

2023年，是全面贯彻落实党的二十大精神的开局之年，也是实施“十四五”生态环境监测规划的关键一年。海南省生态环境监测中心必将挺膺奋起，立生态环境监测高质量发展之势、应现代化生态环境监测体系之变、守生态环境监测数据“真、准、全”之坚，推进重点领域监测、先行先试试点监测不停步，为深入打好污染防治攻坚战、建设绿色低碳自由贸易港作出积极贡献。

2022

# 重庆市生态环境监测中心这一年

2022 年，重庆市生态环境监测中心*克服极端高温、新冠疫情等困难，以夯实党建引领业务发展，以能力建设稳固监测根基，以科研智慧赋能目标实现，充分发扬生态环保监测铁军精神，圆满完成年度各项任务，为奋斗新时代、起航新征程呈上多彩成绩单。

一年来，累计编制手工监测报告 2 600 余份，获取监测数据 2 000 余万个，自动监测数据量同比增长 54%，满足了生态环境质量管理数据需求，提升了管理决策科学水平。累计发布水质日报、空气质量预报 730 余份，组织环境质量会商 12 次，精准科学分析环境质量现状和成因，预判变化趋势，形成各类分析材料 1 500 余份（同比增长 25%），助力全市实现 74 个国控断面水质优良比例达到 98.6%（高于国家考核目标 1.3 个百分点）、空气质量优良天数达到 332 天（同比增加 6 天）、土壤及声环境质量保持稳定。

---

* 本篇简称中心。

# 党建工作

用制度压实责任。逐级签订《全面从严治党责任书》，压实全面从严治党主体责任清单、全面从严治党考核实施办法；全年梳理完成党建任务 58 项，召开党委会议 26 次（研究议题 91 项）；对照党史学习教育查摆发现突出问题 9 个并逐一剖析整改，全面贯彻落实从严治党责任。

•• 何国语书记给全体党员讲专题党课

•• 刘强主任辅导干部职工专题党课

用理论武装思想。开展中心组学习 6 次、党委会“第一议题”学习 26 次，党员大会、支委会、主题党日等 200 余次；邀请市委党校专家就《中国共产党章程》作专题辅导；领导班子、支部书记讲党课 40 余次，全面学习贯彻党的二十大精神。

用纪律肃清风气。动态更新廉政风险点 40 个，制定防控措施 59 条；修订《外出监测纪律监督检查办法（试行）》并进行明察暗访，总计收到《环境监测服务廉政告知书》反馈 1 000 余份，满意率达 100%；每周转发典型案例，每月听取纪检汇报，每季度召开廉政专题会，正风肃纪持续深化。

用真情服务基层。疫情期间，中心 140 余名干部职工主动下沉社区，助力缓解基层疫情防控压力，出动技术骨干 20 余人次，深入 55 个重点区域，督促指导医疗废物、废水收运处置。积极助力乡村振兴工作，通过消费帮扶、技术支持、党建带动等举措，确保桐麻村帮扶举措真正落地。

用特色展现风貌。中心微信公众号正式上线运行，对标“一流”水平开展“周五讲堂”11期，通过真学、真懂、真信、真用，提升中心人员业务技能；评选“最美笑脸”20人次、“每月之星”95名，展现中心精神风貌，营造干事创业良好氛围。

“最美笑脸”展现职工风采

“每月之星”弘扬榜样力量

支部活动丰富多彩

# 业务工作

硬核鏖战出良策，护卫一川秀水碧。一是紧盯重点河流，加强日调度、周分析、月会商，发出高风险预警约270次，提出针对性建议500余条，协同督导整治重点河流问题 200 余个，为赢得全年水质达标争取主动权。二是针对极高风险关键断面，多手段、全天候，历时 6 个月驻点排查、溯源分析、问诊献策，精准助力超标断面转危为安，确保国家考核目标顺利实现。三是新建市控及以上水站 29 个，实现 74 个国控断面自动监测 100% 覆盖，自动化比例位居全国前列。完善水质预警预报系统，通过模型优化和系统升级改造，目前已达到全国一流水平。联合国家级研究中心建成全国首家采测一体化水质 AI 实验室并试点运行。四是首次开展川渝联合巡查监测，实现两地“监测结果互认，分析数据共享”双赢目标；首次靶向监测科学发力，达到污染源与河流控制单元一体化监控，污染源与支流水库“一源一码”管理；首次形成川渝联合分析报告，提出水质改善措施和管控对策，助力南溪河跨界水体联防联治。

开展南溪河水质提升专项攻坚

野外采集水质监测样品

头顶烈日甘冒风险实施水质采样监测分析

追因溯源谋管控，抢回一洗清朗蓝。一是新增机场、铁路货运、港口、道路交通、工业园区等类型空气自动站，建成大气超级站 1 个；部分站点在常规 6 因子基础上，新增挥发性有机物、非甲烷总烃等 5 类监测因子。二是每日开展 5～7 天分区（县）精细化空气质量预报，编制和报送各类报告 470 余期，全年开展大气污染执法监测 600 余家次；利用颗粒物雷达、VOCs 走航等技术实时监测 50 余次，推送防控信息 120 余万条，指导区县精细应对。三是率先在全国新建 2 个城市高精度温室气体自动监测点，完成典型生物量地面监测和土地利用遥感影像解译，以及典型行业企业温室气体排放监测，初步建立碳同化反演方法。四是国家重点研发计划

《成渝 $PM_{2.5}$ 化学组分和光化学污染立体监测网设计与建设》项目通过市级验收，成渝城市群复杂地形下碳监测点位布设与监测评估体系研究与应用项目申报成功，重庆市生态环境大气污染成因分析与决策支撑重点实验室工作按期完成，山地复杂地形下川渝大气联防联控重点区域 $PM_{2.5}$ 污染输送特征研究有序推进。

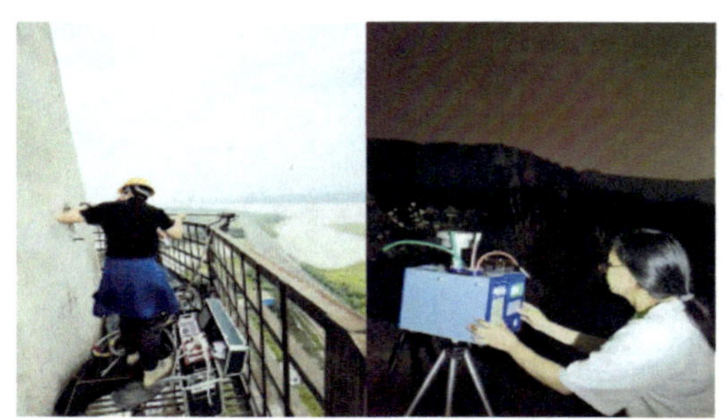

•• 昼夜不息进行大气加密执法监测

•• VOCs 走航监测锁定污染源头

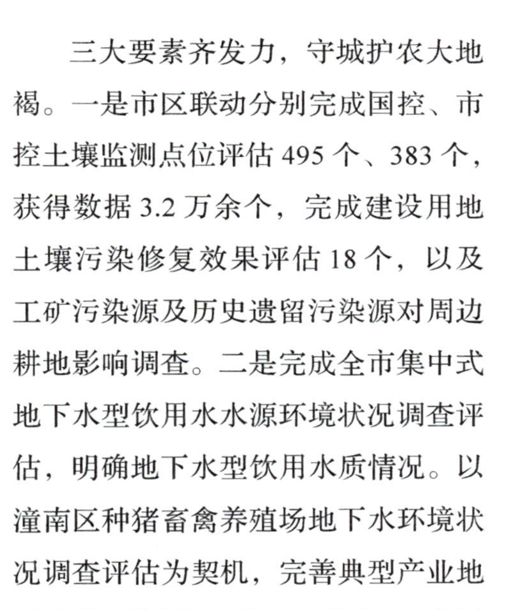

三大要素齐发力，守城护农大地褐。一是市区联动分别完成国控、市控土壤监测点位评估 495 个、383 个，获得数据 3.2 万余个，完成建设用地土壤污染修复效果评估 18 个，以及工矿污染源及历史遗留污染源对周边耕地影响调查。二是完成全市集中式地下水型饮用水水源环境状况调查评估，明确地下水型饮用水质情况。以潼南区种猪畜禽养殖场地下水环境状况调查评估为契机，完善典型产业地下水状况评估经验。三是在 38 个区（县）52 个村庄实施农村环境质量试点监测，跟踪监测 1 614 家农村生活污水处理设施出水水质状况和 27 个整治完成黑臭水体情况。

•• 整理国控土壤评估样品

•• 采集建设用地土壤评估样品

深入田间地头
采集监测样品

巡查农村生活污水处理
设施出水水质状况

内外兼修提能力，培育技能展新绿。一是 112 人顺利通过 2022 年国家资质认定扩项评审和持证上岗考核，持证项目数达 1 284 项次，在全国省级监测站中均位列第一；在国家级能力考核的 3 大类 12 项次中结果均为满意。二是公开招录、遴选硕士以上学历 10 人，通过“英才大会”招聘博士 5 人、博士后 1 人，实施青年人才培养，释放人才红利，形成发展梯队。三是按照“十年领先、二十年不落后”标准升级改造监测中心实验室，成立农业农村分中心，建成 AI 智能化实验室，顺利启动分子实验室、计量实验室建设，围绕大气复合污染成因与防控、水质监测评估与智能预警监控、农村生态与土壤监测、物理监测技术等领域，积极筹备一批重点实验室建设。

交流授权签字人上岗考核经验

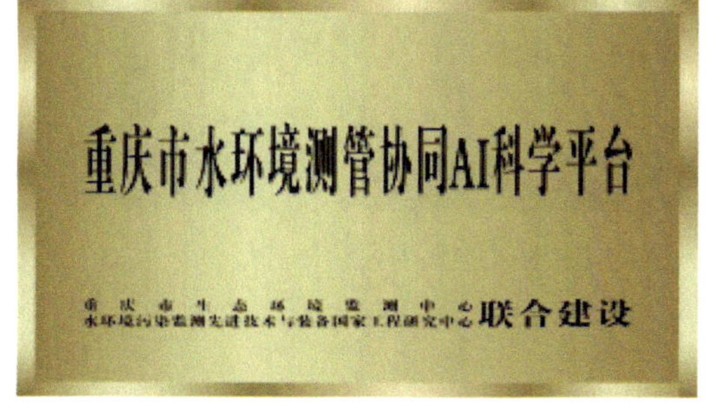



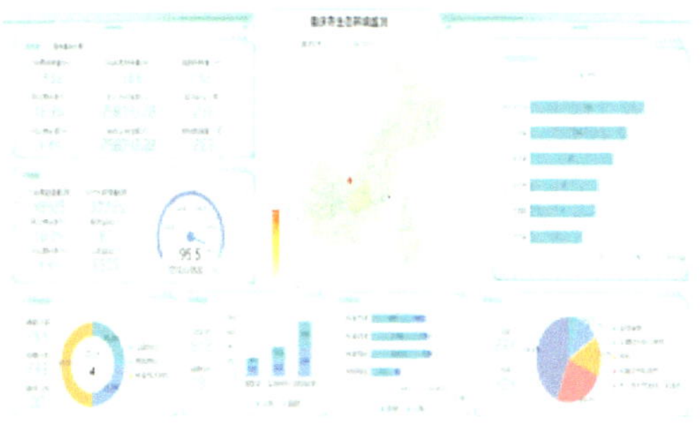

五个首次助突破，深耕科研沃土黑。一是首次同年成功申报 2 项重点研发项目，全年成功申报各级科研项目 23 项，引进科研资金 460 余万元。二是首次按照国家标准验证点申报要求，完成《国家标准验证点申报方案》编写报送，现已提交国家标准化委员会审核。三是大气智慧监测与精准预报创新创业团队和蒋昌潭同志分别荣获重庆英才计划“重庆英才 · 创新创业领军人才（创新创业团队）”“重庆英才 · 创新创业领军人才”称号，首次填补了重庆英才计划生态环境保护领域人才空白。四是重庆市挥发性有机物治理与应用评估工程技术研究中心首次设置 6 个开放课题项目，投入科研经费 36 万元，会聚培育科研人才。五是首次发布《2021 年度监测中心科研成果集》，汇集科研成果，激发创新激情。

学术委员会会议纪要

•• 学术委员会进行项目内部审核

# 获得荣誉

代表重庆市向生态环境部作生态环境统计工作经验发言；

代表重庆市向总站作水质预警预报工作先进经验交流；

《重庆市 2021 年生态环境质量报告书》在总站的评比中荣获“优秀”等次；

在 2022 年国家环境监测网实验室能力考核中荣获“优秀”等次；

挂职总站人员葛淼主笔的水环境监测分析报告获黄润秋部长批示；

荣获市人力社保局、市水利局联合颁发的“重庆市河长制工作先进集体”称号；

大气智慧监测与精准预报创新创业团队荣获重庆英才计划“重庆英才 · 创新创业领军人才（创新创业团队）”称号；

蒋昌潭同志荣获重庆英才计划“重庆英才·创新创业领军人才”称号；

2 个党支部荣获局系统“先进基层党组织”称号；

6 位同志荣获局系统“优秀共产党员”称号，2 位同志荣获局系统“优秀党务工作者”称号；

近 10 名同志受到总站、市生态环境局等单位通报表扬或感谢。

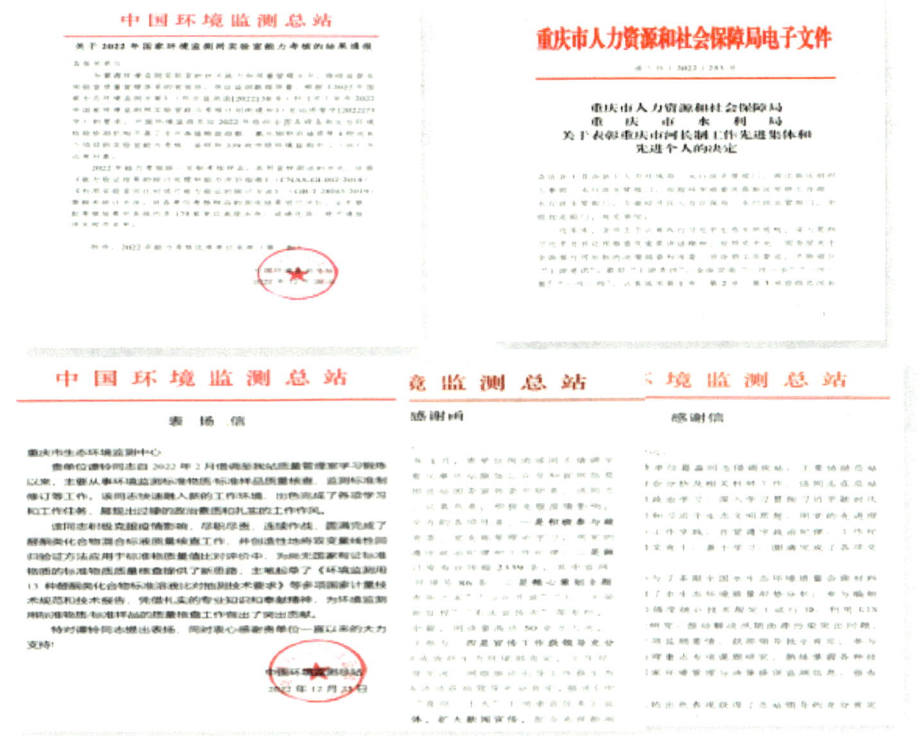

中国环境监测总站

关于 2022 年国家环境监测网实验室能力考核的结果通报

重庆市人力资源和社会保障局电子文件

重庆市人力资源和社会保障局
重庆市水利局
关于表彰重庆市河长制工作先进集体和先进个人的决定

中国环境监测总站

表扬信

重庆市生态环境监测中心：

贵单位谭铃同志自 2022 年 2 月借调至我站质量管理室学习锻炼以来，主要从事环境监测标准物质/标准样品质量核查、监测标准制修订等工作。该同志快速融入新的工作环境，出色完成了各项学习和工作任务，展现出过硬的政治素质和扎实的工作作风。

该同志积极克服疫情影响，尽职尽责，连续作战，圆满完成了醛酮类化合物混合标液质量核查工作，并创造性地将双变量线性回归验证方法应用于标准物质量值比对评价中，为解决国家有证标准物质的标准物质质量核查提供了新思路；主笔起草了《环境监测用 13 种醛酮类化合物标准溶液比对检测技术要求》等多项国家计量技术规范和技术报告，凭借扎实的专业知识和奉献精神，为环境监测用标准物质/标准样品的质量核查工作做出了突出贡献。

特对谭铃同志提出表扬，同时衷心感谢贵单位一直以来的大力支持！

中国环境监测总站
2022 年 12 月 23 日

中国环境监测总站

感谢函

中国环境监测总站

感谢信

2022年历经坎坷，虽有成绩，仍有不足。2023年，我们将继续认真贯彻落实习近平生态文明思想和党的二十大精神，立足主业主责，聚焦蓝天、碧水、净土三大领域，突出监测先行、监测灵敏、监测准确，说清现状、精准溯源、预警预报，推进碳监测评估、水生态监测评价、智慧监测创新应用等试点工作，力争全国一流，形成重庆经验，呈现重庆亮点。

四川篇

2022

# 四川省生态环境监测总站这一年

2022 年，四川省生态环境监测总站坚持以习近平新时代中国特色社会主义思想为指导，在总站的大力指导和四川省生态环境厅的坚强领导下，按照“监测先行、监测灵敏、监测准确”要求，团结全站干部职工埋头苦干、勇毅前行，为深入打好污染防治攻坚战，建设美丽四川贡献智慧和力量。

# 党建工作

## ●加强政治理论学习，切实提高政治站位

2022 年，站党委始终把学习贯彻习近平新时代中国特色社会主义思想，特别是习近平总书记考察四川时的重要讲话精神作为首要政治任务，认真领会习近平总书记治国理政新理念、新思想、新战略，并用之武装头脑、指导实践、推动工作，充分依托党委会、站务会和站办公会等平台深入学习党的二十大精神和省委第十二届二次全会精神，持续引领党员干部始终牢记生态环境监测是一项业务性很强的政治工作，必须维护好生态环境安全，持续深入打好污染防治攻坚战，保持生态文明建设战略定力，促进生态环境持续改善，以实际行动守护好长江、黄河上游长久安澜。

## ●强化组织建设，压紧压实党建责任

为进一步推动党组织工作规范化、标准化，2022 年四川省生态环境监测总站有序完成站党委、站纪委、站工会、团总支换届选举，坚持党建工作与业务工作同谋划、同部署、同推进、同考核，年初制定党建工作要点，年底采取“听、查、看、问”的方式，对 12 个党支部开展党建工作责任制考评，构建“一级抓一级、层层抓落实”的责任落实机制。

## ●抓好党风廉政建设，筑牢思想防线

开展正风肃纪专项工作，针对 5 个方面、17 个突出表现的问题，坚持“当下改”又做到“长久立”压实整改责任，强化担当精神。加强廉政风险防控，紧盯资金项目管理、物资设备采购等关键环节，排查廉政风险点 69 个，科学制定防控措施 98 条，堵住管理漏洞，引导规范用权。坚持纠“四风”树新风，及时组织传达违反中央八项规定精神典型问题的案例，做到警钟长鸣，筑牢思想防线。

•• 开展党员大会进行站党委换届选举

•• 开展“贯彻落实新《噪声法》共建宁静和谐家园”法制宣传活动

•• 开展“监测青年大讲堂”暨“喜迎二十大·青春心向党”专题学习活动

•• 开展文体活动鼓舞人心

# 业务工作

## ●持续提升监测能力，全面落实监测帮服

结合“三年行动计划”，持续提升监测设备现代化和人员监测技术水平，针对薄弱环节先后引进生物学、大气学等 13 名高学历专业技术人才。开展秋冬季重污染期间颗粒物、夏季 VOCs 走航监测以及 15 个重点城市涉 VOCs 重点排污单位的排查监测，排查企业 10 944 家，发现问题企业 1 221 家，开展眉山、德阳等地长期驻点技术帮服，切实解决地方突出生态环境问题。

## ●完善生态环境监测网络建设，强化预测预报技术手段，全面支撑污染防治攻坚战

完成生态样地 1 600 个监测点位建设，开展 31 个水、气自动站点位论证工作，实施水、气自动站基础保障、运维质控保障以及预防人为干扰采样条件的现场核查。利用“天空地一体化”监测溯源方法，动态更新百米级大气重点防控区域及企业清单；构建水质测管协同快速响应机制支撑流域精细化管控；及时发布大气、水环境各类预测预警技术报告 2 500 余份。开展全省重点风险点和一般风险点土壤环境调查监测，全面完成 48.6 万平方千米的土地利用现状和动态解译及质控，全面支撑全省污染防治攻坚战。

## ●紧盯生态安全底线，服务四川重大工程

利用生态遥感技术及时上报生态问题或疑似线索点位近 900 个；完成长江珍稀鱼类国家级自然保护区 14 个生态破坏线索现场核查、开展川藏铁路环境执法监测、黄河流域历史遗留矿山污染状况调查、四川省农业面源污染选区、布点以及监测方案编制。

## ●建立健全省级应急监测技术体系，全力支撑应急处置决策

启动建立省级应急监测技术体系和复盘机制，编制并印发工作手册、典型案例汇编、地震灾害应急监测工作方案。成立省、市、县三级联合应急指挥中心，配合四川省生态环境厅统一调度指挥，全年成功处置应急事件 8 起，上报疫情防控环境安全快报 369 期。以大渡河流域为代表，打造四川省典型地表水重金属预警监测体系。

•• 监测青年全力备勤应急监测

•• 参加 2022 年川滇渝三省（市）长江流域突发生态环境事件应急综合演练

## ●开展新领域监测，逐步提升新领域监测能力

构建水生生物监测体系，开展长江流域 27 个国控断面环境 DNA 试点监测、岷江、沱江流域 28 个断面水生生物监测、4 个市（州）水生态考核质控工作。开展全省国考地下水监测和质控检查。积极配合国家分析测试中心开展抗生素等 13 种新污染物调查试点监测，开展四川省饮用水水源地全氟化合物污染状况研究。

## ●坚持工作创新发展，推进新技术运用

全面构建“天空地一体化”区域—城市级精细化溯源—污染源影响评估—减排措施库及效果评估的全链条式防控业务化体系；开展国控断面汛期污染强度动态分析、污染强度通报排名，完善汛期污染问题“发现—报送—督导—整改”闭环机制；开展智慧实验室研究。

•• 土壤调查监测采样

•• 甘孜州通天河破冰取水样

•• 无人机采样

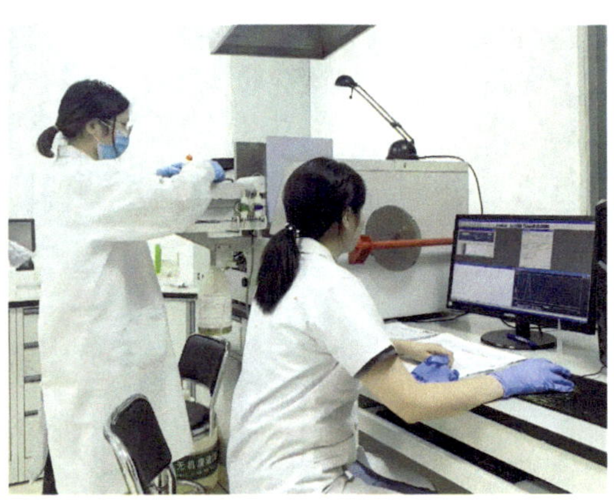

•• 开展地下水中金属项目分析

# 获得荣誉

成功申报四川省危险废物鉴别单位、四川省第三次全国土壤普查第二批省级质量控制实验室、四川遥感应用基地；

站团总支被省直机关团工委评为五四红旗团支部。参与科技下乡万里行活动，被省委组织部评为“优秀服务团”；

水质监测室党支部被机关党委评为先进基层党组织，柳强、王英英两位同志被机关党委评为优秀共产党员；

站青年理论学习小组被机关党委评为青年学习先进集体，王若男、刘强两位同志被评为青年学习先进个人；

参加第二届全省生态环境系统书法绘画摄影比赛（摄影类），吴虹霁、唐兆军两位同志分别获得一等奖和二等奖；

熊杰同志荣获四川省五一劳动奖章。

•• 四川遥感应用基地揭牌

荣誉证书

综合帮扶第97团：

在2021年科技下乡万里行活动中成绩突出，被评为：

优秀服务团

2022年3月

•• 参与 2021 年科技下乡万里行活动，被省委组织部评为“优秀服务团”

•• 先进基层党组织和优秀共产党员

•• 青年学习先进集体和先进个人

•• 吴虹霁、唐兆军参加第二届全省生态环境系统摄影比赛，分别获得一等奖、二等奖

•• 熊杰荣获四川省五一劳动奖章

2023年是全面贯彻落实党的二十大精神的开局之年，做好四川生态环境监测各项工作意义重大，四川省生态环境监测总站将牢固树立上游意识，强化责任担当，以第31届世界大学生夏季运动会环境质量保障工作为契机，加强生态环境质量联防联控，组建大气“天空地一体化”防控体系，完善“排污口—断面—水体—污染源”全链条溯源监测技术体系，继续强化“测管协同”，发挥党建引领作用，对照“严、真、细、实、快”的工作作风，不断提升监测工作现代化水平，为建设人与自然和谐共生的美丽四川作出新的更大贡献。

2022

# 四川省成都
# 生态环境监测中心站这一年

2022 年，在四川省生态环境厅、成都市生态环境局的坚强领导下，四川省成都生态环境监测中心站加快生态环境监测业务拓展、技术研发、信息集成与数据分析，统筹推进能力整体提升，为污染防治攻坚、服务环境管理、引领环境决策提供坚实的数据支撑。

# 党建工作

坚决扛起政治责任，不断提高政治站位。始终高举习近平新时代中国特色社会主义思想伟大旗帜，把加强党的政治建设作为第一议题；把深入学习贯彻党的二十大精神、《习近平生态文明思想学习纲要》作为当前重要政治任务，多次在专题会上传达学习党的二十大报告和党章，坚定全体干部职工理想信念，弘扬伟大建党精神。

坚持全面从严治党，不断优化政治生态。加强组织领导，纵深推进全面从严治党，坚持自下而上精准梳理台账。召开党风廉政建设警示教育大会，观看《家道》等影视教育资料，严格贯彻落实《中央关于改进工作作风、密切联系群众的八项规定》等工作规定，不断完善廉政风险防控机制，确保政治生态进一步优化。

持续狠抓意识形态，促进党建引领业务。不断强化党建理论知识学习，为充分发挥党建引领业务作用，主动对接四川省生态环境厅等单位，赴崇州“学习强国”主题公园、战旗村、宝山党性教育厅等地开展党建结对专题活动，以专题组织生活会和宣讲会的形式深学党的历史、深耕生态环境监测业务，切实凝聚奋进力量，形成工作合力。

高洁副厅长和张军局长一行赴四川省成都生态环境监测中心站慰问调研

与四川省生态环境厅大气处开展党建结对专题

与成都市环境保护科学研究院党支部开展结对活动

# 业务工作

## ●优化顶层设计，精准服务环境管理

一是健全监测质量管理体系，强化分析评价与决策支持。组织编写《成都市“十四五”生态环境监测规划》《成都市生态环境监测能力提升三年行动计划（2022—2024）》，为成都生态环境监测事业发展明晰方向；整合发布《2021年成都市生态环境质量报告书》等公报，为实施精准环境管理提供有力支撑；联合制定成都市大气、水污染防治约谈办法（试行），地表水环境质量排名方案（试行），《执法监测管理规定》（试行）等文件，起草《成都市功能区噪声自动监测系统运行管理办法（试行）》，不断健全质量管理体系。二是强化城市试点建设，积极贡献成都经验。在碳监测试点方面，率先编制完成《成都市碳监测评估综合试点实施方案》，布设天府新区、新津区等6个城市大气温室气体监测站点，深入探索温室气体（二氧化碳和甲烷）走航与飞行监测，初步形成天地一体的二氧化碳与甲烷立体监测能力，并与总站、重庆市生态环境监测中心联合开展成渝城市群复杂地形下碳监测点位布设与评估体系的研究与应用。在智慧监测试点方面，强化信息集成与数据分析，初步编制《成都市生态环境智慧监测创新应用试点工作实施方案》，提出“1+5+N”建设思路，建成“LIMS”业务平台系统和大气、水、噪声等监测数据系统，切实提升监测数据化基础能力和整体联动性，推动形成现代化、信息化、智慧化装备能力，智慧监测试点相关经验被总站采用推广。

## ●强化核心支撑，严守环境质量安全底线

一是植根大气环境监测质量基础，助推打好蓝天保卫战。聚焦数据研判分析，支撑大气环境质量持续改善。以细颗粒物（$PM_{2.5}$）和臭氧（$O_3$）协同控制为主线，对6 177家涉VOCs排放企业开展专项排查监测；对重点区域VOCs和颗粒物走航监测约7 850千米，覆盖17个区（市、县）21个工业园区，对口技术帮扶双

流等多个区（市、县）开展重污染天气应对攻坚战，顺利完成 $PM_{2.5}$ 年度控制目标（39 微克 / 立方米，同比下降 2.5%），全面消除重污染天。二是深耕监测支撑“三水统筹”管理，助推打好碧水保卫战。以促进水生态保护修复和水生物多样性提升为导向，组建专业调查队伍在 2022 年春季、秋季对成都市沱江流域开展水生态环境质量监测方法研究，为建立水生态监测网络与评价体系奠定基础，不断提升重点区域流域水质监测、预警与水污染溯源能力。三是贯彻系统观念，拓展生态质量监测。积极构建生态质量监测体系，已建成灵岩山生态观测站，正在加快推动全国两个国家级生态综合监测站之一的龙门山生态观测站建设，按照“一站多点”的布局模式，在都江堰市等地建设生态观测站点，逐步形成地面观测和生物多样性监测能力。同时，创新工作形式，在全市招募组建近 50 人的生态质量监测专业队伍，深入开展理论培训和野外实践。四是持续深化“测管协同”工作，不断增强管理质效。按照执法、监测、法规、信访等联动配合的“大协同”思路，搭建会商平台，完成“双随机”执法监测 1 100 余家，“测管协同”率达 100%。审核全市涉行政处罚案件监测报告 132 份，全市未发生因监测报告问题导致执法处罚失败事件。本项工作受到生态环境部、总站的高度肯定，并在《中国环境报》专题报道。举办成都市首届执法与监测大比武活动，切实提升管理质效。健全应急监测 24 小时值班制度，高质量完成 3 次突发环境污染事故应急监测任务，切实筑牢安全防线。

## ●着眼能力建设，纵深推进生态环境监测能力现代化

一是多管齐下，不断加大宣传力度。持续丰富宣传内容、拓宽宣传载体，制作“踔厉奋发，序启新章”等宣传视频、产品 11 个，利用微信视频号等平台实现线上发布，全年超额报送的 150 余条政务信息图文并茂地向监测系统和社会公众展示了成都监测成效和铁军先锋风采。二是充分发挥战斗堡垒作用，加强铁军队伍建设。充分发挥战斗堡垒作用，先后组织党员干部 300 余人次投身成华区、锦江区等疫情防控一线，支援核酸采样、维持秩序、生活物资配送、危险废物转运等防疫前线工作，切实筑起疫情防控的铜墙铁壁，擦亮幸福成都的鲜亮底色。三是固本强基，圆满完成资质复查换证暨扩项评审。圆满完成四川省市场监督管理局组织开展的资质复查换证暨扩项评审。2022 年拓展了 193 个项目的能力，资质认定监测能力覆盖水（含大气降水和废水）、空气和废气、生物、噪声、土壤、底质、固体废物、电磁辐射、电离辐射 9 大类 755 项，在环境空气臭氧前体有机物、颗粒物组分分析、

固定污染源挥发性有机物、城市轨道交通噪声、生物、土壤中半挥发性有机物及挥发性有机物等方面监测能力得到较大提升。四是强化科技支撑，提升科研能力水平。积极参与修订《环境空气颗粒物 $PM_{10}$ 和 $PM_{2.5}$ 连续自动监测系统安装和验收技术规范》（HJ 655—2013）等技术规范，成功申报《氨排放及其对大气环境质量的影响研究》等 5 个科研项目，参与“减污降碳背景下数据与模型混合驱动的区域大气污染防控关键技术创新及应用”项目，牵头完成“环境空气自动监测数据质量保证和质量控制关键技术及应用”，成功建立二氧化碳（$CO_2$）、甲烷（$CH_4$）、氧化亚氮（$N_2O$）和六氟化硫（$SF_6$）的监测方法，为成都市温室气体监测贡献力量。五是注重人居健康，推进声和新污染物监测。为解析噪声污染、大气复合污染机理，充分利用有史以来最大规模的城市静态管理期（9 月 2—18 日），组织开展功能区声环境、VOCs 科研监测，进一步了解相关区域声环境、区域大气背景水平。同时，致力于水中全氟化合物（PFASs）的研究和调查工作，在一个月内完成方法建立、水样分析，并与成都信息工程大学合作开展两期专题调研，切实关注环境安全。

“环境与健康”重点实验室建设研讨会

对烟囱排气口进行现场采样

在张家岩水库进行饮用水采样

对沱江水系成都段进行水生态环境质量调查

•• 成都市生态质量监测队伍现场踏勘

•• 雷毅副厅长赴四川省成都生态环境监测中心站调研

•• 2022 年成都生态环境执法与监测大比武入场式

•• 集结队伍，全力增援成华区疫情防控

•• 对某核技术利用单位进行监督性监测与检查

•• 对某医院放射科进行监督性监测

# 获得荣誉

连续五年荣获国家能力考核优秀实验室；

宣传工作被总站高度认可；

获 2022 年度四川省辐射环境国控省控点考评优秀单位；

获成都市生态环境局 2022 年六五环境日主题宣传活动优秀组织；

获成都市环境科学学会优秀会员单位；

尹建、谭清获成都市环境科学学会优秀个人；

贾凤菊同志获“四川省巾帼建功标兵”荣誉称号；

黄晓丽、张晓旭获成都市生态环境局“生态环境青年标兵”；

黄晓丽、史蕊获成都市生态环境局 2022 年六五环境日主题宣传活动优秀个人；

罗蘭、李翔、贾凤菊、屈衡、舒少波、夏波、高博、赵志友 8 人获成都市首届测管协同“大比武”活动大气自动监测运维管理个人一、二、三等奖；

王可巍获农工党 2021 年度优秀党员（市级）；

陈怡、易欣获成都市生态环境局 2021 年辐射类岗位能手；陈历铌、侯晓玲、李思思、邹孝获成都市生态环境局 2021 年非辐射类岗位能手。

中国环境监测总站

感谢函

•• 总站高度认可四川省成都生态环境监测中心站宣传工作

成都市生态环境局办公室

成都市生态环境局办公室关于表扬 2022 年六五环境日主题宣传活动优秀组织及优秀个人的通报

2022 年六五环境日主题宣传活动优秀组织名单

•• 四川省成都生态环境监测中心站获成都市生态环境局 2022 年六五环境日主题宣传活动优秀组织

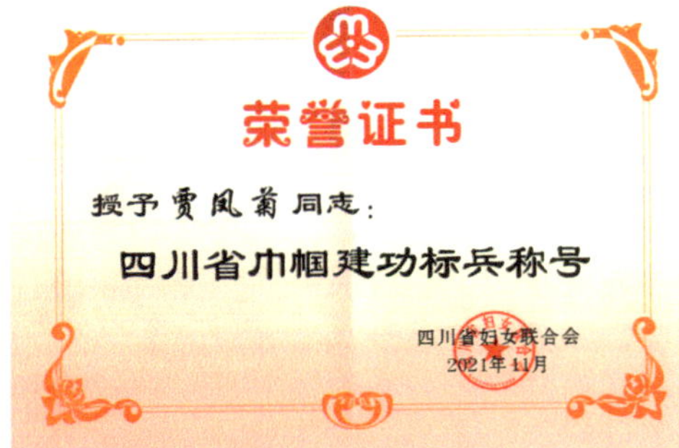


•• 贾凤菊同志获“四川省巾帼建功标兵”称号

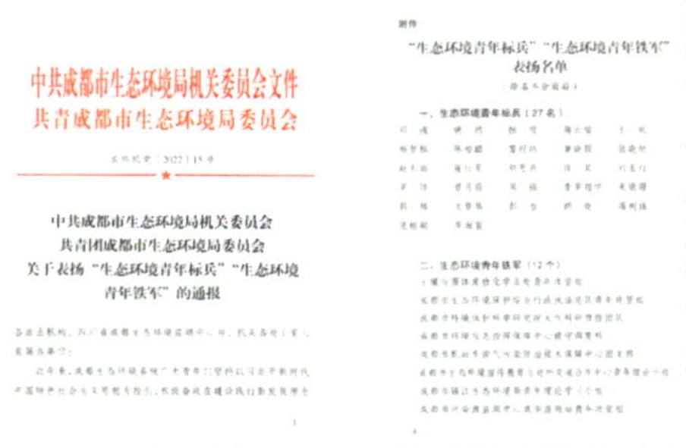
中共成都市生态环境局机关委员会文件
共青团成都市生态环境局委员会

中共成都市生态环境局机关委员会 共青团成都市生态环境局委员会 关于表扬“生态环境青年标兵”“生态环境青年铁军”的通报

“生态环境青年标兵”“生态环境青年铁军”表扬名单

•• 黄晓丽、张晓旭同志获成都市生态环境局“生态环境青年标兵”

四川省成都生态环境监测中心站将全面落实党的二十大精神，坚定不移推进人与自然和谐共生的伟大战略部署，以生态环境质量、污染源监测技术、分析测试技术、质控技术、预测预报技术为重点，加快建设成渝地区生态环境监测技术创新中心（成都基地）、碳监测试点、“环境与健康”重点实验室、生态环境智慧监测创新应用等试点项目。同时，着眼人居健康，进一步扩大和丰富信息公开、宣传引导渠道和形式，加强细颗粒物、有毒有害污染物、环境激素等与人体健康密切相关指标的监测与评估，不断提升突发环境事件应急监测响应时效，持续完善生态环境状况综合评估体系。

贵州篇

2022

# 贵州省生态环境监测中心这一年

2022 年是我国踏上全面建设社会主义现代化国家新征程、向第二个百年奋斗目标进军的重要一年。这一年，贵州省生态环境监测中心* 深入学习贯彻党的二十大精神，全面贯彻落实习近平生态文明思想，坚持围绕中心抓党建、抓好党建促业务，以“监测先行、监测灵敏、监测准确”为导向，切实发挥生态环境监测“顶梁柱”作用，按质保量完成各项目标任务，凝聚生态环境监测力量守护“黔山贵水”。

* 本篇简称中心。

# 党建工作

中心党总支坚持以政治建设为统领，紧紧抓住落实主体责任“牛鼻子”，树牢“书记抓、抓书记”的理念，强化使命担当，以高度的政治自觉，全面落实党建工作责任制，充分发挥基层党组织战斗堡垒作用，大力促进党建工作落地落实，有力提升党建工作质量和水平。

在突出政治引领上下功夫。严格执行“第一议题”制度，坚持把学懂弄通做实习近平新时代中国特色社会主义思想作为重要政治任务，重点围绕党的二十大精神、习近平生态文明思想、习近平总书记视察贵州重要讲话精神等抓好学习贯彻落实，2022 年召开中心党总支集中理论学习会 15 次、集中学习研讨会 6 次。组织撰写的喜迎二十大新闻稿《贵州：打好“组合拳”推动长江经济带生态保护 “千里眼”发挥效能》《念好“三字经”打好“攻坚战” 贵州着力提升生态环境应急监测能力》被新华社、人民网、《中国环境报》等 10 多家主流媒体刊登或转载，大力宣传贵州省生态环境监测工作成效，为党的二十大胜利召开营造良好氛围。组织开展学习宣传贯彻党的二十大精神系列活动，坚持“线上学”和“线下学”相结合，充分利用中心宣传栏、文化墙等宣传阵地，及时宣传党的二十大提出的新思想、新观点、新论断、新方略，引领中心党员干部职工坚定政治定力，深刻领悟“两个确立”的决定性意义，更加自觉地增强“四个意识”、坚定“四个自信”、做到“两个维护”。

中心党总支书记涂志江同志宣讲二十大精神

中共贵州省生态环境监测中心总支部委员会党员大会

在全面从严治党上下功夫。强化监督制约，形成预防提醒谈话工作机制，在法定节假日、重大项目启动前、人事变动等时间节点，有针对性地开展预防提醒约谈，2022 年开展集中预防提醒谈话 7 次，确保责任主体知责明责、守责尽责，监督责任主体严格履责。紧盯形式主义和官僚主义的新动向、新表现，组织党员干部职工开展反腐倡廉理论学习，通报有关文件精神，传达学习典型案例，组织观看《年轻干部要把好五关，守住守牢拒腐防变》《一刻不停歇——贵州正风肃纪反腐》警示教育片，2022 年开展反腐倡廉集中学习 9 次，开展纪法教育主题学习活动 1 次。

在用心服务群众上下功夫。组织开展生态环境监测公众开放日活动，优选党员干部职工担任公众开放活动的讲解员，2022 年组织开展中心实验室开放日 6 次，积极引导公众理解、支持并参与生态环境保护工作，提高全社会环境保护意识，保障公众环境知情权、参与权、监督权。坚持把群众的“关键小事”作为“头等大事”来办，中心领导班子成员带头到“双联双促”联系点盘州市竹海镇上坎者村走访慰问群众 2 次，帮助解决联系点 165 户 655 人安全饮水困难，为“村两委”购置办公桌 50 张、座椅 100 张，帮助 20 名留守儿童实现“微心愿”。

中心 2022 年“七一”重温历史红色实践活动

贵州省生态环境厅、中心联合开展“双联双促”活动

中心 2022 年实验室开放日活动

中心 2022 年植树节活动

# 业务工作

## ●强化“五合一”，助力多彩贵州“天蓝、地绿、水清”

一是在水环境质量监测方面，完成 74 个县级城市集中饮用水水源地每月监测数据审核和报送；完成 9 个中心城市 26 个集中饮用水水源地每月监测数据审核和报送；完成国家地表水采测分离监测任务中涉及贵州省相关的工作以及每月采测分离数据省级审核工作。二是在空气质量监测方面，开展贵州省 168 个城市环境空气质量自动监测站的运行和维护，对运维单位管理和考核，完成监测数据联网直传、数据审核与发布；开展中心城区 26 个酸雨监测点和 97 个降尘监测点监测数据审核及报送；完成中心城市常态化大气颗粒物来源解析，编制来源解析研究报告。三是在土壤环境质量监测方面，组织完成 68 个贵州省土壤重点风险监控点、158 个一般风险监控点的监测工作，承担全部土壤样品的制备和多环芳烃的分析测试工作，通过总站组织的外部质量监督检查，编制年度监测报告。四是在地下水环境质量试点监测方面，组织开展贵州省“十四五”地下水环境质量考核点位比对测试工作，收集、汇总、分析监测数据并编制质控报告；完成贵州省国家地下水环境质量考核点位（饮用水水源点位）平水期监测外部质量控制，配合省厅协调采样单位和分析测试单位完成样品采集、流转及保存，同时实施外部质量控制。五是在生态环境质量监测方面，组织开展贵州省农村环境质量、农村万人千吨饮用水水源地水质和农村生活污水处理设施出水水质自行监测，完成监测数据审核和报送；组织对贵州省 88 个县域进行高分影像生态遥感解译及质量检查，对 316 个生态野外核查类型点位和 100 个边界核查点位开展野外核查。

•• 贵州省重点区域水域水质自动监测站建设项目现场选址踏勘

•• 中心 2022 年省控空气站更新验收会

•• 中心 2022 年持证上岗水质采样现场考核

•• 中心开展国家重点生态功能区县域生态环境质量监测

## ●打好"组合拳"，推动长江经济带生态保护"千里眼"发挥效能

中心以水质自动站"示范工程、安全工程、廉洁工程"为目标，快马加鞭抓好项目建设，严谨细微抓好运维管理，科学规范抓好监测成效，推动长江经济带生态保护"千里眼"发挥效能。2022 年，完成贵州省 125 个省级水质自动站、长江经济带水质自动站以及 77 个地方联网水质自动站监测数据三级审核及报送任务；完成水质自动监测站飞行检查，加大对水质自动监测站运维质量检查、运维考核管理，按季度开展了 63 个长江经济带水站运维考核工作。

•• 贵州省黔东南州黎平县平信水站

•• 中心工作人员现场检查长江经济带水站设备

## ●念好“三字经”，着力提升突发环境事件应急监测能力

贵州省各级生态环境监测部门牢固树立全省“一盘棋”思想，强化组织领导，深入打好污染防治攻坚战，按照“统一管理、分级联动”原则，从省、市、县三级生态环境监测部门抽调精兵强将支援事故现场，适时开启“轮战”模式，确保人员配备的及时性、合理性、有效性，以“实”的准备、“强”的举措，奋力交出“好”的答卷，圆满完成“贵州省盘州市宏盛煤焦化有限公司洗油泄漏事件”等突发环境事件应急监测任务。2022 年，按照总站安排，中心有关同志在全国范围内开展复盘推演 2 场次，积极为全国生态环境应急监测工作提供“贵州经验”。

•• 监测人员在万峰湖船载实验室开展应急监测

•• 监测人员连夜进行应急监测样品分析

## ●探索开展生态环境智慧监测创新应用试点

中心根据生态环境部《生态环境智慧监测创新应用试点工作方案》，制定《贵州省生态环境智慧监测创新应用试点工作实施方案》，积极推进“贵州省生态环境监测垂直管理支撑体系（质量管理 LIMS 系统）信息化项目”建设。2022 年，完成中心试运行启动会和系统功能培训；更新中心标准物质、采样容器、机构资质信息；优化实验室分析数据录入场景、增加单位自动转换和输出多单位显示；编制 LIMS 方案增加采样频次配置。

## ●持续提升生态环境科研创新能力

一是组织完成《重金属水质自动在线监测系统（ICP-MS 法）技术要求及检测方法》（DB52/T 1695—2022）地方标准发布；二是组织完成《土壤和沉积物　烷

基汞的测定　吹扫捕集气相色谱冷原子荧光光谱法》研究编制并通过技术验收，已进入地方标准的报审程序；三是组织完成“松桃河木溪水质自动监测站总锰自动监测改造试验项目”的建设和验收工作；四是作为项目承担单位成功申报国家重点研发计划《绿色小流域构建技术系统与应用示范》，持续推进贵州省科技厅重大专项《锰渣无害化处理与应用于公路工程关键技术研究》有关工作。

## 获得荣誉

中心荣获2022年国家环境监测实验室能力考核优秀单位；

中心李海英同志荣获第二届贵州省“最美劳动者”荣誉称号。

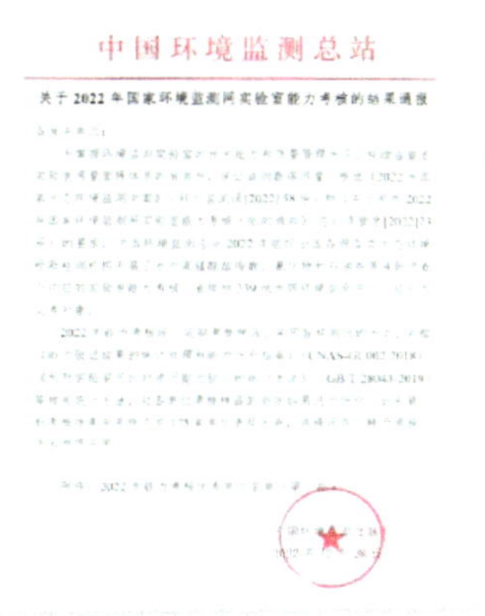

中国环境监测总站

关于2022年国家环境监测实验室能力考核的结果通报

中心荣获2022年国家环境监测实验室能力考核优秀单位

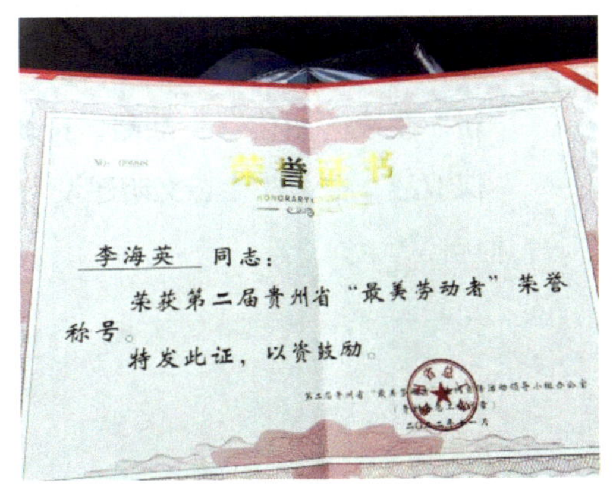


中心李海英同志荣获第二届贵州省“最美劳动者”荣誉称号

2023 年，中心将坚持以人民为中心的发展思想，牢记习近平总书记殷殷嘱托，全面贯彻新发展理念，健全生态环境应急监测机制，夯实生态环境应急监测基础，不断提升生态环境应急监测能力，以“功成不必在我”的精神境界和“功成必定有我”的历史担当，围绕“四新”主攻“四化”主战略，持续打好蓝天、碧水、净土保卫战，奋力在生态文明建设上出新绩。

2022

# 云南省生态环境监测中心这一年

2022年，云南省生态环境监测中心*在云南省生态环境厅的坚强领导下，在总站的指导支持下，以习近平新时代中国特色社会主义思想特别是生态文明思想为指引，深入贯彻落实习近平总书记考察云南重要讲话和对云南生态环境保护工作的重要指示批示精神，全面学习领会党的二十大会议精神，认真落实党中央、国务院、省委、省政府及厅党组的各项决策部署，着力政治引领，聚焦业务主责，凝心聚力，谋篇布局，为助力深入打好污染防治攻坚战，推进生态文明建设排头兵和绿美云南建设提供有力支撑。

* 本篇简称中心。

# 党建工作

突出政治建设，党建工作引领有力。履行全面从严治党主体责任，教育引导干部职工不忘初心、牢记使命。始终将深入学习贯彻习近平生态文明思想、习近平总书记考察云南重要讲话和对云南工作的指示批示精神纳入“第一议题”研究落实，把党建工作纳入重要议事日程，制定重点任务清单和责任清单，构建中心“7+11+10”三级联抓党建工作责任制模式。坚持党建引领业务，充分发挥党委的核心领导、支部战斗堡垒、党员先锋模范作用。

狠抓思想建设，思想防线武装有力。实行党委理论学习中心组集中学习、“三会一课”、党委书记讲党课、支部集中学习等制度，组织参加“万名党员进党校”“党务工作提升班”等培训，开展党的二十大精神集中学习研讨，党委主要负责人专题辅导，门户网站、微信公众号开设学习专栏，积极参与“砥砺奋进新征程、喜迎党的二十大·党的创新理论我来讲”“学习强国·学习达人”学习竞赛，系统提升干部职工理论素养。实施意识形态领域形势分析研判常态化工作机制，开展职工思想动态分析工作，不断筑牢思想防线。

加强组织建设，党群工作开展有力。严密基层党组织体系，不断增强政治功能和组织功能。加强党员日常教育管理监督，持续深化党史学习教育，推动党员“亮身份、亮承诺、亮作风、亮业绩”。推进基层党支部分类定级提升工作，做好驻市（州）站党建工作帮扶，党员队伍不断充实，党费收缴日趋规范。主动融入和服务社区党建，形成组织建设共促、党员队伍共育、党建资源共享、精神文明共创、服务难题共解的党建互助的良好格局。

•• 中心党委书记讲党课

•• 节前集体廉政谈话

•• 组织学习典型案例

•• 为群众办实事，赠送生态环境监测标准及书籍

# 业务工作

服务中心工作，在决策部署落实上交出新答卷。全力配合生态环境部圆满完成 COP15 第二阶段会议筹备工作，在内外协调、会议组织、会期确定、文稿起草、中国角和边会组织等方面发挥了重要作用，高质量完成了党中央、国务院交办的光荣任务，向全国人民交上了一份满意的答卷，相关工作多次得到部领导肯定。派出百余人次，配合做好中央环保督察有关问题的整改验收销号、省级生态环境保护督察、2022 年生态环境专项联合执法检查等技术支撑工作。完成《云南省“十四五”生态环境监测规划》编制，统筹谋划全省监测能力建设，制定实施监测能力提升方案。

聚焦管理支撑，在重点问题应对中展现新作为。认真落实省委书记 5 月中旬丽江、迪庆调研时提出的工作要求，制定重点湖库专项监测工作方案，组织开展全省 315 个重要湖库及湿地水域水环境质量摸排监测。制定全省劣 V 类水质断面“清零”集中攻坚行动监测工作方案，全力支撑脱劣攻坚及“优Ⅲ类”水体比例提升工作。2022 年，全省地表水国考断面“达到或好于Ⅲ类水体”比例 91.6%，“劣 V 类水体”比例 1.5%，超额完成考核目标任务。高质量完成 2022 年春夏季大气污染综合治理攻坚，助力环境空气质量改善明显，2022 年市（州）政府所在地城市空气质量优良天数比例 99.7%，位居全国第一。完成大理州沘江水质异常、楚雄州元谋县苯罐车泄漏、贵州省六盘水市宏盛煤焦化有限公司含油废水溢流等事件应急监测任务。配合总站开展云南省排污单位自行监测联合帮扶指导和昆明长水机场噪声调查性监测工作。认真做好环境空气质量、水环境质量变化趋势分析工作，推送环境空气质量日报、预报信息 365 期，短信 15 万余条，中长期预报 36 期，定期开展环境质量调度会商，针对环境质量情况异常，编制环境质量对比分析报告、形势分析报告、考核目标完成情况通报、要情快报及专报信息等 48 份报送管理部门。

•• 全省环境质量形势分析会商

•• 劣 V 类水质断面“清零”攻坚调研帮扶

着力创新引领，在监测领域拓展上取得新进展。开展抚仙湖立体监测，为科学研判高原深水湖泊水质时空变化特征、污染成因及变化机理，建立数据基础。完成地表水断面汛期污染强度分析与排名、春季长江流域（云南段）国控断面水生态调查监测等重点基础性工作。完成白马雪山国家级自然保护区植物群落样方监测和动物样线监测，并结合机载激光雷达、地面激光雷达和遥感技术完成保护区碳试点监测，相关工作在生态环境部微信公众号、《环境保护》杂志公开报道。做好《云南土壤环境质量数据采集技术标准》《云南土壤环境质量数据库标准》等地方标准修订工作；开展红河州、曲靖市土壤污染成因和污染源溯源排查工作。拓展空气质量预报业务深度，开展 129 个县（市、区）未来 3 天预报预测工作。组织开展云南省原生功能种群监测，编制样地布设方案和核实细则，完成全省 999 块生态质量样地核实和报告编制工作。

•• 污染地块土壤环境管理系统质量提升培训

•• 白马雪山生态监测

坚持问题导向，在例行业务开展中实现新突破。全力做好空气质量监测预警。完成国家大气背景站臭氧量值传递工作。开展省控站数据审核及运维质量检查 23 次，全年完成约 584 万个省控空气自动监测数据的初审、复审和入库的质量管理工作，数据传输有效率达 99.9%，质控合格率达 98.3%，高于国家标准规范要求。持续开展 16 个市（州）政府所在地城市未来 7 天空气质量预报。实现挥发性有机物的自动监测。持续推进水环境质量监测。完成全省国控、省控地表水断面及饮用水水源地水质监测、审核及评价，积极做好全省水质自动监测站监测数据三级审核及运维基础保障协调工作，编制《云南省地表水水质自动监测站运维检查及绩效考核办法》，不断推动提升水站运维质量。不断强化土壤及地下水监测调查。完成 57 个集中式地下水型饮用水水源、162 个垃圾填埋场、157 家危险废物国家重点监控企业基础信息采集和采样工作；做好年度例行监测及重点监管单位周边试点监测任务，开展地下水环境点位布设工作。加强县域生态质量考核和农村环境质量监测。完成 46 个国家重点生态功能区县域数据报送及生态环境保护管理评分工作，完成全省 129 个县（市、区）生态环境质量监测评价与考核工作。加强污染源与应急监测。推进全省已核发排污许可证的排污单位抽查监测，协助省厅完成事故应急监测、危险废物风险隐患排查整治专项行动等工作。开展市（州）站应急监测能力能力评估，组织应急监测技术培训和突发环境事件应急监测复盘推演。

着力队伍建设，在监测铁军锻造上展现新面貌。着力打造生态环境保护铁军先锋队，按照省委、省政府坚定扛好扛牢争当全国生态文明建设排头兵的政治责任要求，以树牢助力打赢污染防治攻坚战为目标，对标党中央、国务院及省委、省政府决策部署要求，对标国内先进，对标云南省历史最好水平，找短板、补弱项、迎头赶。精准开展市（州）站监测帮扶工作；扎实开展业务培训，线上线下培训人数超 2 000 人次。严格落实监测人员持证上岗制度，完成 30 家单位考核工作。完成 24 个县分局监测站达标验收。积极向省厅推荐使用副处级干部 1 人，及时补充队伍，新进专业技术人员 15 名，创新管理机制，激发人才队伍建设活力。

对省厅驻市（州）站开展应急监测能力现场评估

践行一线工作法，至临沧市双江县进行技术帮扶

公众开放日为前来参观的小学生讲解展示科学小实验

组织市（州）生态环境监测站开展监测报告研讨会

# 获得荣誉

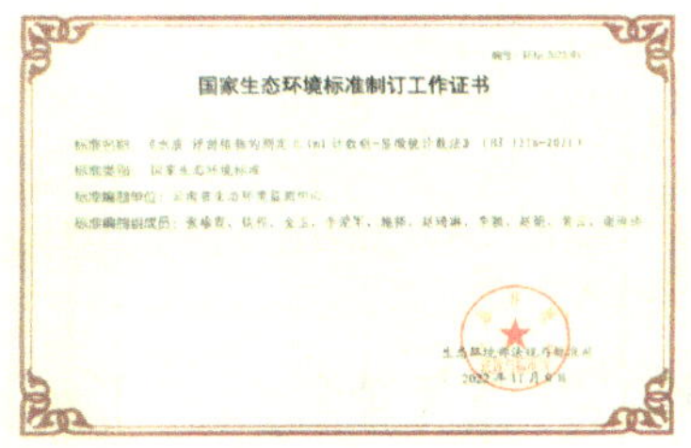
国家生态环境标准制订工作证书

•• 国家生态环境标准制（修）订证书

云南省生态环境厅文件

•• “云南生态环境这十年”征文优秀组织单位及个人二等奖

中国环境监测总站

表扬信

•• 总站表扬信——污染物测定标准方法评估工作

中国环境监测总站

感谢函

•• 总站感谢函——助力环境监测宣传工作

中国环境监测总站

感谢信

•• 总站感谢信——支撑地表水采测分离及水站运维工作

风劲帆满图新志，砥砺奋进正当时。2023 年是全面贯彻落实党的二十大精神开局之年，是“十四五”规划承上启下之年，也是深入打好污染防治攻坚战的关键之年，在新的一年里，我们将以全面学习宣传贯彻党的二十大精神为主线，围绕中心、服务大局，锐意进取、担当作为，加快推进生态环境监测体系和监测能力现代化，助力打好打赢污染防治攻坚战，打造生态环境保护铁军先锋队。

2022

# 西藏自治区
# 生态环境监测中心这一年

2022年，西藏自治区生态环境监测中心*在总站的关心指导和西藏自治区生态环境厅的坚强领导下，始终坚持以习近平新时代中国特色社会主义思想和习近平生态文明思想为指导，深入学习贯彻落实党的二十大精神、中央第七次西藏工作座谈会精神和习近平总书记视察西藏时的讲话精神，全面落实西藏自治区第十次党代会精神和十届三次全会精神，坚决扛起着力推进“四个创建”、努力做到“四个走在前列”的责任担当，将扎实开展年度重点监测任务作为捍卫“两个确立”的具体行动，忠诚做到“两个维护”，各项工作取得新突破和新发展，并获得了第三届“中国生态文明奖先进集体”荣誉称号。

* 本篇简称中心。

# 党建工作

## ●认真落实党史学习教育常态化、长效化开展，深入推动“我为群众办实事”实践活动取得实效

一是聘用安多县玛曲乡 5 名当地群众开展格拉丹东长江源头地表水例行采样，助力乡村振兴。二是为西藏技师学院 11 名在校生提供实习岗位，培养当地监测技术人才，并对 35 名毕业生开展监测能力考核，助力本地技能型人才就业。三是联合地市监测中心和 12 家社会检测机构开展了“监测为民”噪声监测公益活动，护航绿色高考。四是疫情期间累计派出 20 余人次，分 3 批次开展社区下沉服务，派出 60 余人次开展 8 次应急监测，守护群众人居饮水安全和环境安全。

## ●扎实推进改进作风狠抓落实工作开展，确保专项工作取得实效

一是中心班子带头对照“四查四问”要求开展了“班子讨论”活动，重点检视落实责任、改进作风、创新工作等方面存在的问题共 5 项并得到整改，不断提升班子的执行力和凝聚力。二是结合工作中党员干部在工作作风上存在的突出问题及根源，就如何深入扎实开展好改进作风狠抓落实工作开展了支部书记讲党课活动。三是开展了“作风怎么看、环保怎么干、高地怎么建、前列怎么走”大讨论活动，进一步厘清了下一步工作思路和举措，形成了大讨论书面材料并被《西藏日报》采用刊登。四是围绕监测能力、工作作风等方面工作，开展了“大征集”“大调研”活动，在党支部开展了多种形式的谈心谈话和廉政谈话，进一步了解了干部职工的思想状况，增强了班子为群众服务的能力。

## ●深入开展党的二十大精神的学习宣传，确保党的二十大精神得到贯彻落实

一是制定《厅系统第七党支部党的二十大精神学习计划》，召开党员大会集中

学习 3 次，党小组每月开展深入学习 2 次，组织党员撰写学习体会 60 余篇，积极营造浓厚的学习氛围。二是支部书记以《以党的二十大精神为引领　推动西藏生态环境监测事业迈上新台阶》为题讲党课，向大家分享了个人学习体会，交流了下一步环境监测工作思路和想法。三是围绕党的二十大精神和自治区第十次党代会精神，对 2023 年和未来五年生态环境监测事业发展进行了全面谋划。四是与厅监测处联合举办了“2022 年西藏自治区生态环境监测培训班”，对党的二十大精神，邀请拉萨市委党校教授开展了专题辅导；对党的二十大报告中明确的生态环境目标，邀请了中科院专家和总站领导进行专题授课，切实将党的二十大精神落到实处，切实用党的新理论新思想武装头脑指导实践。

与那曲市安多县玛曲乡政府签订《格拉丹东长江源头生态环境质量监测采样工作服务合同》

开展“作风怎么看、环保怎么干、高地怎么建、前列怎么走”大讨论活动

在三江大地续写渝藏深情

图片新闻

与江西省生态环境监测中心开展系列主题党日活动

西藏日报

全区生态环境监测系统联合社会检测机构开展“噪声监测为民 护航绿色高考”我为群众办实事活动

与中科院青藏所共同开展“碳达峰与碳中和的学术讨论”主题党日活动

通过线上线下结合的方式学习党的二十大精神并开展党支部书记讲党课活动

# 业务工作

## ●坚持精准施策，蓝天碧水保卫战取得新突破

一是联合上海监测中心，邀请河北、黑龙江、江苏、江西等环境监测专家开展了阿里地区大气臭氧异常原因分析专项调查，邀请总站、中科院、南沙科大等单位专家对调查结果和监测数据进行了综合分析，论证了臭氧异常为平流层入侵和跨境传输影响，保障了国家对自治区环境空气质量的目标考核工作不受影响，助力自治区打赢打好蓝天保卫战。二是联合那曲生态环境局、那曲监测中心、厅水气处和监测处，开展了色林错砷数据异常专项调查，论证了砷数据异常为本底影响，保障了国家对自治区水环境质量的目标考核工作不受影响，助力自治区打赢打好碧水保卫战。三是开展了全区 19 个区控地表水和 17 个县级以上饮用水水源地水质异常断面的专项调查监测，进一步支撑了自治区生态环境保护考核工作。

•• 与上海市环境监测中心联合召开“阿里地区臭氧异常情况线上分析研讨会”助力打赢打好蓝天保卫战

•• 开展色林错砷数据异常调研实地勘察和采样工作助力打赢打好碧水保卫战

## ●坚持监测先行，护航疫情期间环境安全

一是深入贯彻落实自治区疫情防控各项决策部署，积极服务抗击疫情工作大局，及时成立应急工作领导小组，制定下发《全区应对新冠肺炎疫情生态环境应急监测工作方案》。二是统筹带领七地市监测中心，紧盯集中式生活饮用水水源地、

污水处理厂、医疗机构、受纳水体、方舱医院及隔离点等重点领域开展应急监测，并在常规监测项目基础上增测了余氯、抗生素等特征指标。累计派出应急监测人员 273 人次，出动应急监测车辆 100 余车次，开展生态环境应急监测 60 余次，布设各类监测点位 150 个，现场采集样品 3 300 余个，获取各类监测数据 1.5 万余个。三是在 9 月中旬疫情最为紧张的关键时期，受自治区防疫办委托，赴日喀则人民医院开展了日喀则救治基地血液透析用水细菌总数和化学污染物的应急监测，保障了疫情期间肾病患者的及时安全就医和生命安全。应急监测工作的开展为自治区和各地市及时掌握疫情期间生态环境质量状况，有效应对可能发生次生环境事故提供了坚实的数据支撑；为自治区和各地市及时掌握周边环境、医疗废水、生活污水消杀情况，做到科学精准防疫提供了监测数据基础，为疫情期间生态环境质量安全和人民群众饮水安全提供了保障。

•• 疫情期间统筹带领七地市监测中心开展环境应急监测

## ●坚持工作创新，重点监测工作得到新拓展

深入贯彻党中央、国务院关于加强新污染物治理的决策部署。一是首次组织开展了雅下项目区域环境质量常规指标的本底监测，创新开展了生物多样性监测、水环境 DNA 调查监测、水生态状况和水生境调查与评价，助力西藏清洁能源基地建设。二是在川藏铁路工程沿线生态环境质量和执法监测的基础上，组织开展了水生态、生物多样性监测，为绿色铁路建设提供全面系统的监测数据指导。三是在做好格拉丹东长江源生态环境质量专项调查的同时，每月以劳务的方式委托当地村民开展长江源地表水常规采样，填补了专项调查 4 月、8 月、10 月以外其他月份的地表水监测工作，确保长江源监测数据的连续性和完整性。

## ●坚持合作交流，平台空间搭建更广阔

一是与江西省生态环境监测中心签订《“党建 +”合作共建框架协议》，让井冈山精神和老西藏精神在红色江西、绿色西藏进一步传承和发扬光大。二是与西藏技

师学院签订《共同开展环境保护与检测专业高技能人才培养合作协议》并挂牌“环境监测人才孵化基地”，加强本地监测技术人才培养。三是与上海环境监测中心推进“党建＋技术”框架合作向纵深开展，在疫情期间通过线上授课与指导，中心首次开展了空气中挥发性有机物的监测工作，目前已建立了空气中 13 种醛酮类物质的实验分析能力。四是与中科院青藏所深化“生态环境监测联合实验室”共建，在中科院青藏所的帮助和指导下，中心掌握了微塑料现场采样能力和建立了水体中 11 种抗生素的实验分析能力，并初步掌握了环境 DNA 新技术在生态环保领域的应用。

与江西省生态环境监测中心签订《“党建＋”合作共建框架协议》

与西藏技师学院签订《共同推进环境保护与检测专业高技能人才培养合作协议》

## 获得荣誉

坚持创先争优，展现监测队伍新形象新作为

2022 年 2 月，西藏自治区常务副主席肖友才到中心看望干部职工并开展调研指导；

2022 年 4 月，原生态环境部副部长、党组成员邱启文到中心看望干部职工并开展调研指导；

中心获得第三届“中国生态文明奖先进集体”荣誉称号；

中心积极参与总站组织的各类主题宣传活动并收到总站感谢函；

中心认真组织和开展国控水站运维基础条件保障、采测分离以及数据审核等工作并收到总站感谢信；

杨小红同志荣获第 18 届“西藏青年五四奖章”；

张惠芳同志荣获“西藏自治区学术技术带头人”和 2022 年度“西藏工匠”称号；

阿琼、张殷俊、张惠芳、德吉央宗、米玛、尼霞次仁、夏鹏超、赵矿、索娜卓嘎、陈旭 10 位同志被西藏技师学院聘为环境保护与检测专业客座教授；

巫鹏飞、尼玛卓玛、袁德惠、普布、刘长兵、格桑德吉、次仁央金、白玛旺堆、王彩红、郑倩倩 10 位同志被西藏技师学院聘为环境保护与检测专业客座讲师；

《格拉丹东长江源头区域首次生态环境状况专项调查》在《西藏日报》深入报道版面整版发布；

中心全体干部职工参加“我在西藏有棵树”公益活动并获得捐赠证书。

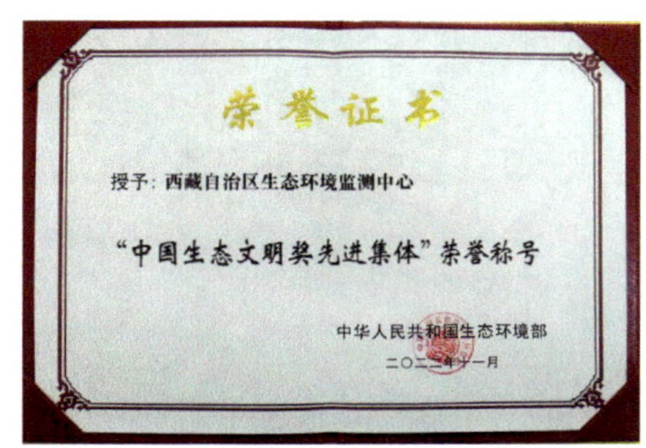


获得第三届“中国生态文明奖先进集体”荣誉称号

中国环境监测总站

感谢函

宣传工作收到总站感谢函

中国环境监测总站

感谢信

国控地表水监测工作收到总站感谢信

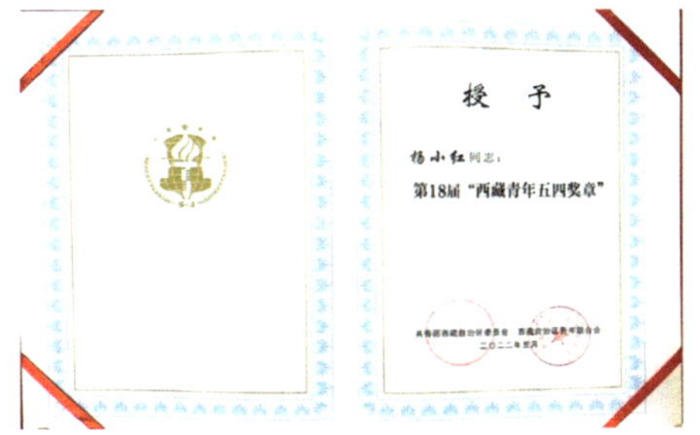


杨小红同志荣获第 18 届“西藏青年五四奖章”

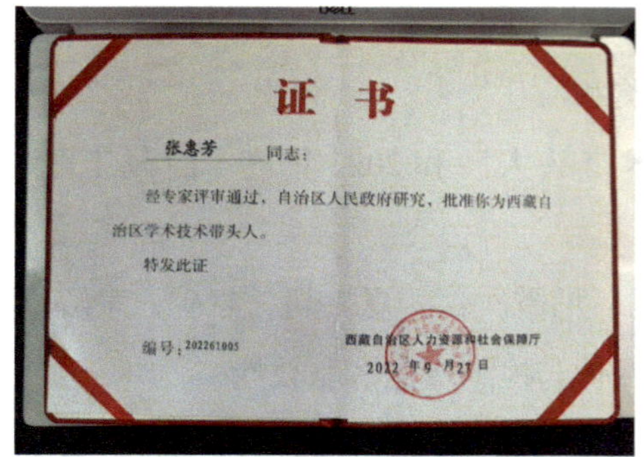
证书

张惠芳 同志：

经专家评审通过，自治区人民政府研究，批准你为西藏自治区学术技术带头人。

特发此证

编号：202261005

西藏自治区人力资源和社会保障厅

2022 年 9 月 27 日

•• 张惠芳同志荣获“西藏自治区学术技术带头人”称号

••《格拉丹东长江源头区域首次生态环境状况专项调查》在《西藏日报》深入报道版面整版发布

•• 中心 20 位同志被西藏技师学院聘为客座教授或讲师

•• 中心全体干部职工积极参加“我在西藏有棵树”公益活动获得捐赠证书

2023年，中心将按照党的二十大报告中提出的中国式现代化下“人与自然和谐共生”的生态文明建设宏伟目标要求，紧扣西藏自治区第十次党代会“着力创建国家生态文明高地，努力做到生态文明建设走在全国前列”和十届三次全会的决策部署，围绕西藏生态环境监测“五个工作定位”，重点推进“碳监测、生态监测、污染源监测”三个转型，全力服务好西藏生态环境高水平保护，为创建生态文明高地，实现西藏生态文明建设走在全国前列提供监测技术支撑和监测数据保障。

2022

# 陕西省环境监测中心站这一年

2022 年陕西省环境监测中心站以习近平生态文明思想为指引，着力构建现代化生态环境监测体系，在总站的悉心指导和陕西省生态环境厅的坚强领导下，科学研判新形势新任务，突出监测智慧引领与技术创新，聚焦问题短板，坚持稳中求进，严把数据质量生命线，实现了监测网络质量效能同监测技术能力拓展双向提升，推动了全省生态环境质量持续好转，为深入打好污染防治攻坚战提供了有力支撑。

# 党建工作

深化学习教育，营造风清气正的监测氛围。提早部署，及时落实，迅速掀起学习党的二十大精神热潮，开展“每周一学”专题学习活动，分享学习感悟，畅谈落实举措。组织完成党委换届选举，开展党委（扩大）会议 18 次，党史学习教育活动 10 余次，推动学习教育由浅入深。扎实开展作风建设专项行动，全体党员干部职工严格对照 5 个方面、16 个问题对标对表，查摆问题，制定措施，狠抓落实，不断锤炼“勤快严实精细廉”的工作作风。

集中观看党的二十大开幕式

参加总站组织的联合微党课活动

强化组织引领，充分发挥支部战斗堡垒作用。各支部开展了“共建生态文明，共享绿色未来”“喜迎国庆 礼赞祖国”、参观西北人民革命大学旧址、举办宣讲会、观看影片《狙击手》等一系列主题党日活动，联合总站和江苏省环境监测中心开展了微党课活动，重温入党誓词、朗诵爱国诗篇、高歌爱国歌曲，党员干部在“红色熔炉”中追忆革命精神，思想上和精神上备受鼓舞，队伍责任心、凝聚力得到进一步增强。

丰富活动载体，持续开展精神文明建设。组织开展经典诵读、党史教育答题、“播撒爱心阳光，伴你一起成长”志愿服务活动、“学习英雄，追思英雄—卫国戍边英雄”宣讲等活动，积极培育和践行社会主义核心价值观。带头下沉基层“为群众办实事”，为毛家河村乡村振兴工作投入29.62万元的帮扶资金，用于道路修缮、养殖补助、教育帮扶、爱心超市等方面。

杨震站长在乡村振兴对口帮扶毛家河村调研桑蚕养殖产业发展状况

强化内部管理，不断健全长效工作机制。制（修）订站《贯彻落实“三重一大”事项集体决策制度的实施办法》《目标责任考核实施办法》《奖励绩效分配管理办法》《推进干部能上能下实施细则》《生态环境专报工作机制》《重点事项和重点工作督查督办规定（试行）》6项制度，进一步规范工作程序，提升工作效率。持续开展监测技术帮扶、监测执法联合比武练兵，提升监测技术服务效能；举办“监测技术大讲堂”7期，分享交流监测工作经验，探索解决监测难题，增强监测队伍软实力。

开展“爱心助学 科普环保”志愿服务活动

开展“喜迎国庆 礼赞祖国”活动

# 业务工作

科学监测系统评估，有力支撑深入打好蓝天保卫战。完成160余个省控空气自动站直联网、478个乡镇自动站直联网及数据传输，持续完善全省环境空气监测网

•• 开展空气自动站点位选址踏勘

络建设。审核传输 196 个省控空气自动站、8 个 VOCs 和 5 个颗粒物组分网等监测数据 2 935 万余条。编制环境空气质量各类报告 3 000 余期，重污染 / 沙尘污染提示信息 21 期，细颗粒物和臭氧污染风险提示信息 188 期，疑似火点遥感监测报告 103 期。

加强重点断面风险预警，有力支撑深入打好碧水保卫战。完成 11 个陕南上收省控水站现场踏勘、5 个新建水站验收，完成嘉陵江、丹江流域重金属自动站建设，汉江流域重金属自动站已完成项目招标，长江流域出省断面重金属自动监测体系初步构建。加强 41 个省控水站运维和质控管理，完成 111 个国控断面 547 次采测分离 10 842 个数据审核、98 站（次）国控水站的运维保障、100 余万条水源地数据审核上报，编制各类水质监测分析报告近百期。

•• 强化地表水质量监测工作

强化土壤风险管控，有力支撑深入打好净土保卫战。完善开发陕西省土壤环境监测业务系统及土壤评价分析软件，强化了土壤监测数据的分析能力。组织完成 106 个土壤风险点位监测、409 个土壤点位采样审核、2 982 个土壤普查样品制备流转。主动承担陕西省第三次农用地土壤普查质控工作，完成黄河流域历史遗留矿山评估调查质控方案编制。完成 18 个地下水型饮用水水源地的平水期监测、4 个重点区地下水环境丰水期监测、72 个国考地下水点位丰水期和枯水期采测分离工作。

•• 土壤重点风险点样品采集现场质控

加大污染源执法监测和排污单位自行监测的专项检查和抽测力度，有效提升污染事故应急监测和疫情期间专项监测能力水平。组织完成 20 家重点排污单位执法抽测、21 家企业自行监测抽查、16 家重点排放二噁英企业监督性监测、北洛河干流 176 个入河排污口专项排查、120 余家企业排污许可证后落实及自行监测情况指导帮扶和执法检查。组织完成 12 个市（区）完成疫情消毒监测工作，编制日报和周报共 35 期。全年完成 6 起环境事故的应急监测工作，积极开展“智慧支撑 2022 云上水环境应急监测演练”，首次在省域范围内实现重金属、有机物、石油类三大环境风险特征因子的联合实战。

聚焦山水林田湖草沙一体化保护和系统治理的指示精神，推动生态质量监测评价取得新突破。组织完成 574 个生态样地核实，103 个县（区）开展自然生态详查，123 个省控断面完成季度性 eDNA 监测，布设陕西省农业面源污染监测区监测点位 81 个。通过“天空地一体化”监测评估，2021 年秦岭生态环境状况指数为 88.55，评价等级为“优”。利用遥感手段进行了散烧火点监测、疑似生态破坏问题解析等创新性工作，为深入打好污染防治攻坚战提供了高质量战略支撑。

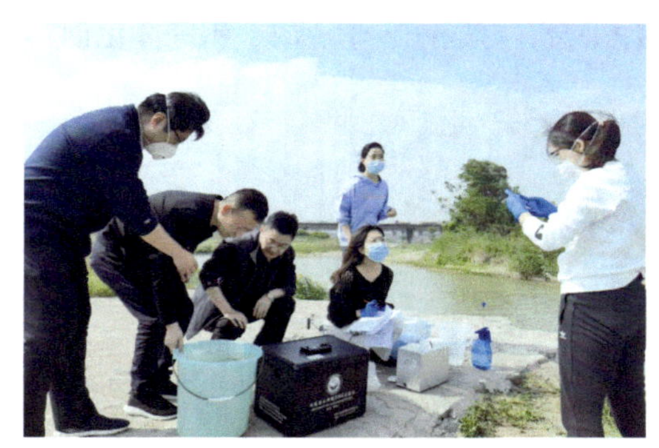

•• 开展省控断面水质 eDNA 监测

制定强化质控、提升数据质量的七条措施，持续强化省控监测网络的质量管理。抽查国控空气自动站 8 个，现场运维检查气站 686 站（次）、水站 122 站（次）、颗粒物手工比对 38 站（次）。开展国控土壤质量监测质控，监督采样点位 13 个，完成县域生态环境质量监测与评价、农村污水处理设施等专项质控，审核陕南矿区 33 个预警断面监测数据 7 425 个。顺利通过国家资质认定复评审及上岗证考核工作，检测能力由 704 个扩展至 1 320 个参数，达到全指标、全领域覆盖。参加总站 8 个项目能力考核，所有结果均为“满意”。开展了“监测数据质量提升宣贯月”系列活动，分片区召开宣贯研讨会，从建立异常数据报警系统、质控联动、定期会商、加强社会化检测机构监管等七方面强化监测质控工作。

多措并举夯实监测基础，不断提高监测系统与监测能力现代化水平。积极申报陕西省痕量污染物高精度分析和预警重点实验室。建成汉中市土壤环境监测省级示范实验室、西安市环境空气挥发性有机物监测示范实验室，宝鸡市眉县区域环境监测站正式挂牌成立，咸阳市城区站开始试运行，全省三级生态环境监测体系布局发展实现全新突破。申请建设国家环境应急监测基地，积极构建陕西省及邻省应急监测支援体系。集结全省 110 名生态环境监测人才队伍，成立“三五”人才工作室，完成了北洛河富营养化成因分析和韩城工业园二噁英排放调查研究报告，有力服务管理决策。组织申报省科技进步奖一等奖和二等奖各一项，其中《臭氧精准预报与管控关键技术研究与应用》项目获得科技进步二等奖。年度发布标准 2 项，在研标准 8 项，获批省级和市级科研课题各 2 项。年度环境质量报告书评估首次进入全国省级报告书前十。与西安交通大学、西北大学、西安建筑科技大学、西北农林科技大学搭建的战略合作平台，打通产、学、研、用一体化创新链条，搭建监测队伍持续培养平台。

•• 开展 2022 年省界断面流量监测

•• 面向大学生开展公众开放活动

•• 开展生态环境监测数据质量提升宣贯月活动

•• 全省监测网能力考核样品分装

•• 参加总站及市场监督管理总局组织的能力考核及能力验证工作

•• 陕西省智慧支撑 2022 云上水环境应急监测演练（主会场）

•• 商洛锑污染应急监测实验室分析

•• 环境空气挥发性有机物监测示范实验室挂牌

•• 宝鸡眉县区域站挂牌成立

•• 陕西省生态环境监测技术大讲堂

# 获得荣誉

被陕西省人民政府评为陕西省“十三五”节能减排工作先进单位；

《臭氧精准预报与管控关键技术研究与应用》项目获得陕西省科技进步二等奖；

驻村帮扶工作考核评定“好”等次；

环境质量报告书获全国省级报告书优秀；

2022 年国家环境监测网实验室能力考核成绩优异；

荣获省厅 2021 年度目标责任考核优秀单位；

2 个支部获得省厅支部书记讲党课三等奖；

杜涛同志专项工作受到部办公厅表扬，张秦铭同志在总站技术实训受到表扬，生态环境监测宣传工作收到总站感谢信，黄河流域“十四五”国家地下水环境质量考核点位监测工作收到生态环境部黄河流域生态环境监督管理局感谢信。

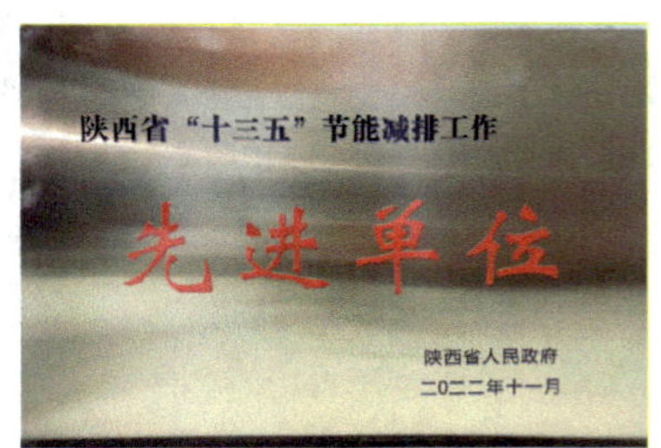


•• 被陕西省人民政府评为陕西省“十三五”节能减排工作先进单位

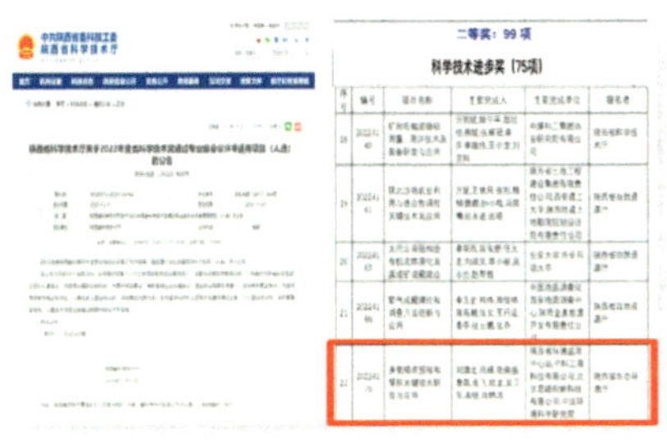
二等奖：99项

科学技术进步奖（75项）

•• 《臭氧精准预报与管控关键技术研究与应用》项目获得陕西省科技进步二等奖

中共陕西省委农村工作领导小组（省委实施乡村振兴战略领导小组）办公室文

关于2021年度省级单位定点帮扶和驻村帮扶工作考核结果的通报

•• 驻村帮扶工作考核评定“好”等次

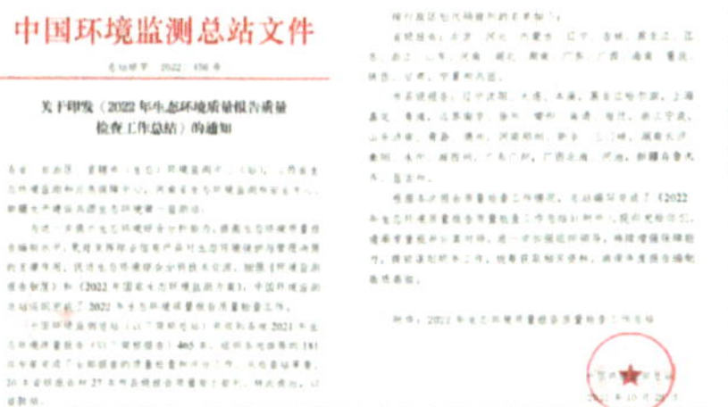
中国环境监测总站文件

关于印发《2022年生态环境质量报告书质量检查工作总结》的通知

•• 陕西省生态环境质量报告书列全国省级报告书前十

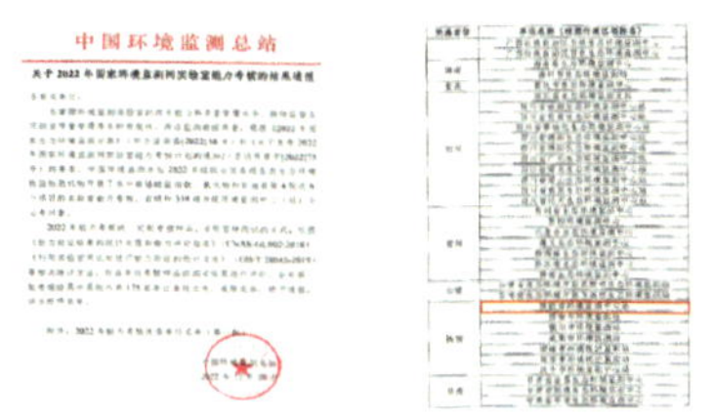
中国环境监测总站

•• 实验室能力考核成绩优异

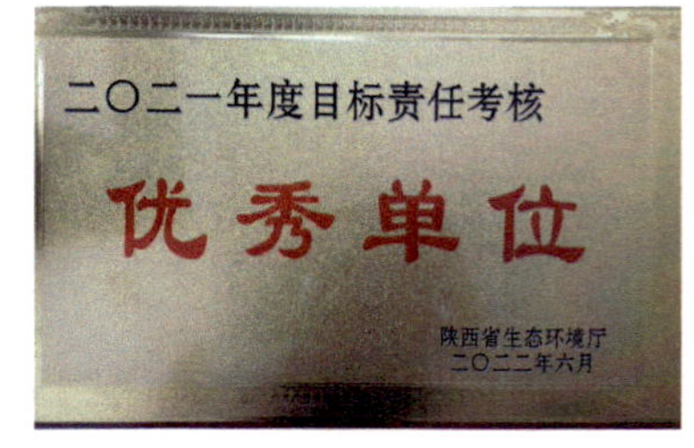


•• 被省厅授予 2021 年度目标责任考核优秀单位

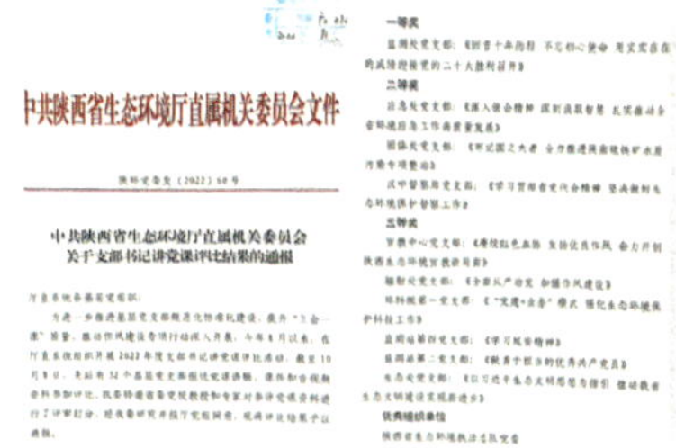
中共陕西省生态环境厅直属机关委员会文件

中共陕西省生态环境厅直属机关委员会关于支部书记讲党课评比结果的通报

•• 第二支部、第四支部获得省厅支部书记讲党课三等奖

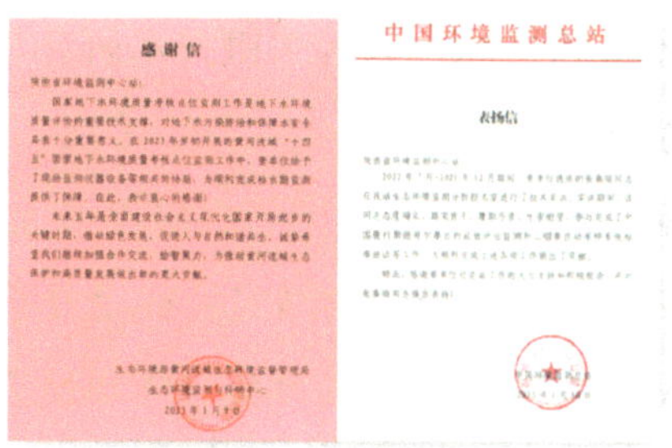
感谢信

中国环境监测总站

表扬信

•• 感谢信、表扬信

2023年，陕西省环境监测中心站将坚持深入学习贯彻党的二十大精神，以更高标准保证数据“真、准、全、快、新”为根基，以新领域监测为突破点，以监测数字化为创新方向，坚持深挖释放监测数据价值，持续提升监测引领服务支撑能力，努力提高生态环境监测现代化水平，为陕西省生态环境持续改善和生态文明建设实现新突破贡献监测力量！

2022

# 甘肃省环境监测中心站这一年

2022 年，甘肃省环境监测中心站在总站的关心指导帮助和甘肃省生态环境厅党组的坚强领导下，统筹疫情防控和生态环境质量监测，以脚踏实地的工作、奋勇争先的姿态，喜迎党的二十大胜利召开。按照年初既定的“4567”（提升“四个支撑”、强化“五项举措”、推动“六块工作”、建好“七个中心”）工作思路，充分发挥“顶梁柱”和“生命线”作用，为建设美丽甘肃勠力同心、奋楫笃行。

# 党建工作

着力“治痛点”“疏堵点”“攻难点”，以五项举措不断筑牢思想政治根基。忠诚拥护“两个确立”，坚定践行“两个维护”，以更高的政治站位、更实的工作举措，使全体干部职工心往一处想、劲往一处使。持续发挥支部战斗堡垒和党员先锋模范带头作用，有深度、有温度、有力度，用好的实事催生战斗力，凝聚向心力。

全面从严治党：按季度听取班子成员落实“一岗双责”、各科室支部落实“主体责任”专题汇报，常态化开展意识形态研判和思想政治形势分析，有效发挥组织优势，筑牢职工思想防线。

工作督查督办：严格落实党委工作细则，召开党委会 29 次，前置研究各类重大事项近 70 个。各科室制定廉政风险防控清单，每月开展政务业务督办，有效推动各项工作顺利进行。

工作作风转变：将作风建设融入生态环境监测全过程，开展常态化学习教育和谈心谈话，加强绩效考核，使职工重视荣辱观念，激发进取意识，多项工作或个人得到上级部门表扬肯定。

政务信息宣传：按要事跟进类、工作动态类、决策参考类，上报发布 170 条政务信息。参加“中铁二十一局杯”“喜迎二十大”短视频展播等活动，多视角宣传生态环境监测十年成就。

干部队伍建设：优化设置 4 个党支部，选举新一届工会委员会，完善工青妇组织机构，选拔任用 7 名科级领导干部。成功申报重点人才、青年团队等 4 个省级项目，以项目建设促人才成长。

党史学习教育：站党委带头“领读、领学、领悟”，召开中心组学习会议 17 次，各支部专题学习研讨 57 次，4 个年轻干部学习小组研讨 56 次，全体党员撰写心得体会 200 余篇。

精神文明建设：组织 10 余次成效显著的精神文明建设活动，与多个党支部结对共建，成功入选“美丽中国”大思政课实践教学基地，使精神文明建设呈现蓬勃发展良好态势。

安全生产运行：印发《安全生产月实施方案》，对大厦目前存在的有关安全方面问题，积极对接有关部门进行维修改造。与兰州热力集团多次沟通协调，彻底解决大厦冬季供暖问题。

平安甘肃建设：印发《省站平安甘肃建设工作方案》，严格上网信息，严控涉密文件，加强自动站安全隐患排查，全力保障疫情期间生态环境质量安全。

做好疫情防控：每日调度本单位和14个监测中心人员动态，严格遵守疫情防控“八个严禁”工作纪律，先后有24名党员干部深入一线，开展疫情防控志愿服务。

甘肃省省委常委、常务副省长程晓波来省环境监测中心站调研指导工作

甘肃省生态环境厅党组书记苏君来省环境监测中心站检查指导工作

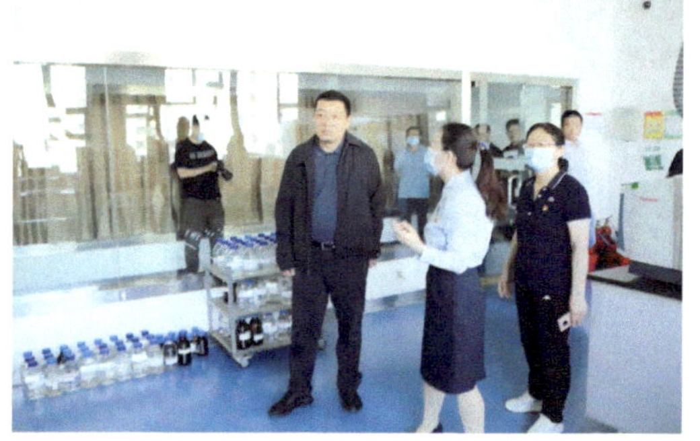

甘肃省生态环境厅厅长葛建团来省环境监测中心站检查指导工作

常态化开展意识形态研判和思想政治形势分析

赴读者集团开展主题党日活动

•• 新任职干部宪法宣誓

•• 选举新一届工会委员会

•• 年轻干部学习研究小组开展研讨活动

•• 成立疫情防控志愿服务临时党支部

•• 职工运动会

•• 义务献血

# 业务工作

高举伟大旗帜，汇聚磅礴力量，为深入做好四个支撑提供高质量的技术保障。以习近平生态文明思想为指引，始终心怀“国之大者”，以党委统领全局，坚决扛起战略支撑生态文明建设的政治责任。充分发挥全省生态环境监测业务管理和技术指导作用，认真打造“七个中心”的核心作用，推动全省生态环境监测工作迈上新台阶。

支撑污染防治攻坚战：聚焦细颗粒物和臭氧污染协同治理，强化数据综合分析研判，出具各类报告、材料 900 余份，全省“气质”不断提升，使百姓共享幸福蓝天；深化“三水统筹”监测，组织开展 507 个断面及农村“千吨万人”饮用水水源地等监测，水生态品质不断提升，逐步实现“水清岸绿、鱼翔浅底”；有序开展国网、省网土壤点位监测，完成地下水国考点位平水期、丰水期、枯水期监测，守好让百姓吃得放心、住得安心的一方净土。

支撑黄河流域高质量发展战略：在已完成沿黄 4 个水系 36 条重要干支流 7 大类 15 小类 4 474 个入河排污口排查基础上，完成智慧黄河（兰州段）水质自动站现场勘查和选址，加强黄河干流常态化预警监测，黄河干流甘肃段水质连续 6 年达到Ⅱ类，实现“一河清水映蓝天”。

支撑碳达峰碳中和：开展应对气候变化中“双碳”监测评估体系与质量控制体系研究，进行消耗臭氧层物质、燃料热值等监测技术研究和新方法验证。配合省厅开展六五环境日、“全国低碳日”等系列活动，引导绿色低碳新时尚。

祁连山无人机地面核查

支撑环保督查检查：开展祁连山生态问题整改成效回头看，完成 400 个生态环境问题区域的卫星遥感监测和无人航拍核查，配合省厅制定《甘肃省祁连山生态环境保护考核指标评分细则》，为祁连山生态保护“由乱到治、大见成效”提供有力技术支撑。

发挥监测网络中心作用：组织做好覆盖甘肃省气、水、土、声、生态等要素的“天空地一体化”生态环境监测网络运行，建立《2022 年生态环境监测方案工作任务台账》，定期对 52 项任务调度跟进。

发挥数据（分析）中心作用：各类监测数据接入省厅大数据平台，审核环境质量监测数据 788 万条，加强数据分析应用，定期开展数据汇商、技术研讨，不断提高全省生态环境质量综合分析水平。

发挥质量管理中心作用：组织开展 73 家单位 674 人 4 872 项 / 次持证上岗考核，完成各类能力考核、能力验证，在全省开展监测数据“质量月”，对标重点任务开展监督检查、标准体系构建等工作。

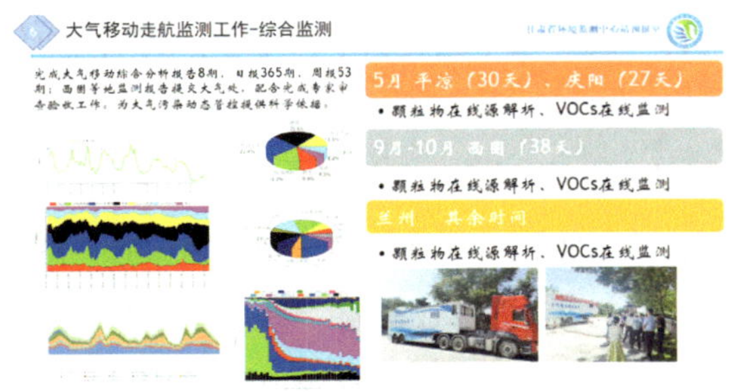

•• 开展大气移动走航监测

发挥预报预测中心作用：组织 14 个市（州）每日对外发布环境空气质量预报，利用走航、激光雷达网、沙尘立体监测网，对沙尘及污染扩散条件不利的气象因素分析研判，及时发布趋势预报。

发挥遥感监测中心作用：完成全省 8 批次 1 138 景遥感影像纠正质检和 10 批次 15 675 块预动态图斑解译，对 410 个点位开展遥感解译野外核查。启动大熊猫国家公园生态地面观测站建设，开展黄河干流、黑河干流水生态调查试点监测。

•• 参加高原高寒地区抗震救灾实战化演习

发挥应急监测中心作用：编制《甘肃省突发环境事件应急监测信息系统智慧监测应用试点工作方案》，参加“应急使命·2022”高原高寒地区抗震救灾实战化演习，以案促建，不断提升全省重大突发环境事件应急监测能力。

发挥技术（培训）中心作用：举办水生态、大气环境、生态质量等各类技术培训班 12 期，培训人数达 900 人次。开展“全省生态环境监测标准化培训大练兵”活动，在监测系统夯实“严、真、细、实、快”的作风，营造“比、学、赶、帮、超”的氛围。

•• 持证上岗现场考核

•• 开展全省生态环境监测技术大练兵

•• 甘肃省环境空气质量监测网

•• 冬防期间大气质量分析研讨会商

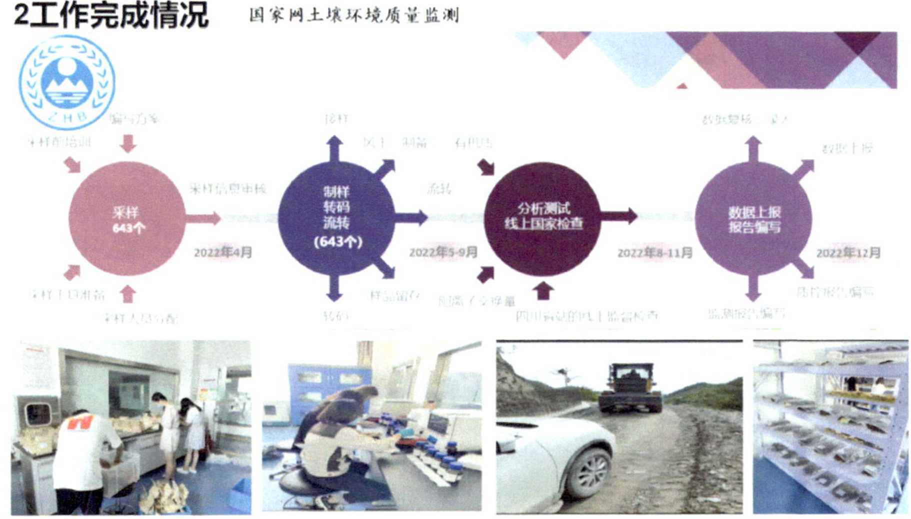


•• 土壤环境质量监测

# 获得荣誉

成功入选“大思政课”实践教学基地；

甘肃防治噪声污染经验被写入《中国噪声污染防治报告》；

2021 年度生态环境质量报告书荣获总站表扬；

多项实验室能力考核结果优秀；

分析室荣获甘肃省三八红旗手（集体）；

支撑服务“冬防”受到甘肃省生态环境厅表扬；

生态环境宣传教育工作受到总站肯定。

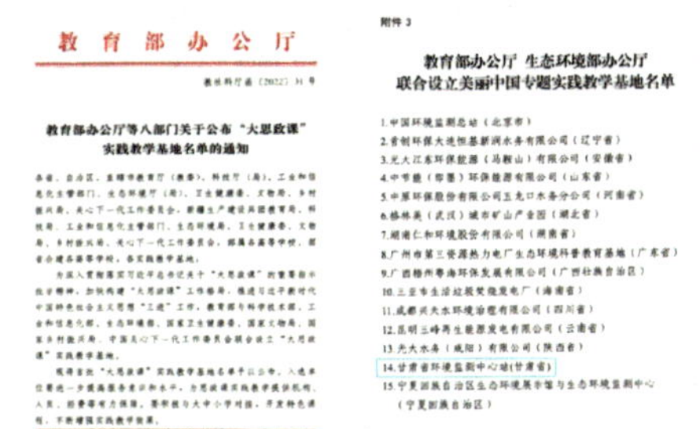

教育部办公厅

教育部办公厅等八部门关于公布“大思政课”实践教学基地名单的通知

附件 3

教育部办公厅 生态环境部办公厅联合设立美丽中国专题实践教学基地名单

1.中国环境监测总站（北京市）
2.首创环保大连恒基新润水务有限公司（辽宁省）
3.光大江东环保能源（马鞍山）有限公司（安徽省）
4.中节能（即墨）环保能源有限公司（山东省）
5.中原环保股份有限公司五龙口水务分公司（河南省）
6.格林美（武汉）城市矿山产业园（湖北省）
7.湖南仁和环境股份有限公司（湖南省）
8.广州市第三资源热力电厂生态环境科普教育基地（广东省）
9.广西梧州粤海环保发展有限公司（广西壮族自治区）
10.三亚市生活垃圾焚烧发电厂（海南省）
11.成都兴大水环境治理有限公司（四川省）
12.昆明三峰再生能源发电有限公司（云南省）
13.光大水务（咸阳）有限公司（陕西省）
14.甘肃省环境监测中心站(甘肃省)
15.宁夏回族自治区生态环境展示馆与生态环境监测中心（宁夏回族自治区）

•• 甘肃省环境监测中心站入选“大思政课”实践教学基地

中国噪声污染防治报告

Annual Report on Prevention and Control of Noise Pollution in China

2022

中华人民共和国生态环境部

Ministry of Ecology and Environment of the People's Republic of China

《中华人民共和国噪声污染防治法》新规定新制度新要求

•• 甘肃防治噪声污染经验被写入《中国噪声污染防治报告》

中国环境监测总站文件

总站综字〔2022〕456 号

关于印发《2022 年生态环境质量报告质量检查工作总结》的通知

各省、自治区、直辖市（生态）环境监测中心（站），山西省生态环境监测和应急保障中心，河南省生态环境监测和安全中心，新疆生产建设兵团生态环境第一监测站：

为进一步提升生态环境综合分析能力，提高生态环境质量报告编制水平，更好发挥综合信息产品对生态环境保护与管理决策的支撑作用，促进生态环境综合分析技术交流，按照《环境监测报告制度》和《2022 年国家生态环境监测方案》，中国环境监测总站组织完成了 2022 年生态环境质量报告质量检查工作。

中国环境监测总站（以下简称总站）共收到各地 2021 年生态环境质量报告（以下简称报告）465 本，组织各地推荐的 181 位专家完成了全部报告的质量检查和评分工作。从检查结果看，20 本省级报告和 27 本市县级报告质量居于前列，特此提出，以兹鼓励。

按行政区划代码排列的名单如下：

省级报告：北京、河北、内蒙古、辽宁、吉林、黑龙江、江苏、浙江、山东、河南、湖北、湖南、广东、广西、海南、重庆、陕西、甘肃、宁夏和兵团。

•• 2021 年度生态环境质量报告书荣获总站表扬

单位证书编号 ZZNLKH 2022-C09-0058

# 证书

证书有效期：两年

甘肃省环境监测中心站：

在我站组织的 2022 年第二轮环境空气中 VOCs（苯系物）（手工法）实验室能力考核中，评价结果为满意，特发此证。

中国环境监测总站

2022 年 09 月 14 日

## Certificate of Recognition

甘肃省环境监测中心站：

This certificate is issued to recognize the performance for achieving acceptable evaluation in the second round proficiency test on the determination of VOCs（Benzene in ambient air） in the year 2022

Issued by CNEMC

Issued Date 14-Sep-2022

单位证书编号 ZZNLKH 2022-C11-0159

# 证书

证书有效期：两年

甘肃省环境监测中心站：

在我站组织的 2022 年第三轮土壤铅实验室能力考核中，评价结果为满意，特发此证。

中国环境监测总站

2022 年 12 月 05 日

## Certificate of Recognition

甘肃省环境监测中心站：

This certificate is issued to recognize the performance for achieving acceptable evaluation in the third round proficiency test on the determination of Lead in soil in the year 2022

Issued by CNEMC

Issued Date 05-Dec-2022

单位证书编号 ZZNLKH 2022-C02-0406

# 证书

证书有效期：两年

甘肃省环境监测中心站：

在我站组织的 2022 年第一轮水中氰化物实验室能力考核中，评价结果为满意，特发此证。

中国环境监测总站

2022 年 07 月 05 日

## Certificate of Recognition

甘肃省环境监测中心站：

This certificate is issued to recognize the performance for achieving acceptable evaluation in the first round proficiency test on the determination of Cyanide in water in the year 2022

Issued by CNEMC

Issued Date 05-Jul-2022

单位证书编号 ZZNLKH 2022-C03-0409

# 证书

证书有效期：两年

甘肃省环境监测中心站：

在我站组织的 2022 年第一轮水中石油类（红外法）实验室能力考核中，评价结果为满意，特发此证。

中国环境监测总站

2022 年 07 月 05 日

## Certificate of Recognition

甘肃省环境监测中心站：

This certificate is issued to recognize the performance for achieving acceptable evaluation in the first round proficiency test on the determination of Petroleum（Infrared Spectrophotometry） in water in the year 2022

Issued by CNEMC

Issued Date 05-Jul-2022

•• 实验室能力考核结果优秀

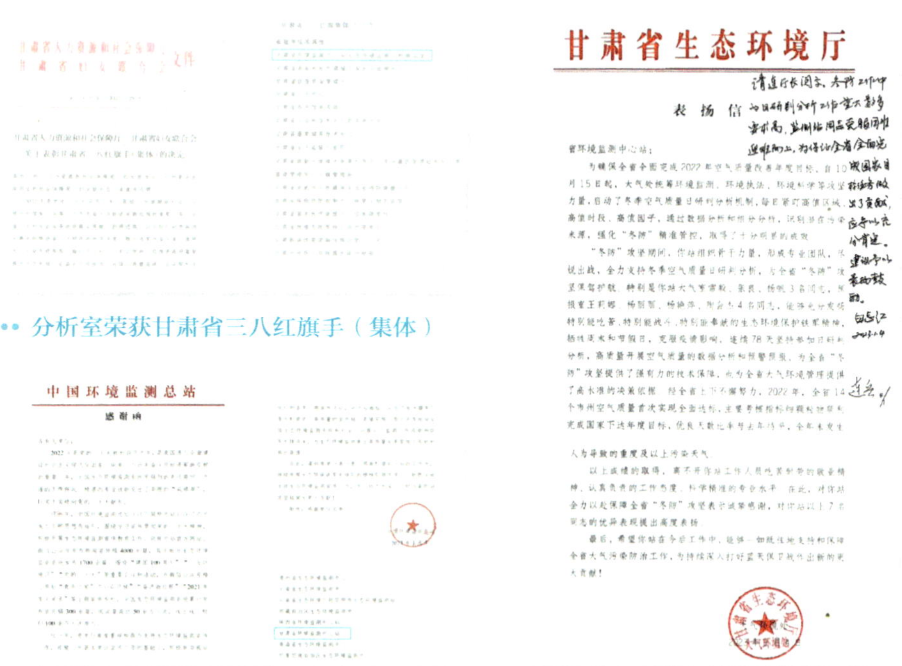

•• 分析室荣获甘肃省三八红旗手（集体）

中国环境监测总站

感谢函

•• 生态环境宣传教育工作突出受到总站肯定

# 甘肃省生态环境厅

## 表扬信

省环境监测中心站：

为确保全省全面完成 2022 年空气质量改善年度目标，自 10 月 15 日起，大气处统筹环境监测、环境执法、环境科学等攻坚力量，启动了冬季空气质量日研判分析机制，每日紧盯高值区域、高值时段、高值因子，通过数据分析和细分分析，识别潜在污染来源，强化“冬防”精准管控，取得了十分明显的成效。

“冬防”攻坚期间，你站组织骨干力量，形成专业团队，尽锐出战，全力支持冬季空气质量日研判分析，为全省“冬防”攻坚保驾护航。特别是你站大气室雷毅、张良、杨帆 3 名同志，预报室王莉娜、杨丽丽、杨艳萍、陶台杰 4 名同志，使劲充分发扬特别能吃苦、特别能战斗、特别能奉献的生态环境保护铁军精神，牺牲周末和节假日，克服疫情影响，连续 78 天坚持参加日研判分析，高质量开展空气质量的数据分析和预警预报，为全省“冬防”攻坚提供了强有力的技术保障，也为全省大气环境管理提供了高水准的决策依据。经全省上下不懈努力，2022 年，全省 14 个市州空气质量首次实现全面达标，主要考核指标细颗粒物浓度完成国家下达年度目标，优良天数比率与去年持平，全年未发生人为导致的重度及以上污染天气。

以上成绩的取得，离不开你站工作人员吃苦耐劳的敬业精神、认真负责的工作态度、科学精准的专业水平。在此，对你站全力以赴保障全省“冬防”攻坚表示诚挚感谢，对你站以上 7 名同志的优异表现提出高度表扬。

最后，希望你站在今后工作中，继续一如既往地支持和保障全省大气污染防治工作，为持续深入打好蓝天保卫战作出新的更大贡献！

•• 支撑服务“冬防”受甘肃省生态环境厅表扬

生态环境监测为服务管理而生，因技术进步而强。2023年，面向更加艰巨复杂的污染防治攻坚任务，面向日新月异的现代科技发展，甘肃省环境监测中心站将以党的二十大精神为统领，找准坐标定位，明晰工作重点，努力补齐在监测服务供给、基础能力建设等方面存在的短板与不足，坚定不移深化生态环境监测改革创新，不断提高监测数据质量，为美丽中国、秀美甘肃建设提供坚强有力的技术支撑。

2022

# 青海省生态环境监测中心这一年

2022年，青海省生态环境监测中心*坚持以习近平新时代中国特色社会主义思想为指引，牢记习近平总书记作出的保护好青海生态环境是“国之大者”的重要指示精神，立足“三个最大”省情定位，围绕加快建设绿色发展和生态友好的现代化新青海目标，全面贯彻落实省委、省政府和厅党组决策部署，统筹推进新冠疫情防控和重点监测任务，持续推进生态环境监测网络建设，系统提升生态环境监测现代化能力，为助推聚力打造青海生态文明高地，坚决筑牢国家生态安全屏障提供了坚强有力的支撑和服务。

---

* 本篇简称中心。

# 党建工作

坚定不移用党的创新理论武装头脑、指导实践。为进一步加强党的创新理论学习，筑牢理想信念之基，以学促思、以思促行、以行促效。中心党支部组织开展集中学习 10 期（其中专题研讨 4 期），学习各类党内文件、法律法规、规章制度等达 100 余份，参加集中学习 400 余人次，领学研讨 40 余人次。组织开展主题党日活动 10 期，观看红色影片、网络直播 8 部，参观线上线下各类展览 4 次，参加人员达 400 余人次。积极组织党员干部参加厅党组和相关部门安排的专题讲座、网络视频学习等，强化了理论学习的成效，为中心党建和业务工作的高质量落实提供了坚强的政治思想保证。

支部书记讲党课

开展廉政教育主题党日活动

坚定不移弘扬优良作风提升工作能力和服务水平。一是加强顶层设计，助力提质增效。制定了《青海省生态环境监测中心开展“转作风、勇争先”作风建设行动实施方案》，成立了中心“转作风、勇争先”作风建设行动领导小组。按照学习动员、查摆问题、整改落实及巩固提升四个阶段的工作安排，扎实开展了“转作风、勇争先”作风建设行动，建立了《省生态环境监测中心转作风七字诀工作制度》，制定了《省生态环境监测中心作风建设十条措施》，实现了“当下改”和“长久立”的有机统一。在实际工作中不断强化党员干部政治素养，提高干部职工教育管理质量。二是坚持党建引领，发挥堡垒作用。为确保年度各项工作如期完成，中心党支部在年初专门向全体党员发出倡议，要求大家要积极投身到“急难险重”工作任务中，在实际工作中体现担当、展现作为、树立榜样，推动党建和业务工作深度融合。9 月，选派 40 余名工作人员，兵分五路深入玉树、果洛、海南、海北、海西 5 个州 22 个县（市、镇），开展了年度重点区域生态环境监测工作，实施区域包括三江源及祁连山地区，监测面积为 45.3 万平方千米，涉及各类监测站点 149 个，鲜红的党旗持续在监测一线高高飘扬。三是结合铁军建设，做好人才培养。与厅组织人事处党支部共同赴海南州贵德县水质自动监测站点，开展“激励担当作为、服务高质量发展”主题党日活动。围绕人才培养、使用、教育、管理等方面现场开展了座谈交流，中心老、中、青三代专业技术人才在人才培养、职称评聘、交流培训、能力提升等方面的建议诉求受到了前所未有的重视，事关干部职工切身利益的要事得到了较为妥善的解决。四是聚焦“急难愁盼”问题，巩固实践活动成果。配合厅科技与财务处党支部，赴市（州）生态环境部门开展“我为基层办实事”主题党日活动。围绕项目专项资金管理使用要求、验收程序、验收资料准备和档案资料管理以及实验室设施运行维护、安全管理、质量管理、应急技术储备、人才技术培养等方面，有针对性地开展了现场培训和指导，帮助解决了基层监测机构工作中亟待解决的难点、堵点、痛点问题，实现了互促并进、携手发展的良好夙愿。

坚定不移推进全面从严治党工作，持续强化党风廉政建设。一是强化学习教育，筑牢党员干部拒腐防变的思想堤坝。认真学习贯彻习近平总书记关于党的自我革命战略思想和党的十九届六中全会、十九届中纪委六次全会、十三届省纪委六次全会，以及省委主要负责同志在全省省管领导干部警示教育大会上的讲话精神和厅党组全面从严治党工作要求。组织签订廉洁自律承诺书 52 份，建立中心科级及以下党员干部廉政档案 37 份。二是狠抓制度落实，营造风清气正的政治生态。全年共组织召开年度组织生活会 1 次、支委会议 12 次，支部书记讲党课 4 次，开展主题党日活动 10 次。严格执行《青海省生态环境监测中心重点岗位权力清单》《青海省生态环境监测中心采购管理办法》等制度办法，紧盯元旦、春节、五一、国庆等节庆假日“四风”问题易发、多发重要节点，通过召开专题会议提要求、编发廉政短信常提醒、下发廉洁自律通知促执行，持续做好教育引导和监督执行工作，做到“咬耳扯袖”防患于未然。坚持用制度管人管事，坚持落细落小落实，坚持严管和厚爱齐头并进。三是落实部署要求，提供坚强的纪律和作风保障。通过“以案促改”、开展警示教育、谈心谈话等方式，深刻汲取全省生态环保系统违纪违法案件深刻教训，营造反思、警示、警醒的浓厚氛围，教育引导广大干部职工知敬畏、存戒惧、守底线。进一步强化了党员干部的理想信念，把党风廉政建设贯穿到生态环境监测工作中，把责任制落实到业务工作全过程，进一步筑牢了党员干部拒腐防变的思想堤坝。

•• 与省纪委监委驻省公安厅纪检监察组党支部 省公安厅审计处党支部联合开展支部共建党日活动

•• 开展“以党建引领保障生态环境监测工作高质量发展”岗位大练兵培训季活动

•• 开展习近平民族工作思想专题学习暨“民族团结一家亲”故事分享主题党日活动

•• 开展“全民阅读进机关”读书分享主题党日活动

“让党旗在生态环境监测工作一线高高飘扬”系列活动之果洛篇

“让党旗在生态环境监测工作一线高高飘扬”系列活动之玉树篇

“让党旗在生态环境监测工作一线高高飘扬”系列活动之海南篇

联合厅组织人事处党支部开展“激励担当作为、服务高质量发展”主题党日活动

# 业务工作

科学应对疫情影响，统筹推进重点工作任务正常开展。一年来，面对严峻的疫情防控形势给正常工作带来的影响，中心始终坚持疫情防控和学习工作两不误的工作思路，在坚决执行属地疫情防控政策的同时，要求全体干部职工提高政治站位，树立大局意识，从完成全年目标任务的高度出发认识和分析问题，全力以赴统筹做好各项工作，做到“停业不停工”。在居家办公期间，一是充分利用网络、微信、

电话等方式，推动各项工作有序落实，确保疫情防控和工作推进两不误、齐推进。二是采用线上方式开展技术培训，提升工作人员履行职责任务的能力水平。期间，共组织开展线上培训 3 期，参加人员 100 余人；组织参加生态环境部、中国环境监测总站举办的业务培训班 15 期，培训人数 80 余人。三是统筹疫情防控与应急监测工作，保证最小应急监测作战单元值守力量，同时建立可出动应急人员每日更新机制，确保应急监测人员 24 小时处于待命状态。四是调动各方面积极因素，推进重点建设项目有序实施。疫情期间，安排项目工作人员主动协调项目实施单位加快项目实施进度，把疫情对项目实施进度的影响降到了最低限度，为保障重点项目的如期完成打下了坚实基础。

•• 大通青山乡山洪灾害环境质量应急监测现场（一）

•• 大通青山乡山洪灾害环境质量应急监测现场（二）

加大项目实施力度，为环境管理决策提供技术支撑。一是持续开展青海木里矿区生态环境综合整治成果评估工作，对木里矿区生态环境综合整治工程实施情况进行跟踪调查。针对修复地及周边环境，组织开展地表水、地下水、植被生态系统、冻土冻融、湿地、土壤、水土流失、岩土体稳定性、景观等方面的调查与监测，及时获取监测数据，为后期综合评估提供数据支持。二是实施青海省大气颗粒物组分监测能力建设项目。通过建设西宁市和海东市大气颗粒物组分自动监测站，强化重点区域大气颗粒物组分监测能力，提升青海省区域环境空气质量颗粒物组分分析能力和大气污染管控精细化水平，为环境管理、综合决策提供必要的技术支撑。三是实施青海省 VOCs 自动监测能力建设项目，积极推进空气中 VOCs 监测体系和能力建设，摸清生成臭氧的重点 VOCs 种类，掌握重点 VOCs 浓度水平和变化规模，提升青海省 VOCs 监测管理水平，为臭氧污染防治工作提供技术支持。四是实施青海省环境空气质量预报预警平台升级项目，进一步提升青海省空气质量预报能力、重污染天气成因分析能力和区域大气污染过程研究能力，提高环境空气质量预报预警准确率，推动全省空气质量精细化预报工作深入开展，为空气质量改善提供决策支持和信息保障。五是继续实施青海省“天地一体化”大气环境综合监测体系能力建设项目，利用多源卫星遥感数据和地面监测站点数据，开展青海省大气颗粒物（$PM_{2.5}$、$PM_{10}$）、气态污染物（$NO_2$、CO）和臭氧及其前体物等大气环境遥感监测，宏观掌握青海省重点区域主要大气污染物浓度的时空分布特征，为全省大气污染防治工作提供技术支持。六是通过青海省地下水环境状况调查评估项目的实施，全面掌握全省地下水饮用水水源和污染源的地下水环境质量及污染现状，识别评估地下水污染风险并有针对性地对地下水污染防治区进行划分，为全省地下水污染防治工作提供重要的基础支撑。

推动科研能力提升，生态环境监测科研工作取得突破性进展。积极对接管理需求，通过大量的调研和实验数据，有针对性地开展了相关监测分析方法标准制（修）订工作。先后申报并完成地方标准《高氯水质　化学需氧量的测定　氯气校正法》《水质　乙醛、丙烯醛、丙烯腈的测定　吹扫捕集/气相色谱-质谱法》制定工作（待发布）；组织完成了地方标准《土壤和沉积物　锰的测定　微波消解/火焰原子吸收法》的修订以及《水质　偏二甲肼的测定　高效液相色谱法》《青海湖水体环境评价指标体系》《青海湖水体生态安全评估指标体系》的立项工作，为满足环境管理需求提供了有力支撑。通过扎实开展生态环境监测分析方法和技术规范研究，建立并不断完善生态环境监测分析方法技术体系，指导帮助省内各级环境监测机构解决了工作中的监测分析技术难题。不断探索先进监测技术，开展突出生态环境问题专项调查、监测、研究与评估，研究典型污染物污染成因分析等前瞻性技术方法，积极引领生态环境监测技术发展。跟踪国内前沿发展动态，为生态环境管理与决策提供监测信息和技术支持，为全省生态环境监测工作提供技术指导。完成了《国家重点实验室2020—2021年成果统计表》上报工作，起草完成了《国家环境保护青藏高原生态环境监测与评估重点实验室管理办法》。起草上报了《2021年青海省生态环境监测与评估重点实验室总结》，并通过2021年度评估考核工作；组织举办了“青海省生态环境监测与评估重点实验室2021年度学术研修班”，参加人员共计48人；组织完成了《青海省生态环境监测与评估重点实验室三年全面评估现场考核汇编》，并通过青海省省级重点实验室答辩和现场评估。

•• 龙羊峡水库水质样品采集

•• 可可西里盐湖水质样品采集

•• 良好湖泊水质采样

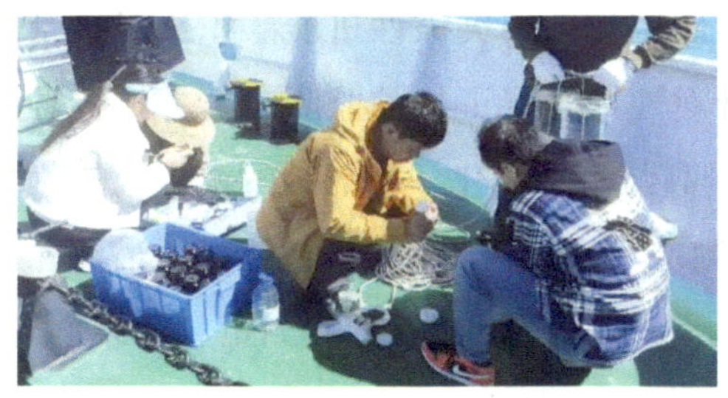

•• 青海湖采样及现场监测

•• 青海湖刚毛藻光谱采集

•• 生态质量样地核查

•• 生态质量样地核查

•• 宁缠河冰川气象站建设现场

•• 八一冰川梯度气象观测系统建设现场

•• 执法监测现场（一）

•• 执法监测现场（二）

## 获得荣誉

中心高级工程师、档案主管郭晓娟同志荣获“全国档案系统‘三支人才队伍’人员”称号；

中心高级工程师华青卓玛同志被省生态环境厅给予记功奖励一次。

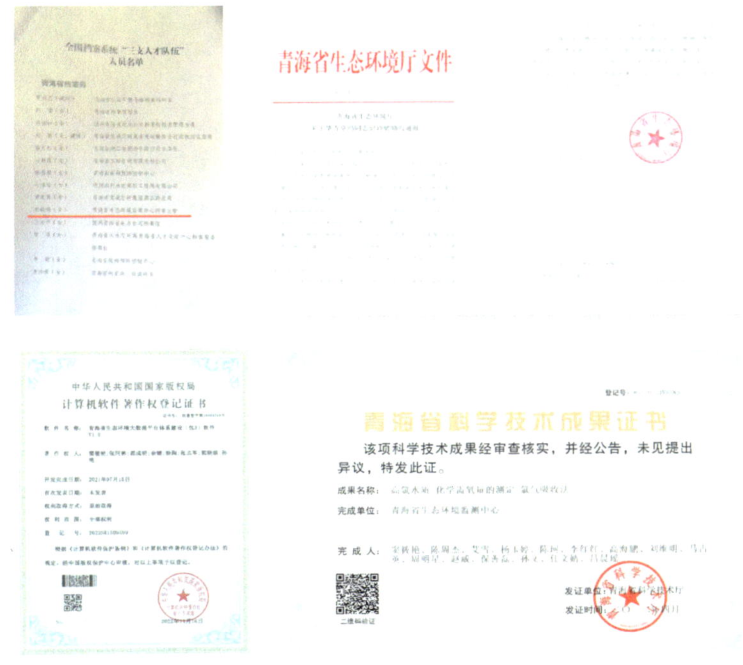

全国档案系统“三支人才队伍”人员名单

青海省生态环境厅文件

中华人民共和国国家版权局

计算机软件著作权登记证书

青海省科学技术成果证书

该项科学技术成果经审查核实，并经公告，未见提出异议，特发此证。

成果名称：

完成单位：青海省生态环境监测中心

完成人：

二维码验证

发证单位：

发证时间：

2023 年，青海省生态环境监测中心将以党的二十大精神为指引，深入践行习近平生态文明思想，全面落实习近平总书记来青海考察重要讲话和指示批示精神，以更加务实的工作作风、更加精准的工作举措、更加高质高效的工作落实，凝聚起干部职工干事创业的信心和决心，坚定不移为打造生态文明高地，深入打好污染防治攻坚战，加快建设绿色发展和生态友好现代化新青海贡献生态环境监测智慧和力量。

# 宁夏篇

2022

# 宁夏回族自治区
## 生态环境监测中心这一年

2022 年，宁夏回族自治区生态环境监测中心*坚持以习近平新时代中国特色社会主义思想为指导，深入学习贯彻党的二十大精神，紧紧围绕全区生态环境保护新形势、新要求及新目标，充分发挥生态环境"顶梁柱"作用，守牢监测数据"真、准、全、快、新"底线，以生态环境监测网络建设为基础，以生态环境监测质量提升年活动为抓手，为精准治污、科学治污、依法治污提供了有力的数据支撑，为建设黄河流域生态保护和高质量发展先行区作出了应有的努力和贡献。

---

* 本篇简称宁夏生态环境监测中心。

# 党建工作

注重思想政治建设，提升监测发展的引领力。充分发挥党建引领作用，认真落实党的建设总体要求，严格落实“三会一课”“主题党日”“民主评议党员”等组织生活制度；创建“真准全快新、严实细勤廉”党建品牌，推动“强责任、转作风，严制度、抓落实，树典型、增质效”党建工作常态化、制度化；丰富主题党日活动形式，与地市生态环境监测站和其他部门党支部开展联合主题党日活动；每月组织党员领导干部同读习近平总书记重要论述一本书活动，开展党的二十大精神书记讲党课、专题辅导讨论、“写心得、谈体会、晒笔记”、观看爱国电影及主题党日等系列活动，推动思想政治理论学习常态化、长效化，不断提升全体干部政治理论素养；强化内部规范化管理，修订完善单位各项内控制度，建立健全行政党建管理“5+5”制度。

•• 宁夏生态环境监测中心主任专题辅导党的二十大精神

•• 宁夏生态环境监测中心党总支书记专题辅导《习近平谈治国理政（第四卷）》

•• 召开廉政专题学习教育

•• 与地市监测站开展联合主题党日活动

•• 党员志愿者进社区

•• 党员志愿者代表在疫情防控服务点

•• 六五环境日活动

•• “三八”妇女节健步行活动

## 业务工作

不断强化地表水环境质量监测网络建设。制定《全区地表水水质自动站运维和采测分离日常管理处罚制度》，通过自动监测和手工监测相结合的方式，构建全区地表水环境质量监测、评价、预警、溯源等功能性监测体系，不断提升日常运维管理能力。

•• 实验室分析测试

持续提升大气环境质量监测水平。

完善全区大气环境质量监测网，构建 $PM_{2.5}$ 与臭氧协同监测体系，提升大气预报预警水平和污染溯源分析能力，探索性开展区域大气环境质量会商研判，精准服务冬春季大气污染攻坚和夏季臭氧污染攻坚等专项行动。全年发布各类环境空气质量预报信息、深度分析周报、形势预测、大气预警提示、大气污染专报等 500 多期，提出大气精细化防控建议近百条。

有序推进土壤环境质量监测网络建设。完成 2022 年全区土壤风险点点位核查、样品采集及现场质控检查、区地下水考核点位丰水期、平水期和枯水期监测等工作，编制了《宁夏区控地下水环境监测网建设方案》，为进一步做好地下水环境监测夯实基础。

扎实开展生态质量监测网络建设。高质量完成 150 个生态质量监测样地实地核实、300 个生态类型点位的野外核查，全区生态保护红线疑似破坏斑块核查，有力支撑了全区生态质量监测和生态保护红线监管工作；编制完成《宁夏回族自治区水生态监测试点工作方案》。

不断提升生态环境质量综合分析能力。按照目标导向的原则，突出问题导向，提出决策建议，编制完成《2021 年宁夏生态环境质量状况》《2021 年宁夏环境质量排名》《2021 年生态环境状况公报》《2022 年全区生态环境监测方

全区大气专项技术培训

土壤风险点点位核查及样品采集

生态类型点位野外核查

生态质量监测样地实地核查

案》等，报送各类综合分析材料 600 余份。

扎实开展污染源监测监管。水环境和大气环境重点排污单位执法抽测比例分别为 10.2% 和 10.4%；抽查核发排污许可证企业自行监测比例为 18.9%。编制全区突发环境事件应急监测工作手册，有力地指导了全区开展突发环境事件应急监测工作。

•• 生态环境统计数据集中审核会议

•• 开展废气监测

•• 进行自行监测帮扶指导

助推提升生态环境监测能力。宁夏生态环境监测中心 62 人通过国家资质认定扩项评审暨持证上岗考核，涉及 8 大类、104 个项目（包含扩项 7 个）、120 个监测方法（包含扩方法 19 个），共 478 项次；全区 7 家单位 177 人通过全区资质认定扩项评审暨持证上岗考核，覆盖 9 大类、484 个项目、2 048 项次。《黄河宁夏段入黄排水沟主要污染物溯源解析和预警调度体系研究》《黄河流域宁夏段水环境新污染物监控研究》等课题有序推进。积极发挥“传、帮、带”作用，实施“新干部快速起航计划”，组织开展青年干部演讲比赛，积极参加全区生态环境知识竞赛。开展生态环境监测质量提升年专题活动，提升全区生态环境监测能力。

•• 持证上岗考核

•• 内审问题整改反馈会

•• 组织召开重点生态环境科研项目调研座谈会

•• 宁夏生态环境监测中心青年干部演讲比赛

•• 宁夏生态环境监测中心业务培训会

•• 参加宁夏生态环境厅组织的演讲比赛

•• 参加全区生态环境知识竞赛

•• 全区质量提升年专题培训

•• 宁夏生态环境监测中心公众开放日活动

# 获得荣誉

聚焦大气热点，深化数据分析，大气环境质量预警调度机制逐步形成。以全区大气环境质量监测网为基础，依托宁夏环境空气质量分析专班开展全区大气环境质量预报预警、综合分析、趋势研判、技术帮扶等相关工作。组建大气监测数据分析技术团队，对沙尘过程污染、臭氧综合污染、$PM_{2.5}$ 排放污染等重污染过程开展专题分析；构建多级大气环境质量会商体系，提高预警预报准确率，实现“环保 + 气象 + 地市”联合会商，保障重要节日和重大活动期间环境空气质量；针对夏季臭氧污染，对五地市重点区域和重点行业开展 VOCs 走航监测，溯源分析，锁定高值区，指导地方 VOCs 环境监管，提出对策建议。

宁夏生态环境厅厅长调研大气专班工作

推动水质预警，完善技术机制，水环境质量分析能力不断提升。一是全区建成由 115 个断面组成的水环境质量监测网，重点建设了 52 个水质自动监测站，实现黄河宁夏段干支流、地级及以上城市、重要水体省市界、重要水环境功能区“四个全覆盖”，有效支撑国家、自治区评价考核与城市排名，推动实现水环境质量评价更加全面客观、溯源分析更加科学精准。二是印发《宁夏回族自治区地表水水质采测分离异常情况认定和处置技术规定》等管理办法，借鉴国家“十四五”水环境融合评价方案，开展主要入黄排水沟水环境质量“9+X”试点监测和“5+X”试点评价，推动各地市水生态环境监测分析能力的进一步提升，为下一步建立全区“自动监测为主、手

宁夏地表水环境监测水站

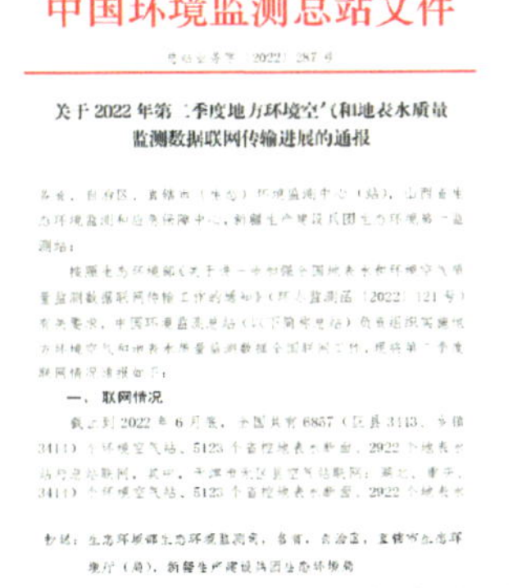

中国环境监测总站文件

关于 2022 年第二季度地方环境空气和地表水质量监测数据联网传输进展的通报

一、联网情况

•• 2022 年第二季度地方环境空气和地表水质量监测数据联网传输进展通报

工监测为辅”的水环境质量监测技术体系奠定基础。三是 52 个水站全部联网运行，实现主要地表水体水环境实时、连续监测，形成一套“例行监测 + 溯源监测 + 汛期污染强度监测 + 通报整改销号”的地表水环境质量闭环监管机制，及时发布多起水质异常预警信息，助力生态环境执法部门查处非正常排污行为。2022 年第二季度全区地方环境空气和地表水质量监测数据联网传输进展受到总站的通报表扬。

开展试点工作，构建评价体系，水生态环境监测能力不断提升。对黄河流域宁夏段全面进行水生态调查，预设监测点位 100 个并筛选优化，对水环境、水生生物及生境等指标进行合理筛选和赋权，构建了流域水生态评价指标体系；从水质、水生生物、水文及水生态服务等功能多角度对黄河流域宁夏段水生态进行综合评价，并绘制黄河流域宁夏段水生生物图鉴，为宁夏黄河流域生态保护和高质量发展先行区建设与将来的黄河流域水生态监测与考核奠定基础。

•• 开展黄河流域宁夏段水生生物采样

•• 进行水生生物镜检

立足应急处置，强化技术支撑，生态环境应急监测能力不断提升。组织开展黄河干流宁夏段实地踏勘，确定 21 个手工监测断面和 8 个临时实验室，编制《黄河干流宁夏段环境应急监测断面现场踏勘技术报告》，为黄河干流宁夏段突发环境事件应急处理处置提供了基础性保障。2022 年度宁夏生态环境监测中心排污单位自行帮扶指导工作被总站通报表扬。

着眼综合分析，优化评价模式，宁夏生态环境质量报告书取得佳绩。2021年宁夏生态环境质量报告书继“十三五”被评为“良好”等次后，喜得“优秀”等次，进入全国前10%行列，创历史最好成绩。

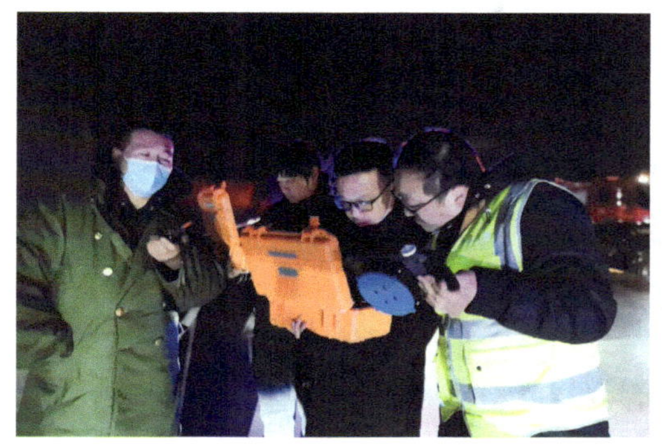

•• 环境应急监测

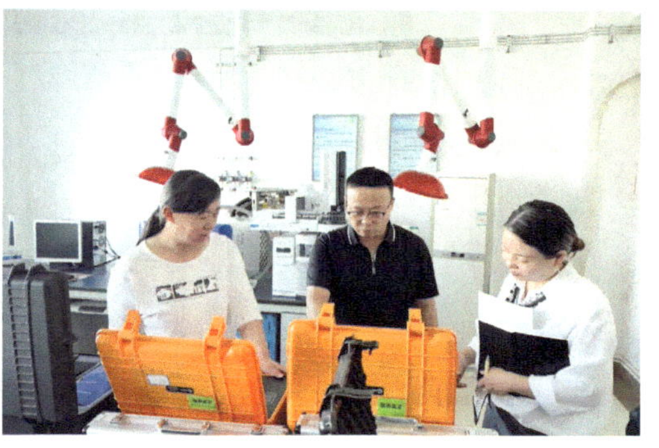

•• 环境应急监测能力评估

中国环境监测总站

感谢信

天津市生态环境监测中心、山西省生态环境监测和应急保障中心（山西省生态环境科学研究院）、内蒙古自治区环境监测总站、江苏省南京环境监测中心、江西省生态环境监测中心、江西省新余生态环境监测中心、江西省宜春生态环境监测中心、河南省生态环境监测中心、河南省郑州生态环境监测中心、湖南省生态环境监测中心、湖南省衡阳生态环境监测中心、湖南省永州生态环境监测中心、广东省生态环境监测中心、广东省佛山生态环境监测站、宁夏回族自治区生态环境监测中心：

为规范排污单位自行监测，压实企业主体责任，提高自行监测数据质量，更好的服务生态环境管理，受生态环境部委托，我站承担了2022年度排污单位自行监测帮扶指导工作。你单位积极选派技术骨干助力我站，赴帮扶省开展排污单位自行监测帮扶。工作期间，派出同志严格执行地方疫情防控要求，恪尽职守，不辞辛劳，充分发扬生态环境铁军先锋精神，从排污许可管理、自行监测、信息公开等方面对基层生态环境管理部门、排污单位、社会化检测机构、自动监测设施运维服务单位进行了专业、规范、具体的指导并答疑解惑，圆满地完成了帮扶省排污单位自行监测帮扶指导工

•• 2022年度排污单位自行帮扶指导工作被总站通报表扬

中国环境监测总站文件

总站综字〔2022〕156号

关于印发《2022年生态环境质量报告质量检查工作总结》的通知

各省、自治区、直辖市（生态）环境监测中心（站），山西省生态环境监测和应急保障中心，河南省生态环境监测和安全中心，新疆生产建设兵团生态环境第一监测站：

为进一步提升生态环境综合分析能力，提高生态环境质量报告编制水平，更好发挥综合信息产品对生态环境保护与管理决策的支撑作用，促进生态环境综合分析技术交流，按照《环境监测报告制度》和《2022年国家生态环境监测方案》，中国环境监测总站组织完成了2022年生态环境质量报告质量检查工作。

中国环境监测总站（以下简称总站）共收到各地2021年生态环境质量报告（以下简称报告）465本，组织各地推荐的181位专家完成了全部报告的质量检查和评分工作。从检查结果看，20本省级报告和27本市县级报告质量居于前列，特此提出，以兹鼓励。

•• 宁夏生态环境质量报告获得“优秀”等次

2022年宁夏生态环境监测中心党总支被宁夏回族自治区生态环境厅授予“先进基层党组织”称号，宁夏生态环境监测中心被中共宁夏区直机关工委授予“区直机关文明单位”，宁夏生态环境监测中心分析测试科被评为“自治区三八红旗集体”，宁夏生态环境监测中心在学习宣传贯彻党的二十大精神全区生态环境知识竞赛中获得“团体二等奖”，宁夏生态环境监测中心团支部被评为“自治区生态环境厅五四红旗团支部”。

•• “先进基层党组织”奖牌

•• “区直机关文明单位”奖牌

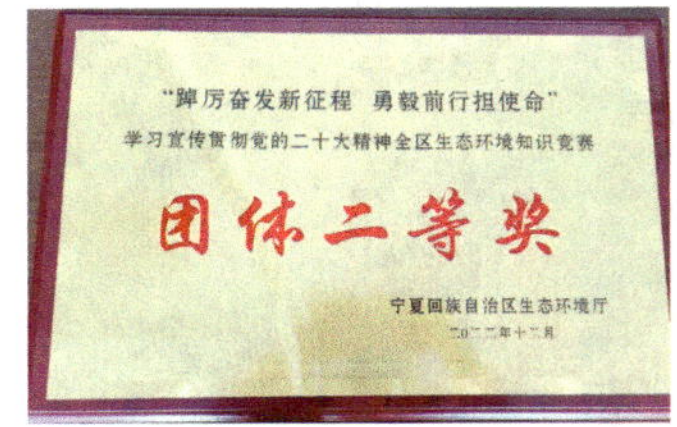


•• 全区生态环境知识竞赛“团体二等奖”奖牌

•• “自治区三八红旗集体”奖牌

•• “五四红旗团支部”奖牌

党的二十大从绿色发展，推进美丽中国建设，加快发展方式绿色转型，深入推进环境污染防治，提升生态系统多样性、稳定性、持续性，积极稳妥推进碳达峰碳中和等方面提出了新观点、新论断、新思想、新战略、新要求，为生态环境保护工作锚定了目标、指明了方向、明确了路径。下一步宁夏生态环境监测中心将深入学习贯彻落实好党的二十大精神，以再出发的心态、冲锋者的姿态和加油干的状态，紧密结合“十四五”生态环境监测规划，稳步提升生态环境质量监测能力，不断拓展监测领域，扎实推进各项重点项目建设，为生态环境管理提供技术支撑和科学依据，为协同推进降碳、减污、扩绿、增长及建设天蓝地绿水美的美丽新宁夏贡献更大力量。

2022

# 新疆维吾尔自治区 生态环境监测总站这一年

2022 年，在习近平生态文明思想的科学指引下，在总站的悉心指导和自治区生态环境厅的坚强领导下，新疆维吾尔自治区生态环境监测总站紧紧围绕厅党组“一体两翼三支撑”工作思路和安排部署，按照“监测先行、监测灵敏、监测准确”要求，始终坚定信心，努力克服各种困难和挑战，扎实推进各项生态环境监测工作，为全区生态环境管理及决策提供了强有力的技术支撑和服务。

# 党建工作

强化政治建设。认真学习宣传贯彻党的二十大精神、习近平新时代中国特色社会主义思想、第三次中央新疆工作座谈会精神以及习近平总书记视察新疆重要讲话重要指示精神。全年组织召开党委理论中心组（扩大）学习 31 次，党史教育专题学习 55 次，党的二十大精神专题学习 10 次，130 余人次交流发言，谈认识、谈体会、谈感悟、谈具体落实措施。站党员干部思想根基进一步筑牢。

强化组织建设。严格落实“三会一课”和“5+X”制度；组织开展“清风满天山”系列主题党日活动 34 次；优化调整 2 个党支部并补选出缺委员、转正 1 名预备党员并发展 2 名入党积极分子；选拔任用 6 名优秀中层干部。站基层党组织战斗堡垒作用进一步增强。

强化作风建设。积极响应自治区生态环境厅号召，大力开展“争先进、树形象、有影响、敢担当”活动，效果明显；选派 7 名干部赴南疆参加“访惠聚”驻村，有力支持自治区乡村振兴等工作；疫情期间 6 名干部下沉社区担当志愿者，积极配合社区支援疫情防控工作。站干部队伍环保铁军精神进一步凸显。

强化廉政建设。压实主体责任，层层签订《党风廉政建设责任书》；大力开展以案促改廉政警示教育系列活动，及时传达中纪委和自治区纪委通报的违纪违法典型案例；认真落实廉政谈话提醒制度，持续开展节假日和“四风”问题监督检查。站廉洁自律风险防线进一步夯实。

•• 党委理论中心组集体学习党的二十大会议精神

•• 站党委组织开展主题党日活动

•• 站党委组织开展主题党日活动

•• 党支部组织开展主题党日活动

•• 站纪委开展廉政警示教育活动

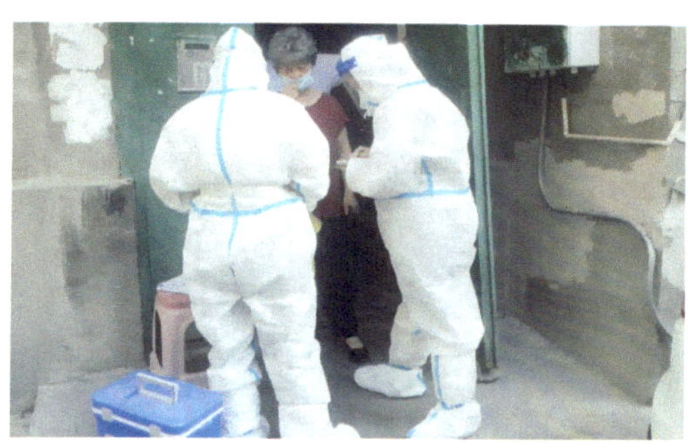

•• 监测人员下沉社区支援疫情防控

# 业务工作

迁入新址，监测现代化水平稳步提升。一是顺利迁入新址，监测业务用房面积由原来的 2 721.6 平方米增至 9 350.3 平方米，实验室及办公环境得到极大改善，并通过国家级资质认定迁址评审，资质能力覆盖 12 大类 274 个项目。二是积极申报中央及自治区大气、水、土壤污染防治专项资金及温室气体

•• 搬迁至新监测业务楼

减排资金项目，推进实施“$PM_{2.5}$ 与 $O_3$ 精准监管”“自治区重污染天气应急管控”等 4 个监测能力建设项目，进一步提升监测现代化装备水平和工作能力。

精心组织，较好完成环境质量监测工作任务。一是组织完成全区城市环境空气质量、水环境质量、土壤环境质量、声环境质量、农村环境质量等例行监测工作，加强对监测数据综合分析，及时编制并报送各类环境质量状况分析报告 200 余份。二是重点做好环境空气质量预测预报工作，全年上报 365 期预报信息、提交重污染预警建议 10 次，对“乌—昌—石”重点区域开展应急走航监测 21 次，工作力度及成效远超往年。三是认真做好水质专项监测工作，全年完成 6 个断面水质验证监测、45 个“十四五”地下水国家考核点平水期水质监测及 3 条中哈跨界河流水质联合监测等工作。

全区空气质量预测预报技术会商

冬季重污染天气应急走航监测

土壤环境质量监测

攻坚克难，全面完成生态质量监测工作任务。一是做好生态质量遥感监测，完成全区 3 000 余景遥感影像质量检查和 3 万余个预动态图斑的筛选、甄别及矢量数据解译，为开展全区生态质量评价考核工作奠定了基础。二是做好生态质量监测样地核实，历程 12 万千米完成全区 1 471 个生态质量监测样地核实确认及数据报送工作，其工作强度、工作量、工作辛苦程度前所未有，新疆维吾尔自治区此项工作受到总站表扬并刊登在

生态质量监测样地现场核实突遇沙尘天气

《中国环境报》。三是做好重点生态功能区县域监测和评价，组织完成全区 62 个重点生态功能区县域生态环境质量监测数据收集、汇总与审核，并完成 13 个被考核县域现场核查工作。

主动作为，扎实做好执法监测和应急监测工作。一是组织完成全区 274 家次重点污染源执法监测工作，承担 26 家次重点污染源执法监测质控抽测工作。二是做好督查检查监测，积极配合中央环保督察组、西北督查局等完成 36 家次污染源现场督查及监测工作，多次配合自治区生态环境厅开展突出问题排查整治抽查和帮扶指导工作。三是强化应急监测支撑，顺利承办 2022 年全国环境应急监测技术研讨会，指导并参与 3 起突发环境事件应急监测工作、参加应急监测演练 1 次。

重点源废气执法监测

持之以恒，不断强化生态环境监测质量管理工作。一是积极参加由国家认监委和总站组织的能力验证工作，考核结果均为满意。二是强化开展技术指导和质量检查，全年完成 68 个区控空气自动站质控巡检及抽查、25 次监测质量专项检查和 30 余次指导帮扶。三是组织开展持证上岗考核，完成对 3 个地（州、市）监测站 89 名监测技术人员持证上岗考核，显著提升了相关人员专业技术水平。

资质认定迁址评审暨持证上岗考核末次会议

加强科研，全面提升监测科技支撑服务能力。一是围绕服务监管需要，会同有关单位完成“伊犁河谷核心区城市大气污染深度源解析及污染防治对策研究”“乌伦古湖水生态环境状况调查”“台特玛湖水生态环境状况调查”等多项重大科研项目，为自治区深入打好污染防治攻坚战提供了有力的技术支撑。二是主动参加“自治区第三次全国土壤普查”项目，入选为质控实验室，承担开展质控工作任务。三是积极开展监测地方标准制（修）订，申报的《水环境手工监测质量核查技术规范》通过自治区市场监管局批复立项，项目进展顺利。四是成功申报实施科技部第三次新疆综合科学考察项目 2 个子课题研究工作。

乌伦古湖水生态调查监测

台特玛湖水生态调查监测

## 获得荣誉

获总站 2022 国家环境监测网实验室能力考核优秀单位；

《新疆维吾尔自治区“十三五”生态环境质量报告书》获得新疆维吾尔自治区生态环境厅优秀环境质量报告书评比一等奖；

《中国环境报》要闻版头条以《十万余条数据记录着他们的艰辛——记新疆维吾尔自治区生态质量监测样地现场核实小组》为题报道自治区总站生态环境监测工作；

参与《新疆特色豆类——鹰嘴豆和奶花芸豆的研究利用》研究项目获得自治区科技进步三等奖。

中国环境监测总站

关于2022年国家环境监测网实验室能力考核的结果通报

获 2022 年国家环境监测网实验室能力考核优秀单位

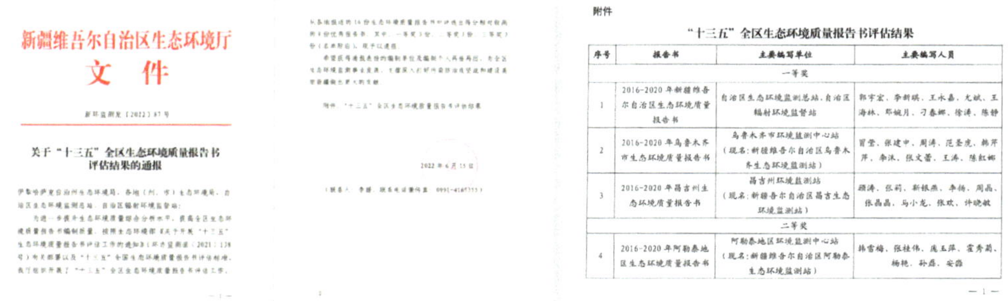

新疆维吾尔自治区生态环境厅
文件

新环监测发〔2022〕87号

关于"十三五"全区生态环境质量报告书评估结果的通报

2022年6月15日

附件

"十三五"全区生态环境质量报告书评估结果

| 序号 | 报告书 | 主要编写单位 | 主要编写人员 |
|---|---|---|---|
| 一等奖 | | | |
| 1 | 2016-2020年新疆维吾尔自治区生态环境质量报告书 | 自治区生态环境监测总站、自治区辐射环境监督站 | 郭宇宏、李新琪、王永嘉、尤斌、王海林、邓婉月、刁春娜、徐涛、陈静 |
| 2 | 2016-2020年乌鲁木齐市生态环境质量报告书 | 乌鲁木齐市环境监测中心站（现名：新疆维吾尔自治区乌鲁木齐生态环境监测站） | 曾雪、张建中、周涛、范圣虎、韩萍萍、李沫、张文蕾、王涛、陈虹娜 |
| 3 | 2016-2020年昌吉州生态环境质量报告书 | 昌吉州环境监测站（现名：新疆吾尔自治区昌吉生态环境监测站） | 顾涛、张莉、靳银燕、李扬、周晶、张晶晶、马小龙、张欢、许晓敏 |
| 二等奖 | | | |
| 4 | 2016-2020年阿勒泰地区生态环境质量报告书 | 阿勒泰地区环境监测中心站（现名：新疆维吾尔自治区阿勒泰生态环境监测站） | 韩雪梅、张桂伟、庞玉萍、霍秀菊、杨艳、孙磊、安磊 |

— 1 —

••《新疆维吾尔自治区"十三五"生态环境质量报告书》获新疆维吾尔自治区生态环境厅优秀环境质量报告书评比一等奖

中国环境报
CHINA ENVIRONMENT NEWS
中华人民共和国生态环境部主管
国内统一刊号：CN11-0085
邮发代号：1-59

‹上一篇 下一篇› 2022年6月11日 放大 缩小 默认

第02版：要闻 ‹上一版 下一版›

- 宁波打造制造业及达绿色可持续样板城市
- 十万余条数据记录着他们的艰辛
- 宁夏水土流失状况持续好转
- 促进生物多样性保护和创新利用协同发展
- 强化队伍建设 加快打造生态环境保护铁军
- 图片新闻
- 图片新闻

## 十万余条数据记录着他们的艰辛

——记新疆维吾尔自治区生态质量监测样地现场核实小组

●本报记者杨涛利

日均工作12小时以上、历时50天、累计行程超过12万公里，覆盖全区14个地（州、市）的90个县（市、区），布设1471个具体点位，现场核实样地836个，现场拍照1万余张，上传资料数据10万余条……这一串串沉甸甸的数字，是对新疆生态环境监测人员圆满完成生态质量监测样地现场核实任务的最好注释。

今年4月，全国生态质量监测样地现场核实工作正式启动。中国环境监测总站在新疆共布设森林、草地、湿地、荒漠、水体、农田、城乡等七类生态质量地面样地1620个（含兵团）。按照国家方案要求，新疆维吾尔自治区生态环境监测总站需在6月30日前后全面完成所有监测样地现场核实和数据报送，时间紧、任务重、工作强度大。截至目前，相关任务已顺利完成。

为绿水青山"站岗放哨"

生态质量监测是掌握生态形势与动态变化、支撑生态保护监管的重要基础性工作。自治区生态环境监测总站高度重视，在人员、车辆和资金等方面给予优先保障，选拔多名业务技术骨干，成立5个现场核实小组，划分区域落实到人。

王永嘉是自治区生态环境监测总站生态质量监测中心主任，有着十余年的野外监测经验。他和任王冰、张礼春等4名青年技术骨干[illegible]，分别负责5个小组工作任务的组织实施。

时间紧任务重，为确保安全高效、保质保量完成任务，王永嘉等人充分考虑新疆实际，提出以遥感和现场核实相结合的方式开展样地核实，以乌鲁木齐市为试点，不断地验证遥感和现场核实的必要性和准确性。经过无数次的论证和完善，遥感核实的准确率达到100%。

为保证工作进度，王永嘉提前安排部署并同科室人员一起反复修改完善技术方案，有时忙到连喝口水的时间都顾不上。

在836个需现场核实的样地中，大多数位于高山、沙漠、戈壁等人迹罕至的区域，

••《中国环境报》报道自治区生态质量监测样地现场核实工作

•• 获自治区科技进步三等奖

2023年，新疆维吾尔自治区生态环境监测总站将深入学习贯彻习近平新时代中国特色社会主义思想和党的二十大精神，紧紧围绕全区生态环境保护中心工作和重点任务，忠诚履行生态环境监测职责使命，切实发挥“支撑、引领、服务”作用，不断提升生态环境监测现代化水平和监测能力，主动作为、踔厉奋发，在新时代新征程上努力开创生态环境监测工作新局面，为“大美新疆”建设贡献生态环境监测智慧和力量。

2022

# 新疆生产建设兵团
# 生态环境第一监测站这一年

2022 年是党的二十大召开之年，也是党的第二个百年奋斗目标的起步之年，新疆生产建设兵团*生态环境第一监测站在兵团生态环境局党组的坚强领导和总站的精心指导下，坚持以习近平新时代中国特色社会主义思想为指导，全面贯彻党的二十大精神，深入贯彻落实习近平生态文明思想，紧紧围绕兵团生态环境保护工作重点，以生态环境质量改善为核心，紧扣“减污、降碳、协同、增效”总要求，坚持“监测先行、监测灵敏、监测准确”，全面提升兵团生态环境监测能力和水平，高效落实监测任务职责。

* 本篇简称兵团。

# 党建工作

## ●强化政治自觉，扎实开展党史学习教育

按照党史学习计划，精心组织，认真学习贯彻习近平总书记系列讲话和指示批示精神，开展专题组织生活会1次，集体学习22次，专题研讨3场次，上专题党课1次，收集党员干部心得体会、研讨材料30余篇。组织观看红色电影、专题研讨、坚持集中学习与自主学习、线下学习与线上学习相结合，办好主题党日活动，过好支部组织生活。

•• 学习习近平总书记在新疆调研时的重要讲话精神

•• “永葆清正廉洁的政治本色”廉政专题党课

•• “党旗映天山·永葆清正廉洁的政治本色”主题党日活动

## ●加强党组织建设，认真做好党员发展工作

以“坚持标准，保证质量，改善结构，慎重发展”为原则，严把入口关，做到成熟一个，发展一个。对表现突出的2名预备党员按期转为正式党员，对符合要求

的 1 名同志及时吸收为发展对象。

## ●多措并举，开展形式多样的主题党日活动

一是党员同志积极参与社区防疫志愿者服务，发挥党员干部先锋模范作用。二是积极响应自治区和兵团党委号召，开展“访惠聚”驻村工作。三是积极落实兵团第 24 个党风廉政教育月活动，引导和激励党员干部在学思践悟中坚定理想信念，锤炼崇廉拒腐定力。

## ●强化作风建设，严抓纪律规矩

以《党章》《中国共产党廉洁自律准则》等党纪党规为准则，制定《2022 年党风廉政建设目标责任书》，全面落实中央八项规定、自治区和兵团党委有关规定，观看廉政教育和法制宣传教育警示片，持之以恒纠正“四风”。

•• “青春心向党，建功新时代”专题研讨

•• 学习习近平总书记在中央纪委二次全会上的讲话精神

•• 开展科普教育、社会公益等党员志愿服务活动

•• 春节前慰问退休党员

# 业务工作

## ●夯实常规业务，坚持数据质量上水平

•• 兵控空气自动站点质控检查—流量检查

一是环境空气质量监测更加深入。完善城市环境空气自动站点数据审核和问题反馈业务运行体系，强化了五家渠市、石河子市空气质量调度和数据深入挖掘分析，提升非甲烷总烃在线数据审核和异常数据自查分析水平。

二是水环境质量有效分析能力明显提高。立足生态环境监测工作要点，圆满完成地表水监测断面、城镇集中式饮用水水源地水质分析工作。

•• 采水样完成国控地表水自动监测系统在线比对工作

•• 蘑菇湖采水样

三是土壤和地下水环境质量监测有效推进。充分发挥区位优势，组织区域站、

师级站集中力量按时完成60个基础点位样品的采集和实验室分析，检测数据一次合格率超过95%；全力协调15个兵团国家地下水考核点位现场采样，按时完成饮用水水源地平水期监测。

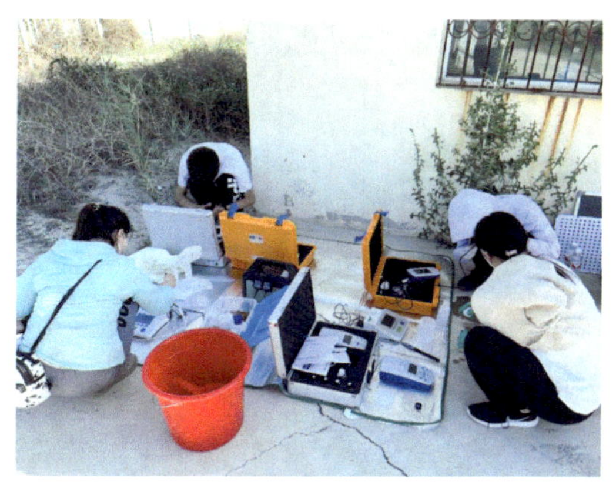
•• 前往兵团四师采集地下水饮用水水源地样品

四是推进污染源自动监控，提高环境支撑服务能力。截至2022年，兵团172家重点排污单位安装率及联网率为100%；完成重点排污企业缺失及异常的数据人工修约，排查超标情况，通过验收的重点监控企业在线监测数据已应用于环境执法等工作中；开展兵团污染源自动监控系统业务培训，培训人员600余人次。

五是重点污染源质控抽测同步开展，督查、帮扶监测支撑服务能力有效提升。完成20余家重点排污单位开展达标排放抽测及在线设备现场抽查；配合环保督察组开展5家废气重点排污单位的监测，完成6批次样品分析测试；对第一师和第十师进行自行监测技术指导，开展5家排污单位自行监测专项检查。

六是其他监测业务逐步理顺。组织完成兵团34个连队的环境空气质量、土壤环境质量和农田灌溉水监测；指导、审核32个县域生态环境质量监测，噪声环境质量监测体系基本形成，环境统计业务逐步成熟。

•• 国家网土壤样品采集

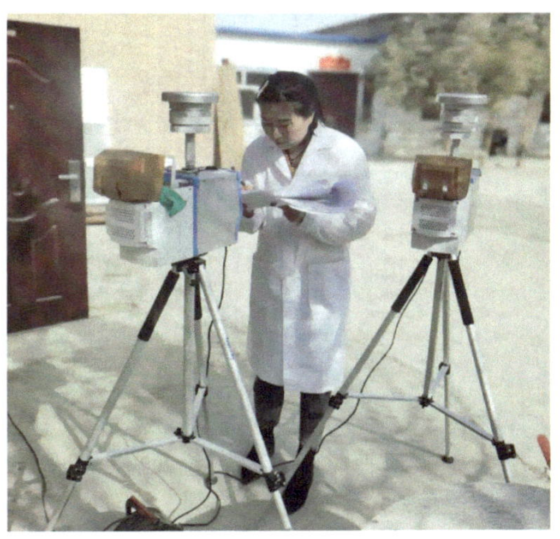
•• 农村环境质量监测

## ●聚焦“十四五生态环境监测规划”，推动新业务高效运行

•• 全国生态质量监测样地现场核实工作

组织完成兵团辖区生态样地核实，为生态质量监测提供基础支撑；依托“兵团碳排放监测及预测技术研究与应用示范”科研项目，初步开展基于遥感和实地多源数据的监测手段；组织完成兵团试点区农业面源污染现场踏勘、点位设置和方案编制，完善面源污染监测体系。

## ●多手段、多模式，提升技术人员综合能力

一是加强对数据的分析能力，按月编制兵团生态环境质量报告，开展兵团生态环境质量报告书、兵团地下水考核分析报告、兵团农村环境质量报告、执法监测报告及企业自行监测监督检查报告等报告编制；二是参加认监委和总站组织的能力验证项目，评价结果全部满意，并获得 2022 年度能力考核优秀单位；三是举办和参加业务培训班 33 期，培训人员 1 200 余人次，派 1 人前往总站学习；四是邀请 2 名总站专业技术人才开展为期 6 个月的技术援疆交流和指导。

## ●推进科研项目引领示范，提升业务水平

•• 应急监测演练水质采样

依托生态环境部卫星中心、规划院、南京所、石河子大学等战略合作平台，积极申报参与国家、兵团科技项目，借助目前在研的“基于遥感多源数据的新疆生产建设兵团碳排放监测及预测技术研究与应用示范”“兵团南疆生态承载力与保护修复关键技术集成研究”“兵团生态环境‘天空地一体化’监测体系建设集成与示范”等系列项目，形成业务化监测能力，从而保障监测体系运行。

# 获得荣誉

科研项目“新疆生产建设兵团‘测管协同’试点示范项目”获得兵团科技进步三等奖；

2022 年国家环境监测网实验室能力考核优秀单位；

获得总站生态环境监测宣传工作感谢函；

高鹏文、费长龙、马志英、万卫国在打赢疫情防控攻坚战中作出积极贡献，得到辖区部门认可；

2022 年兵团生态环境局五四青年节系列活动跳绳比赛马丽、马雯琪分别获得一等奖、二等奖；

2022 年兵团生态环境局举办的“读党史不忘初心 悟思想砥砺前行”读书分享会中，赵晓春同志获得一等奖。

新疆生产建设兵团
科学技术奖励证书

为表彰兵团科学技术进步奖获得者，特颁发此证书。

项目名称：新疆生产建设兵团“测管协同”试点示范
获奖等级：
获奖个人：
获奖年度：

2022年8月

证书编号：12021-303-R02

•• 科研项目“新疆生产建设兵团‘测管协同’试点示范项目”获得兵团科技进步三等奖

中国环境监测总站

**关于 2022 年国家环境监测网实验室能力考核的结果通报**

各有关单位：

为掌握环境监测实验室的技术能力和质量管理水平，持续监督各实验室质量管理体系的有效性，保证监测数据质量，根据《2022 年国家生态环境监测方案》（环办监测函[2022] 58 号）和《关于发布 2022 年国家环境监测网实验室能力考核计划的通知》（总站质管字[2022]73 号）的要求，中国环境监测总站 2022 年组织全国各级各类生态环境检验检测机构开展了水中高锰酸盐指数、氰化物和石油类等 4 轮次 6 个项目的实验室能力考核，省级和 339 地市级环境监测中心（站）为必考对象。

2022 年能力考核统一定制考核样品，采用盲样测试的方式，依据《能力验证结果的统计处理和能力评价指南》（CNAS-GL002:2018）、《利用实验室间比对进行能力验证的统计方法》（GB/T 28043-2019）等相关统计方法，对各单位考核样品的测定结果进行评价，全年第一批考核结果中系统内共 175 家单位表现出色，成绩优异，特予通报，详见附件名单。

附件：2022 年能力考核优秀单位名单（第一批）

中国环境监测总站
2022 年 12 月 28 日

•• 2022 年国家环境监测网实验室能力考核优秀单位

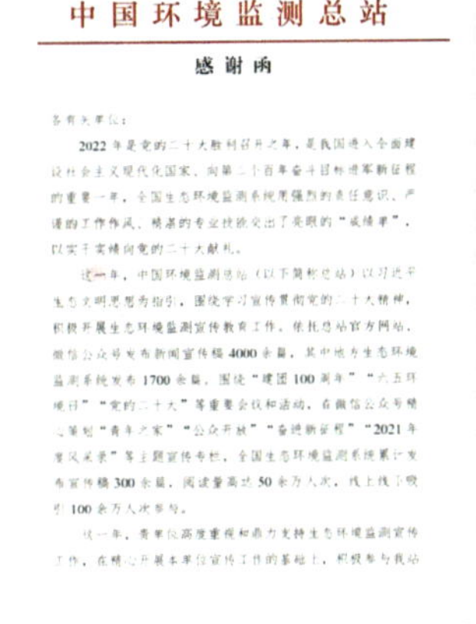

中国环境监测总站

**感谢函**

各有关单位：

2022 年是党的二十大胜利召开之年，是我国进入全面建设社会主义现代化国家、向第二个百年奋斗目标进军新征程的重要一年。全国生态环境监测系统用强烈的责任意识、严谨的工作作风、精湛的专业技能交出了亮眼的“成绩单”，以实干实绩向党的二十大献礼。

这一年，中国环境监测总站（以下简称总站）以习近平生态文明思想为指引，围绕学习宣传贯彻党的二十大精神，积极开展生态环境监测宣传教育工作，依托总站官方网站、微信公众号发布新闻宣传稿 4000 余篇，其中地方生态环境监测系统发布 1700 余篇。围绕“建团 100 周年”“六五环境日”“党的二十大”等重要会议和活动，在微信公众号精心策划“青年之家”“公众开放”“奋进新征程”“2021 年度风采录”等主题宣传专栏，全国生态环境监测系统累计发布宣传稿 300 余篇，阅读量高达 50 余万人次，线上线下吸引 100 余万人次参与。

这一年，贵单位高度重视和鼎力支持生态环境监测宣传工作，在精心开展本单位宣传工作的基础上，积极参与我站

•• 获得总站生态环境监测宣传工作感谢函

新冠肺炎疫情防控
志愿服务证书
奉献·友爱·互助·进步

尊敬的费长龙： 0033037

在抗击新冠肺炎疫情攻坚战中，您踊跃投身疫情防控志愿服务一线，无私无畏，奉献自我，服务他人，以实际行动践行"奉献、友爱、互助、进步"的志愿精神，为打赢疫情防控攻坚战作出了积极贡献。

特颁此证，谨致谢忱！

乌鲁木齐高新区（新市区）新时代文明实践中心
2022 年 9 月

•• 费长龙志愿服务证书

新冠肺炎疫情防控
志愿服务证书
奉献·友爱·互助·进步

尊敬的高鹏文： 0033479

在抗击新冠肺炎疫情攻坚战中，您踊跃投身疫情防控志愿服务一线，无私无畏，奉献自我，服务他人，以实际行动践行"奉献、友爱、互助、进步"的志愿精神，为打赢疫情防控攻坚战作出了积极贡献。

特颁此证，谨致谢忱！

乌鲁木齐高新区（新市区）新时代文明实践中心
2022 年 9 月

•• 高鹏文志愿服务证书

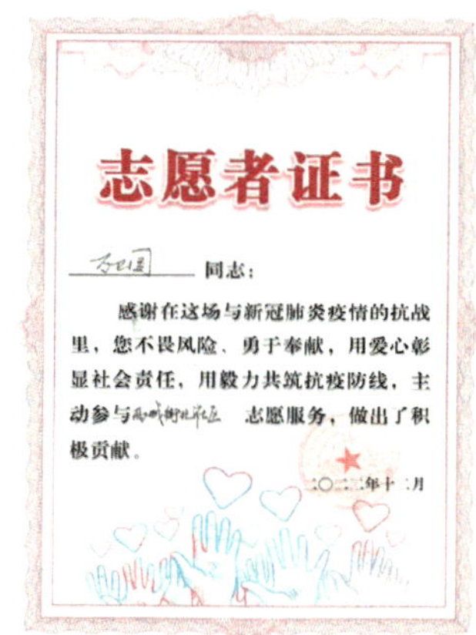

志愿者证书

同志：

感谢在这场与新冠肺炎疫情的抗战里，您不畏风险、勇于奉献，用爱心彰显社会责任，用毅力共筑抗疫防线，主动参与 志愿服务，做出了积极贡献。

2022年十二月

•• 万卫国志愿者证书

新冠肺炎疫情防控
志愿服务证书
奉献·友爱·互助·进步

尊敬的马志英： 0032236

在抗击新冠肺炎疫情攻坚战中，您踊跃投身疫情防控志愿服务一线，无私无畏，奉献自我，服务他人，以实际行动践行"奉献、友爱、互助、进步"的志愿精神，为打赢疫情防控攻坚战作出了积极贡献。

特颁此证，谨致谢忱！

乌鲁木齐高新区（新市区）新时代文明实践中心
2022 年 9 月

•• 马志英志愿者证书

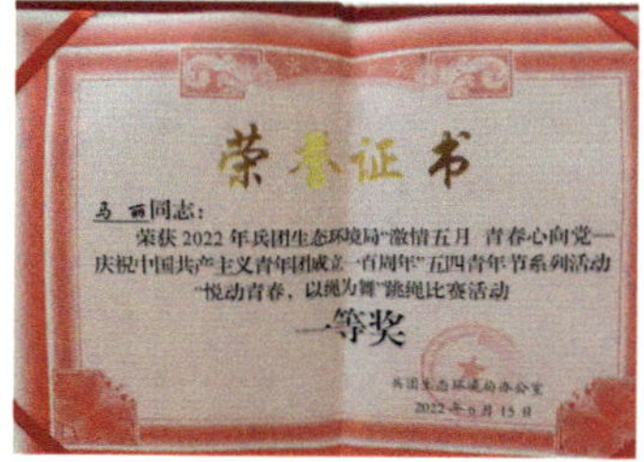

荣誉证书

马丽同志：

荣获 2022 年兵团生态环境局"激情五月 青春心向党——庆祝中国共产主义青年团成立一百周年"五四青年节系列活动"悦动青春，以绳为舞"跳绳比赛活动

一等奖

兵团生态环境局办公室
2022 年 6 月 15 日

•• 马丽跳绳比赛一等奖

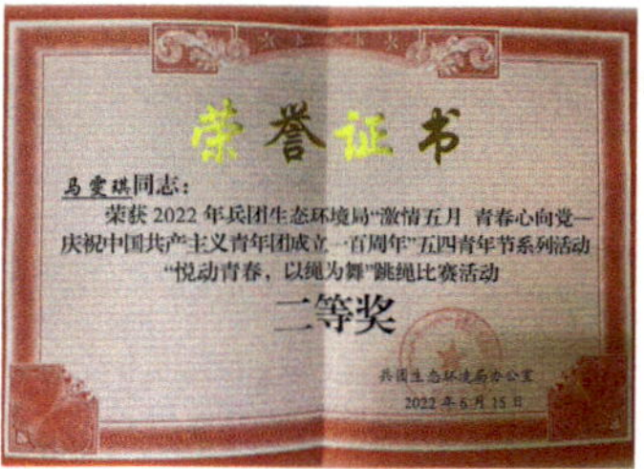

荣誉证书

马雯琪同志：

荣获 2022 年兵团生态环境局"激情五月 青春心向党——庆祝中国共产主义青年团成立一百周年"五四青年节系列活动"悦动青春，以绳为舞"跳绳比赛活动

二等奖

兵团生态环境局办公室
2022 年 6 月 15 日

•• 马雯琪跳绳比赛二等奖

荣誉证书

赵晓春同志：

在兵团生态环境局举办的"读党史不忘初心 悟思想砥砺前行"读书分享会活动中，荣获"一等奖"。

特发此证，以资鼓励。

新疆生产建设兵团生态环境局
2022 年 1 月

•• 赵晓春读书分享会一等奖

2023 年工作展望：

一是对标党的二十大战略部署，坚持以习近平新时代中国特色社会主义思想为指导，深入贯彻落实习近平生态文明思想，加强党组织建设，以党建促业务措施进一步完善。

二是助力蓝天、碧水、净土保卫战，持续开展环境空气、地表水、土壤环境质量监测，加大对空气站巡检与质控的力度，加强重污染天气的预警预报。

三是试点开展生态质量监测工作，初步对兵团生态质量现状进行调查评估，将农业面源污染试点区监测纳入日常业务监测，其他日常业务继续完善开展。

四是完善质量管理体系，加强环境质量管理，开展资质认定扩项和持证上岗考核，加强监督检查，确保监测数据“真、准、全、快、新”。

五是加强人才队伍的建设，强化技能培训，提升业务水平，打造生态环保铁军。